全国水利水电类高职高专统编教材

节水技术概论

主　编　何晓科
副主编　陈雅萍　徐光瑜
　　　　邵正荣　乔　鹏
主　审　于纪玉

黄河水利出版社

内 容 提 要

本书是全国水利水电类高职高专统编教材，是根据全国水利水电高职教研会制定的《节水技术概论》课程教学大纲编写完成的。本书主要内容包括灌溉节水技术、工业节水技术、城市生活节水技术、城市环境节水技术和节水技术管理等六个方面。

本书为水利类城市水利专业和水务管理专业高职高专教育使用的全国统编教材，也可供其他有关专业教学和生产与管理一线的读者参考使用。

图书在版编目(CIP)数据

节水技术概论/何晓科主编. —郑州:黄河水利出版社，2008.9

全国水利水电类高职高专统编教材

ISBN 978-7-80734-494-0

Ⅰ.节… Ⅱ.何… Ⅲ.节约用水-高等学校:技术学校-教材 Ⅳ.TU991.64

中国版本图书馆 CIP 数据核字(2008)第 134373 号

组稿编辑:王路平 电话:0371-66022212 E-mail:hhslwlp@126.com

出 版 社:黄河水利出版社

地址:河南省郑州市金水路11号 邮政编码:450003

发行单位:黄河水利出版社

发行部电话:0371-66026940、66020550、66028024、66022620(传真)

E-mail:hhslcbs@126.com

承印单位:河南地质彩色印刷厂

开本:787 mm×1 092 mm 1/16

印张:13.75

字数:320 千字 印数:1—4 100

版次:2008 年 9 月第 1 版 印次:2008 年 9 月第 1 次印刷

定价:25.00 元

前　言

本书是根据教育部《关于加强高职高专教育人才培养工作意见》和《面向21世纪教育振兴行动计划》等文件精神,以及由全国水利水电高职教研会拟定的教材编写规划,报水利部批准,由全国水利水电高职教研会组织编写的水利水电类全国统编教材。

本书是为城市水利专业、水务管理专业高职高专教育编写的教材,是根据城市水利专业、水务管理专业高职高专教育的教学计划及《节水技术概论》课程教学大纲的基本要求,参照国家发展和改革委员会、科技部、水利部、建设部、农业部联合发布的《中国节水技术政策大纲》(2005年4月21日)和《全国节水规划纲要》(2000~2010年)等新规范、新标准编写完成的。

节水技术是城市水利、水务管理专业的一门专业技术应用课程,通过学习使学生了解和掌握实际工作中常用的节水技术原理、方法和管理方法,解决城市水利、水务管理工作中遇到的节水技术和管理问题。

节水技术是一门综合性和实践性很强的专业技术课程,不仅包括农业节水、工业节水,还含有城市生活节水、中水回用技术及市政环境节水技术等方面内容。学习中应注意理论联系实际,真正掌握实用的节水技术。

本书力求体现高等职业教育的特色,服务于高职培养技术应用型人才的目标,对基本理论的讲授以应用为目的,专业内容以必须够用为度,尽量做到语言精练、概念清楚、重点突出。

本书编写人员及编写分工如下:山东水利职业学院何晓科编写第一章、第四章,山东水利职业学院徐光瑜编写第二章,山西水利职业技术学院邵正荣编写第三章,山东水利职业学院乔鹏编写第五章,杨凌职业技术学院陈雅萍编写第六章。本书由何晓科担任主编并负责全书统稿,由陈雅萍、徐光瑜、邵正荣、乔鹏担任副主编,由山东水利职业学院于纪玉教授担任主审。另外,本书在编写过程中得到了有关教师的许多帮助,在此一并表示感谢。

限于编者的理论水平和实践经验,书中不足之处在所难免,敬请读者批评指正。

编　者

2008年8月

目　录

第一章 绪 论

第一节 节水的基本概念及意义

一、节水的概念

(一)节水及节水技术的含义

节水是指通过行政、经济等管理手段和相应的技术手段,加强用水管理,调整用水结构,改进用水工艺,实行计划用水,杜绝用水浪费,运用先进的科学技术建立科学的用水体系,有效地使用和保护水资源,适应国民经济建设持续发展需要的综合措施。节水技术是指可提高水利用效率和效益、减少水量损失、劣质水利用等技术的总称,包括直接节水技术和间接节水技术。

(二)节水目标

为指导节水技术开发和推广应用,推动节水技术进步,提高用水效率和效益,促进水资源的可持续利用,2005 年 4 月 21 日,国家发展和改革委员会、科技部、水利部、建设部、农业部联合发布《中国节水技术政策大纲》,提出我国节水总目标为:争取在 2005 ~ 2010 年间实现工业取水量"微增长",农业用水量"零增长",城市人均综合用水量实现逐步下降。

未来 15 年是我国节水型社会建设的关键时期,节水型社会建设的具体指标:到 2010 年,全社会自觉节水的机制初步形成,全民的节水意识明显增强,浪费水资源现象得到有效遏制;水资源利用效率和效益明显提高,万元 GDP 用水量年平均降低 6% 以上,农业灌溉用水实现零增长,工业用水量年平均增长率不超过 1%,服务业用水效率接近同期国际先进水平;到 2020 年,我国将初步建成与小康社会相适应的节水型社会,实现经济社会发展用水零增长。

二、我国水资源概况

(一)水资源短缺

我国的水资源总量较丰富,但人均较少。多年平均地表径流总量约为 2.71×10^{12} m^3,约占全球总量 47×10^{12} m^3 的 5.8%,仅次于巴西、加拿大、美国和印尼,居世界第五位。而人均水资源占有量约为 2 200 m^3,仅为世界人均占有量的 1/4,美国人均占有量的 1/5,印尼人均占有量的 1/7,加拿大人均占有量的 1/50,远远低于世界平均水平,是一个水资源短缺的国家。由于各地区处于不同的水文带,降水在时间和空间分布上极不均衡,水资源与土地、矿产资源分布和工农业用水结构不相适应。

(二)水资源供需矛盾突出

全国正常年份缺水量约 400 亿 m^3,水危机严重制约我国经济社会的发展。由于水资源短缺，部分地区工业与城市生活、农业生产及生态环境用水矛盾突出。部分地区江河断流，地下水位持续下降，生态环境日益恶化。近年来，城市缺水形势严峻，缺水性质从以工程型缺水为主向资源型缺水和水质型缺水为主转变。城市缺水有从地区性问题演化为全国性问题的趋势，一些城市由于缺水严重影响了城市的生活秩序，城市发展面临挑战。

（三）用水结构需不断调整

2003 年农业用水（含林业、湿地等）占总用水量的比重已由 1980 年的 85% 下降到 66%，工业用水由 10% 提高到 22.1%，城镇生活用水由 2% 提高到 11.9%。由于我国各地经济社会发展水平和水资源条件不同，用水结构差异显著。随着城乡生活及工业用水的增加，用水结构将进一步调整，对供水水质和供水保障程度的要求将不断提高。

（四）用水浪费现象严重

越来越严峻的水资源短缺问题将严重制约我国经济的可持续发展。尽管如此，水资源浪费现象仍然十分严重。目前，农业用水的漫灌方式仍然普遍存在，造成灌溉用水的大量浪费；工业用水绝大多数都是一次性使用，单位产品的耗水量高，工业工艺水平低，水的利用率和生产效率极低；城市居民节水意识淡薄，用水浪费现象普遍存在。

（五）水资源污染严重

水利部有关资料表明，2002 年在全国七大流域中，太湖、淮河、黄河流域均有 70% 以上的河段受到污染，海河、松辽流域污染也相当严重，污染河段占 60% 以上。全国有 1/4 的人口饮用水不符合卫生标准，形成水质性缺水。近几年，国家尽管采取了“对污染严重的‘十五小’企业关、停、并、转，对排污大户限产限排”等措施，但收效甚微，工业废水处理能力仍旧很低，处理率仍然不高，技术手段滞后，处理费用高，大量未经处理的污废水直接排放，造成河流、湖泊等水域污染严重。另外，过量引用地表水导致河、湖干枯，过量抽取地下水导致地下水源枯竭，盲目围垦使湖泊面积和容积日益减少，不当的水利工程对区域水平衡的干扰等也引起水资源的破坏和水环境更加恶化。

三、节水的意义

（一）节水的目的

水是生命、生活及生产必需的物资条件，节水的目的在于使水资源可持续利用，以保证人类社会文明进步的可持续发展。

（二）节水的内容

节水的主要内容是指采取必要的现实可行的工程措施和非工程措施，以减少用水过程中不必要的损失和浪费，提高水的利用率，更加科学合理和高效的利用水资源。显然，节水的核心内容是提高用水效率和效益。目前，我国万元工业产值的用水量是发达国家的 5 ~ 10 倍甚至更多，我国灌溉水利用率仅为 40% ~ 45%，距世界先进水平还有较大差距，节水潜力很大。从整体上讲，节水的内容主要包括两个方面，第一是对天然水资源进行有效保护和合理开发利用，第二是提高对已开发利用水资源（即供水量）的利用率和经济效益。按照水资源使用对象的不同，节水又可分为农业节水、工业节水、城市生活节水等几个方面。

(三)节水的作用

(1)不仅可缓解当前用水短缺的突出矛盾,更有利于维持水资源的可持续利用。

(2)经济效益明显。通过节水可以减少水费开支,降低生产成本,扩大生产能力,提高生产单位的经济效益,促进国民经济的总体发展。

(3)可减少污水排放,减少水体的污染,对维护河流生态平衡、避免地下水过量开采产生的环境问题以及野生生物、湿地和环境美化等方面都具有很好的环境效益。

(4)可增强对干旱的预防能力。短期节水措施可收到立竿见影的效果,长期节水因大大降低了水资源的消耗量,从而提高了正常年份的干旱防备能力。

(5)维持社会稳步持续发展。通过加大用水管理力度及其他措施,可调整用水差异,避免因用水不平衡及其他与用水相关的社会问题发生。

第二节　节水技术发展状况

一、国内外节水技术发展状况

(一)国外节水技术发展状况

1. 依法治水,加强水资源的管理

节水管理先进的国家都很重视“依法治水”。以色列政府通过立法将水资源作为最重要的资源严格按计划使用,由国家水资源管理机构根据水资源管理法统一管理水的开发、分配、收费及污水处理、地下水开采、水源保护等。美国、英国、日本、意大利、匈牙利、罗马尼亚、法国、荷兰等发达国家也都制定了相应的水资源管理法规,并建立了全国性或地区性水资源管理机构,以加强水资源的管理,保障水资源利用的可持续性。

2. 开展水资源教育,提高人们的节水意识

为强调日益严重的水资源短缺问题,使人们真正提高节水意识,世界上很多国家采用各种方式宣传节约用水的重要性、迫切性,以提高国民节约用水的自觉性。如日本将6月1日定为“节水日”,在这一天,以市长为首的政府官员都到大街上,向市民宣传节约用水的重要性;以国际儿童节作为节水日,培养儿童的节水意识是保证子孙后代不为水所困的长久之计,还将节约用水内容编入了教学课本。美国洛杉矶市为了节水,曾动员100人做了188次节水报告,并让7万名中学生先后看了有关节水方面的电影,纽约市长在1981年水资源紧张时发出号召:委派全市儿童担任该市的“副市长”,监督他们的父母兄弟节约用水。新加坡的淡水主要从邻国进口,因此他们在中小学课本上都设置了节水的内容和相关的节水知识。此外,新加坡还有定期的“水危机演习”,全国停水一两天,让国民体会没水的滋味。韩国提出了“爱水就是爱国”的口号,从1990年就已经把每年的7月1日(1995年后改为3月22日)定为“水日”。通过这些活动,“水是宝贵的资源”已在各国深入人心。

3. 污、废水的资源化利用

污、废水的资源化利用,是解决水资源短缺、缓解供水量不足的一项有效措施,世界上许多国家如日本、美国、以色列、韩国等都对此进行了研究,并取得了令人满意的效果。

污、废水资源化利用的方法之一，是将建筑或建筑小区的污、废水就地处理后作为中水回用。日本研究、开发中水回用技术已有40多年的历史，其技术和设备居世界先进水平。

方法之二，是将城市污水集中处理后统一回用。如用于城市绿化。

方法之三，是进行雨水收集和利用。德国和日本等国在这方面做了许多研究和应用工作。

4. 采用节水型用水设备

随着世界经济的发展和科学技术的不断进步，近年来节水型用水设备的开发和应用也发展很快，极大地促进了节约用水工作的开展。

在农业上，以色列、美国、德国、日本、韩国等国家制造的各种节水型灌溉设备在世界上受到普遍欢迎。如美国和以色列生产的喷灌设备、微灌设备，德国生产的园林和庭院灌溉设备，韩国生产的微灌设备等，均性能良好，节水效果显著，且能起到增产作用，已经形成了较大的设备销售市场。

在城镇居民生活上，国外许多厂家已研制出多种节水装置，如用于厨房和浴室的汽水混合龙头、淋浴喷头等，一般可节约生活用水20%左右。在欧洲，节水型座便器的开发受到广泛重视。自1975年以来，在斯堪的纳维亚国家，座便器冲洗用水量一直是6 L，而且瑞典在20世纪80年代就推出了每次冲洗水为3 L的座便器。日本各城市普遍推广使用节水阀芯，并可在一些城市水管部门或水厂免费得到，水龙头配上这种阀芯后，一般可节水50%以上；两挡便器冲洗水箱在日本广泛应用，即使是使用杂用水冲洗的座便器，使用的也是两挡水箱；日本还开发了多种浴室节水型淋浴器。

在工业上，节水型设备和水循环使用装置被广泛推广，使工业用水的生产效率和水的利用率得到大幅度提高，收到了较好的经济效益和社会效益。

5. 采用经济手段促进节水工作

当今世界许多国家已颁布了多种法规和条例，用经济手段调控用水量。美国的一项研究认为，通过计量和安装节水装置，家庭用水量可降低11%，如果水价增加一倍，家庭用水可再降25%。国外比较流行的水价计量方法是采用累进制水价和高峰用水价。日本东京采取了"抑制需要型"的收费方法，即东京都内一般用户水费分为"基本水费"和"超量水费"两种。供水管在13～25 mm内，每月耗水量不超过10 m^3时，只收"基本水费"800～1 320日元；超过这一标准，增收"超量水费"，按每10 m^3为1单位递增，超量越大，收费标准越高。

（二）我国节水技术发展状况

近年来，我国各行各业用水量呈逐年递增趋势，因此节约用水已引起了社会各界越来越广泛的关注。

在灌溉节水方面，全国约70%的粮食、80%的棉花、90%的蔬菜都产自于仅占全国耕地面积1/2以下的灌溉土地上，灌溉面积的巩固和发展愈来愈成为影响中国粮食安全的主要因素。灌溉用水是我国主要用水大户，1993年全国总用水量为5 198亿m^3，其中农业灌溉用水为3 817亿m^3，占总用水量的73.4%。党的十五届三中全会明确提出要"加快现有大中型灌区水利设施的维修和完善"，"把推广节水灌溉作为一项革命性措施来抓，大幅度提高水的利用效率”。有些学者认为，“实行节水灌溉不仅关系着中国农业，而且也关系着中国经济与社会总体发展中迫切需要解决的重大水战略问题”。为了大幅度提高水的利用效率，国家从1996年开始，每年安排贷款50亿元左右，由中央和地方财政贴息，专门用于支持发展节水灌溉、打井、山区开发和种子工程建设。“九五”期间建设了第一批300个节水增产重点县，“十五”期间第二批300个节水增产重点县正在建设，以点带面，推动了全国节水灌溉的普及。截止到1998年底，全国节水灌溉工程面积已达到1 533.33万hm^2（2.3亿亩），其中进行渠道防渗的农田面积866.67万hm^2（1.3亿亩），管道输水灌溉面积513.33万hm^2（7 700万亩），喷灌、滴灌和微灌面积153.33万hm^2（2 300万亩）。另外，推广水稻节水灌溉、坐水种（穴灌）、膜上灌等非工程节水面积1 300万hm^2（约2亿亩）。

在工业节水方面，我国目前正在积极推广节水型设备和水循环使用装置，使工业用水的生产效率和水的利用率逐步得到提高，取得了一定的经济效益和社会效益。

在建筑节水方面，我国也采取了与国外类似的措施，如1998年我国颁布了《城市节约用水管理规定》。很多城市根据本市的实际情况制定了相关法规、条例，如北京市1998年颁布了《北京市建设项目节约用水设施与主体工程同时建设管理办法》，2000年12月20日起施行《北京市节约用水若干规定》等。目前，我国每年都举行节水宣传周活动，每年的5月15日所在的周为节水宣传周，通过各种媒体进行节水宣传；绝大多数住宅和公共建筑用水实现了按表计量的收费方式，取得了巨大的节水效果。近年来，节水型卫生器具新产品不断问世，为建筑节水工作的开展提供了一定的硬件环境。

我国很多地区根据当地的实际情况探索了中水回用的方法，如杭州市和四川省的一些高校把学生宿舍的盥洗废水经简单处理后用于下一层厕所的便器冲洗。北京市政府则强化了中水设施的建设和运转，1987年北京市颁发了《北京市中水设施建设管理试行办法》，规定了应建中水设施的建筑范围。

在生活节水方面，调整水费，计划用水。近年来我国各地对供水价格都做了不同程度的调整，如北京市自2000年至2003年1月间对水价进行了几次调整，居民用水价格从1.3元/m^3调整为现在的2.9元/m^3（含排污费），非居民用水根据行业性质也做了不同程度的调整，如旅游饭店从2.7元/m^3调整为4元/m^3（含排污费）。并已对非居民户实行了计划用水，超量加价收费，且正在制定对居民用水进行定额限制的实施办法。由于水资源的日益紧张，2000年夏季起我国的一些城市已实行居民定额用水，超量加价收费，超量部分的水价从10元/m^3到40元/m^3不等，有效地提高了人们的水资源意识和节水意识，缓解了供水紧张的局面。

我国的节水工作虽说取得了很大成绩，但节水工作发展并不平衡，一些基层用水单位并未很好地贯彻落实节水法规，对节水工作不够重视，管理缺乏力度，尤其是灌溉方面，浪费水的现象仍很严重。更应值得注意的是，很多单位和个人目前对节水仍然缺乏全面认识，严重制约了节水工作的开展。

二、节水的基本途径

节水的途径因行业不同而不同。总体上讲，要坚持科学的发展观，把节水放在更加突出的位置；研究、开发与应用节水新技术、新工艺和重大装备；大力推行节约用水措施，发展节水型工业、农业和服务业，建设节水型城市、节水型社会；采取法律、经济、技术和工程等切实可行的综合措施，全面推进节水工作；节水工作实现“三个结合”，即工程措施与非工程措施相结合，先进技术与常规技术相结合，强制节水与效益引导相结合。

（一）农业节水的基本途径

农业是我国第一用水大户，发展高效节水型农业是我国的基本战略。农业节水的基本途径主要有以下几方面。

1. 高效输配水技术

农业用水输配水过程中的水量损失所占比重很大，提高输水效率是农业节水的主要内容。具体途径主要有：

（1）因地制宜应用渠道防渗技术。

（2）发展管道输水技术。

（3）推广采用经济适用的防渗材料。

（4）发展防渗渠道断面尺寸和结构优化设计技术。

高效输配水技术具体内容详见本教材第二章有关内容。

2. 田间灌水技术

田间灌水是提高灌溉水利用率的最后环节，改进田间灌水技术是农业节水的重点。具体途径主要有：

（1）改进地面灌水技术。如小畦灌溉、细流沟灌、波涌灌溉。

（2）喷灌技术。在经济作物种植区、城郊农业区、集中连片规模经营的地区应用喷灌技术；优先推广轻小型成套喷灌技术与设备；在山丘区或有自压条件的地区，积极发展自压喷灌技术。

（3）微灌技术。在果树种植、设施农业、高效农业、创汇农业中大力推广微喷灌与滴灌技术；微灌技术与地膜覆盖、水肥同步供给等农艺技术有机结合；在山丘区利用地面自然坡降发展自压微喷灌、滴灌、小管出流等微灌技术；结合雨水集蓄利用工程，发展和应用低水头重力式微灌技术。

喷灌、微灌技术详见本教材第二章有关内容。

（二）城市与工业节水的基本途径

由节水的含义可知，城市与工业节水途径和措施很多，归结起来有以下4个方面：

（1）开展宣传教育。宣传和教育均是对人们思想认识的正面引导，教育靠潜移默化的影响，宣传是教育的强化。要让人们认识到节约用水是解决水资源短缺问题的优先对策具有重要意义，十分必要，以此提高全民节水意识，使节约用水成为广大用水者的自觉行动，使全社会形成良好的节水习惯。

（2）加强科学管理。制定和实施城市与工业节水规划和计划，强化其行政、技术、经济及法制诸方面的具体管理，并研究引入节水激励机制和制约机制。加强各企业间的联系，进行排水的综合治理及利用，以提高水的利用率和降低水处理费用。节水管理详见本教材第六章内容。

（3）依靠科技进步。可以通过推广使用节水器具，对原有设备进行改造或重新开发使用产品,达到节水的效果。在工业领域,可对生产工艺进行改革,加强冷却用水管理,可采用一水多用或污水净化,从而达到节水的目的。详见本教材书第三、四章有关内容。

(4)制定政策法规。节约用水法制建设,包括一系列政策、法规、规章、标准的建立与完善,对节约用水工作具有重要意义,要进一步完善节约用水管理的配套法规。可参见本书第六章。

另外,根据工业生产的特点,工业节水的基本途径可分为3类:

(1)系统节水。通过改变生产用水方式,提高生产用水系统的用水效率。系统节水一般可在生产工艺条件基本不变的情况下进行,故较易进行。

(2)管理节水。通过加强用水(节水)管理减少水的损失,或利用海水、苦咸水或其他低质水(如雨水等)、大气冷源、人工制冷等减少淡水或冷却水量,提高用水效率。

(3)工艺节水。通过实行清洁生产、改变生产工艺或生产技术进步,采用少水或无水生产工艺和合理进行工业生产布局,以减少水的需求,提高用水效率。工艺节水涉及工业生产原料、路线与政策,生产工艺方法、流程与设备,工业产品结构、生产规模、生产组织及生产布局等各个方面。因此,工艺节水是更为复杂、更加长远的根本节水途径。

第三节　本课程的目的及特点

一、课程的目的

节水技术是城市水利、水务管理专业的一门专业技术应用课程。其目的是为了学习实际工作中常用的节水技术原理、方法和管理知识,解决城市水利、水务管理工作中遇到的节水技术和管理问题。

二、课程的特点及学习要求

节水技术作为城市水利、水务管理专业的一门专业技术课程,具有很强的综合性和实践性。它是在学习水力学、水化学与微生物基础、水务工程概论、净水技术、工程水文与水利水电规划等的基础上开设的,同时还与并行开设的课程如城市水资源规划与管理、城市防洪、水政实务等有着密不可分的关系。因此,为了学好这门课程,学习时应注意以下几方面的具体问题:

(1)节水技术的实施应用是建立在水资源规划及其管理的基础上,必须理解和掌握水资源的概念、含义及特性和类型,尤其是城市水资源的特性。这就要求在学习本课程期间要结合水资源规划与管理、城市防洪和水政实务等课程,学习有关知识。

(2)节水技术是一门综合性和实践性很强的专业技术课程,不仅包括农业节水、工业节水,还含有城市生活节水、中水回用技术及市政环境节水技术等方面的内容。学习中应注意理论联系实际,真正掌握实用的节水技术。

(3)根据高职教育的特点,教材中大幅度减少了有关技术的原理和烦琐的公式推导过程。为了便于对实用技术的学习和掌握,进一步学习有关知识,可参考教材所列的参考书目及文献。

思考与练习

1. 节水技术的主要内容有哪些？

2. 我国节水技术存在的主要问题是什么？解决的主要途径有哪些？

3. 你如何学好这门课程？有何要求或建议？

第二章　灌溉节水技术

第一节　土壤水分状况

一、土壤水分存在的形态和基本类型

土壤水分系指地面水、土壤水和地下水在数量、分布及时空上的变化。土壤水是与植物生长关系最密切的水分存在形式。

土壤水按其形态不同可分为固态水、气态水、液态水三种。固态水是土壤水冻结时形成的;气态水是存在于土壤孔隙中的水汽,有利于微生物的活动,故对植物根系有利,由于数量很少,在计算时常略而不计;液态水是蓄存在土壤中的液态水分,是土壤水分存在的主要形态,对农业生产意义最大。在一定条件下,土壤水可由一种形态变为另一种形态。液态水按其受力和运动特性可分为三种类型。

(一)吸着水

吸着水包括吸湿水和膜状水。吸湿水是土壤孔隙中的水汽在土粒分子的吸引力作用下,被吸附于土粒表面的水分。它被紧束于土粒表面,不能呈液态流动,也不能被植物吸收利用,是土壤中的无效含水量。当空气相对湿度接近饱和时,吸湿水达到最大时的土壤含水率称为吸湿系数。不同质地土壤的吸湿系数不同,吸湿系数一般为0.034%~6.5%(占干土重的%计)。

当土壤含水率达到吸湿系数后,土粒分子的引力已不能再从空气中吸附水分子,但土粒表面仍有剩余的分子引力。这时,如再遇到土壤孔隙中的液态水,就会继续吸附并在吸湿水外围形成水膜,这层水叫膜状水。膜状水吸附于吸湿水外部,只能沿土粒表面进行速度极小的移动,只有少部分能被植物吸收利用。膜状水达到最大时的土壤含水率,称为土壤的最大分子持水率。它是土壤借分子吸附力所能保持的最大土壤含水率,它包括全部的吸湿水和膜状水,其值一般为吸湿系数的2~4倍。通常在膜状水没有完全被消耗之前,植物已呈凋萎状态。植物产生永久性凋萎时的土壤含水率,叫做凋萎系数。它包括全部吸湿水和部分膜状水,是植物可利用水的下限。凋萎系数不仅决定于土壤性质,而且还与土壤溶液浓度、根毛细胞液的渗透压力、植物种类和生育期有关。凋萎系数难以实际测定,一般取吸湿系数的1.5~2倍,作为凋萎系数的近似值。

(二)毛管水

土壤借毛管力作用保持在土壤孔隙中的水叫做毛管水。毛管水能溶解养分和各种溶质,较易移动,是植物吸收利用的主要水源。依其补给条件不同,可分为悬着毛管水和上升毛管水。

悬着毛管水系指不受地下水补给时,由于降雨或灌溉渗入土壤并在毛管力作用下保持在上部土层毛管孔隙中的水。悬着毛管水达到最大时的土壤含水率称为田间持水率,

在数量上它包括全部吸湿水、膜状水和悬着毛管水。生产实践中,常将灌水或降雨两天后土壤所能保持的含水率作为田间持水率。灌水或降雨超过田间持水率时,多余的水便向下渗漏掉。因此,田间持水率是有效水分的上限。

上升毛管水系指地下水沿土壤毛细管上升的水分。毛管水上升的高度和速度,与土壤的质地、结构和排列层次有关。土壤黏重,毛管水上升高,但速度慢;土壤质地轻,毛管水上升低,但速度快。不同土壤的毛管水上升高度见表 2-1。

表 2-1　毛管水最大上升高度

土壤种类	毛管水最大上升高度(m)	土壤种类	毛管水最大上升高度(m)
黏土	2 ~ 4	沙土	0.5 ~ 1
黏壤土	1.5 ~ 3	泥炭土	1.2 ~ 1.5
沙壤土	1 ~ 1.5	碱土或盐土	1.2

(三)重力水

当土壤水分超过土壤田间持水率后,多余的水分将在重力作用下,沿着土壤孔隙向下层移动,这部分水分叫重力水。重力水在土壤中运动时能被植物吸收利用,只是不能为土壤所保持。重力水渗到下层较干燥土壤时,一部分转化为其他形态的水(如毛管水),另一部分继续下渗,但水量逐渐减少,最后完全停止下渗。如果重力水下渗到地下水面,就会转化为地下水并抬高地下水位。

二、土壤含水率的测定和表示方法

(一)土壤含水率的测定方法

土壤含水率(亦称含水量),是衡量土壤含水多少的数量指标。为了掌握土壤水分状况及其变化规律,用以指导灌溉和排水,经常需要测定土壤含水率。

测定土壤含水率的方法很多,如称重法(包括烘干法、酒精燃烧法、红外线法)、负压计法、TDR 法、核物理法(γ 射线法、中子散射法)等。下面介绍常用的几种方法。

1. 烘干法

将采集的土样称得湿重后,放在 105 ~ 110 ℃的烘箱中烘干至恒重,然后称重,水重与干土重的比值为土壤含水率。

烘干法是最基本的直接测定土壤含水率的方法,缺点是土样受到破坏,且不能连续观测某处的土壤含水率。

2. 负压计法

土壤水分是靠土壤吸力(基质势)的作用而存在于土壤中的。在同一土壤内,含水率越小,土壤吸力越大;含水率越大,土壤吸力越小。当含水率达到饱和时,土壤吸力等于零。负压计就是测量土壤吸力的仪器。只要事先按不同土壤建立率定的土壤吸力与土壤含水率的关系曲线即土壤水分特征曲线(可通过同时测定负压计读数和用烘干法测定土壤含水率来建立),而后用负压计测得土壤吸力,再查已建立的特征曲线即得土壤含水率。

负压计主要由多孔陶土头、连接管和真空表组成,如图 2-1 所示。陶土头是整个仪器的感应部件，它具有许多均匀的细孔，能够透水。当陶土头内充水后，其孔隙全部饱和，与空气接触面上形成水膜。在一定的压力范围内，水膜不被击穿，使得空气不能进入陶土头内。

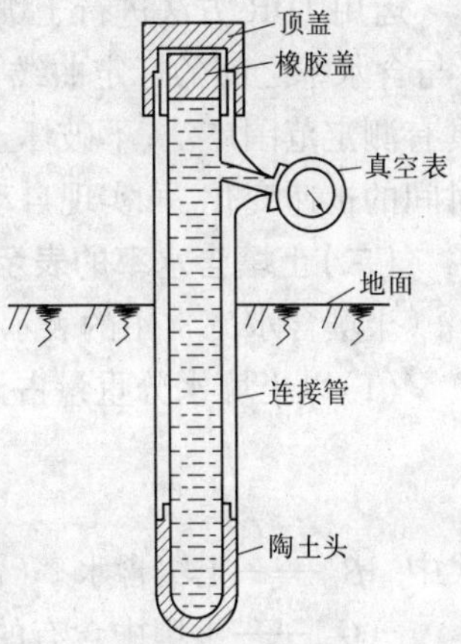

图 2-1　负压计

使用时，负压计内全部充水，并保证不留剩余空气，把负压计陶土头埋入土壤中需测定的位置上，并使土壤与陶土头表面充分接触。陶土头最初放入土壤时，负压计中的水处于标准大气压状态中，吸力等于零，而一般土壤吸力大于零，由于吸力不等，负压计中的水就从陶土头外壁渗透出来，直至吸力平衡为止。这时负压计中出现的负压值（即吸力值）便由真空表指示出来。当土壤水由降雨或灌溉得到补充时，其吸力急剧降低，负压计中的吸力因大于土壤吸力，从土壤中吸得水分，负压计上真空表的读数也随之降低。稳定后，真空表的指示值即为土壤吸力。

负压计结构简单，能定量连续观测土壤含水率，如果分层埋设，可以及时掌握土壤水分运动情况。也可在不同测点多处埋设，配合自动观测设备，同时测得多点的土壤含水率及其变化过程。

3. 时域反射仪法（也称 TDR 法）

时域反射仪（Time Domain Reflectometry）法是根据探测器发出的电磁波在不同介电常数物质中的传输时间的不同，计算出被测物的含水率。从探测器发射出的电磁波沿同轴电缆一直传递到电极末端并反射回来，在电极（长度 L）中往复的电磁波的传播速度（v）与电极周围介质的介电常数有关，从而可以获得介电常数与传播速度的关系，如当电磁波的频率在 1 MHz ~ 1 GHz 时呈如下关系

$$\xi = \left(\frac{c}{v}\right)^2 = \left(\frac{ct}{2L}\right)^2 \tag{2-1}$$

式中　ξ——介电常数；

c——光速，3×10^8 m/s；

t——电磁波的传输时间，s。

电磁波在各点的反射很明确，可以很准确地计测出 t，从而用上式计算出 ξ，其结构的示意图如图 2-2 所示。

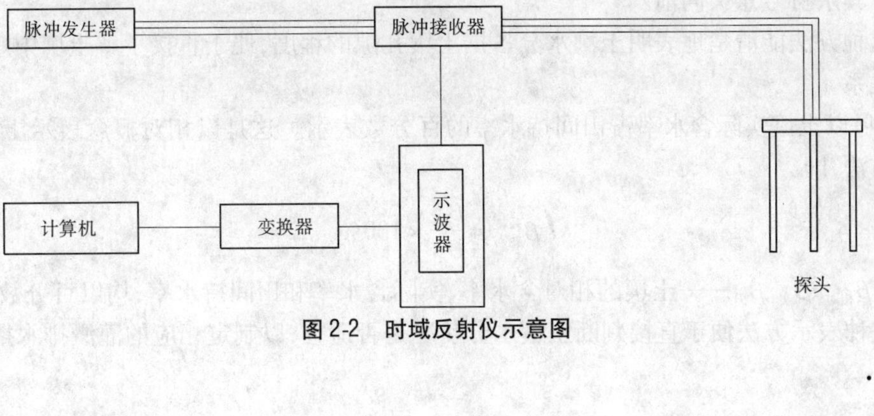

图 2-2　时域反射仪示意图

运用 TDR 方法进行土壤含水率测定时，首先计测的是介电常数 ξ，然后通过介电常数 ξ 与含水率之间的标定曲线计算土壤含水率。TDR 法与其他的土壤水分计测方法相比，具有测定范围广泛、不破坏土壤结构、测定方法简单、对人体无伤害、能随时捕捉含水率随时间的迅速变化、可实现自动化观测等优点。

（二）土壤含水率的表示方法

土壤含水率常用的表示方法有以下几种：

(1)以土壤水分重量占干土重的百分数表示。公式为

$$\beta_{重} = \frac{G_{水}}{G_{干土}} \times 100\% \tag{2-2}$$

式中 $\beta_{重}$——土壤含水率(占干土重的%)；

$G_{水}$——土壤中含有的水重，为原湿土重与烘干土重的差，kg；

$G_{干土}$——烘干土重，kg。

(2)以土壤水分体积占土壤体积的百分数表示。公式为

$$\beta_{体} = \frac{V_{水}}{V_{土}} \times 100\% = \beta_{重}\frac{\rho_{干土}}{\rho_{水}} \tag{2-3}$$

式中 $\beta_{体}$——土壤含水率(占土壤体积的%)；

$V_{水}$——土壤水分体积，m^3；

$V_{土}$——土壤体积，m^3；

$\rho_{干土}$——土壤干密度，kg/m^3；

$\rho_{水}$——水的密度，kg/m^3。

这种表示方法便于根据土壤体积直接计算土壤中所含水分的体积，或根据预定的含水率指标直接计算出需要向土壤中灌溉的水量。由于土壤水分体积在田间难以测定，生产实践中常用含水率的重量百分数换算为体积百分数。

(3)以土壤水分体积占土壤孔隙体积的百分数表示。公式为

$$\beta_{孔} = \frac{V_{水}}{V_{孔}} \times 100\% = \beta_{重}\frac{\rho_{干土}}{\rho_{水} \times n} \tag{2-4}$$

式中 $\beta_{孔}$——土壤含水率(占土壤孔隙体积的%)；

$V_{孔}$——土壤中孔隙体积，m^3；

n——土壤孔隙率(%)；

其余符号意义同前。

这种方法能清楚地表明土壤水分占据土壤孔隙的程度，便于直接了解土壤中水、气之间的关系。

(4)以土壤实际含水率占田间持水率的百分数表示。这是以相对概念表示土壤含水率的方法，即

$$\beta_{相对} = \frac{\beta_{实}}{\beta_{田}} \times 100\% \tag{2-5}$$

式中 $\beta_{相对}$、$\beta_{实}$、$\beta_{田}$——土壤的相对含水率、实际含水率和田间持水率，均以百分数表示。

这种表示方法便于直接判断土壤水分状况是否适宜，以制定相应的灌溉排水措施。

(5)以水层厚度表示。它是将某一土层所含的水量折算成水层厚度来表示土壤的含水率,以 mm 为单位。1 m^3/亩的水量相当于在田面建立 1.5 mm 的水层厚度。这种方法便于将土壤含水量与降雨量、灌水量及排水量进行比较。

三、植物需水量

(一)土壤水分消耗的途径

土壤水分消耗的途径主要有植株蒸腾、棵间蒸发和深层渗漏。

1. 植株蒸腾

植株蒸腾是指植物根系从土壤中吸入体内的水分,通过叶片的气孔扩散到大气中去的现象。试验证明,植株蒸腾要消耗大量水分,植物根系吸入体内的水分有 99% 以上消耗于蒸腾,只有不足 1% 的水量留在植物体内,成为植物体的组成部分。

植株蒸腾过程是由液态水变为气态水的过程,在此过程中,需要消耗植物体内的大量热量,从而降低了植物的体温,以免植物被太阳所灼伤。蒸腾作用还可以增强植物根系从土壤中吸取水分和养分的能力,促进植物体内水分和无机盐的运转。所以,植物蒸腾是植物的正常活动,这部分水分消耗是必需的和有益的,对植物生长有重要意义。

2. 棵间蒸发

棵间蒸发是指植株间土壤或水面的水分蒸发。棵间蒸发和植株蒸腾都受气象因素的影响。但蒸腾因植株的繁茂而增加,棵间蒸发因植株造成的地面覆盖率加大而减小,所以蒸腾与棵间蒸发二者互为消长。一般植物生育初期植株小,地面裸露大,以棵间蒸发为主;随着植株增大,叶面覆盖率增大,植株蒸腾逐渐大于棵间蒸发;到植物生育后期,植物生理活动减弱,蒸腾耗水又逐渐减小,棵间蒸发又相对增加。棵间蒸发虽然能增加近地面的空气湿度,对植物的生长环境产生有利影响,但大部分水分消耗与植物的生长发育没有直接关系。因此,应采取措施减少棵间蒸发,如土壤覆盖、中耕松土、改进灌水技术等。

3. 深层渗漏

深层渗漏是指由于降雨量或灌溉水量太多,使土壤水分超过了田间持水率,向根系活动层以下的土层产生渗漏的现象。深层渗漏对旱植物来说是无益的,且会造成水分和养分的流失,合理的灌溉应可能地避免深层渗漏。

在上述几项水量消耗中,植株蒸腾和棵间蒸发合称为腾发,两者消耗的水量合称为腾发量(Evapotrans Piraton),通常又把腾发量称为植物需水量(Water Requirement of Crops)。腾发量的大小及其变化规律,主要取决于气象条件、植物特性、土壤性质和农业技术措施等。渗漏量的大小主要与土壤性质、水文地质条件等因素有关,它和腾发量的性质完全不同,一般将蒸发蒸腾量与渗漏量分别进行计算。旱植物在正常灌溉情况下,不允许发生深层渗漏,因此旱植物需水量即为其腾发量。

(二)植物需水量的计算

植物需水量的计算是通过先计算参照植物的需水量,然后再计算实际植物需水量的方法来进行的。近代需水量的理论研究表明,植物腾发耗水是土壤—植物—大气系统的连续传输过程,大气、土壤、植物三个组成部分中任何一部分的有关因素都影响需水量的大小。根据理论分析和试验结果,在土壤水分充足的条件下,大气因素是影响需水量的主要因素，其余因素对需水量的影响不显著；在土壤水分不足的条件下，大气因素和其余因素对需水量都有重要影响。目前，植物需水量的计算方法是通过计算参照植物的需水量来计算实际需水量。即先计算出参照植物需水量 E，然后再根据植物系数 K_c 对 E 进行修正，得到植物的实际需水量。在水分亏缺时，再用土壤水分修正系数 K_w 进行修正，即可求出植物在水分亏缺时的实际需水量 E_s。

所谓参照植物需水量 E（Reference Crop Evapotranspiration）是指高度一致、生长旺盛、地面完全覆盖、土壤水分充足的绿草地（8 ~ 15 cm 高）的蒸发蒸腾量。一般是指在这种条件下的苜蓿草的需水量，因为这种参照植物需水量主要受气象条件的影响，所以都是根据当地的气象条件分阶段计算的。

1. 参照植物需水量的计算

计算参照植物需水量的方法很多，可归纳为经验公式法、水汽扩散法、能量平衡法等。其中，以能量平衡原理比较成熟、完整。其基本思想是：将植物腾发看做能量消耗的过程，通过平衡计算求出腾发所消耗的能量，然后再将能量折算为水量，即植物需水量。

根据能量平衡原理以及水汽扩散等理论，英国的彭曼（Pen－man）提出了可以利用普通的气象资料计算参考植物蒸发蒸腾量的公式。后经联合国粮农组织修正，正式向各国推荐。其基本形式如下

$$E=\frac{\frac{p_0}{p}\cdot\frac{\Delta}{\gamma}\cdot R_n+E_a}{\frac{p_0}{p}\cdot\frac{\Delta}{\gamma}+1} \tag{2-6}$$

式中 E——参照植物需水量，mm/d；

$\frac{\Delta}{\gamma}$——标准大气压下的温度函数，其中 Δ 为平均气温时饱和水汽压随温度之变率，即$\frac{\mathrm{d}e_a}{\mathrm{d}t}$（其中 e_a 为饱和水汽压，t 为平均气温），γ 为湿度计常数，$\gamma=0.66$ hPa/℃；

$\frac{p_0}{p}$——海拔高度影响温度函数的改正系数，hPa，其中 p_0 为海平面的平均气压，$p_0=1\ 013.25$ hPa，p 为计算地点的平均气压；

R_n——太阳净辐射，以蒸发的水层深度计，mm/d，可用经验公式计算，从有关表格中查得或用辐射平衡表直接测取；

E_a——干燥力，mm/d，$E_a=0.26(1+0.54u)(e_a-e_d)$，其中 e_d 为当地的实际水汽压，u 为离地面 2 m 高处的风速，m/s。

2. 实际需水量的计算

已知参照植物需水量 E 后，在充分供水条件下，采用植物系数 K_c，对 E 进行修正，即得植物实际需水量 E_s，即

$$E_s=K_cE \tag{2-7}$$

式中的 E_s 与 E 应取相同单位。

四、植物的灌溉制度

植物的灌溉制度是根据植物需水特性和当地气候、土壤、灌溉技术等条件，为植物高产及节约用水而制定的适时适量的灌水方案。其主要内容包括灌水定额、灌水时间、灌水次数和灌溉定额。灌水定额是指一次灌水单位灌溉面积上的灌水量。灌溉定额是指播种前和全生育期内单位面积上的总灌水量，即各次灌水定额之和。灌水定额和灌溉定额的单位常以 m^3/亩或 mm 表示，它是灌区规划及管理的重要依据。

一般情况下灌溉制度常采用以下三种方法来确定：

(1)总结群众丰产灌水经验。群众在长期的生产实践中，积累了丰富的灌溉用水经验，能够根据植物生育特点，适时适量地进行灌水，夺取高产。这些实践经验是制定灌溉制度的重要依据。灌溉制度调查应根据设计要求的干旱年份，调查这些年份当地的灌溉经验，灌区范围内不同植物的灌水时间、灌水次数、灌水定额及灌溉定额。根据调查资料，分析确定这些年份的灌溉制度。

(2)根据灌溉试验资料制定灌溉制度。为了实施科学灌溉，我国许多灌区设置了灌溉试验站，试验项目一般包括植物需水量、灌溉制度、灌水技术和灌溉效益等。试验站积累的试验资料，是制定灌溉制度的主要依据。但是，在选用试验资料时，必须注意原试验的条件(如气象条件、水文年度、产量水平、农业技术措施、土壤条件等)与需要确定灌溉制度地区条件的相似性，在认真分析研究对比的基础上确定灌溉制度，不能生搬硬套。

(3)按水量平衡原理分析制定植物灌溉制度。这种方法有一定的理论依据，比较完善，但必须根据当地具体条件，参考群众丰产灌水经验和田间试验资料，才能使制定的灌溉制度更加切合实际。下面仅就旱植物介绍这一方法。

(一)水量平衡方程

旱植物生育期内任一时段计划湿润层中含水量的变化，取决于需水量和来水量的多少，其来去水量见图 2-3，其关系可用下列水量平衡方程式表示

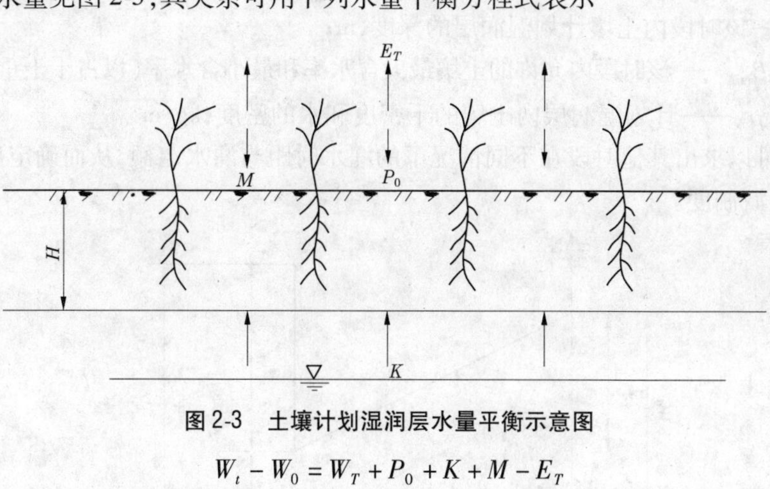

图 2-3　土壤计划湿润层水量平衡示意图

$$W_t - W_0 = W_T + P_0 + K + M - E_T \tag{2-8}$$

式中　W_t、W_0——时段初和时段末土壤计划湿润层内的储水量，mm 或 m^3/亩；

W_T——由于计划湿润层增加而增加的水量，mm 或 m^3/亩，若计划湿润层在时段内无变化则无此项；

P_0——时段内保存在土壤计划湿润层内的有效雨量,mm 或 m^3/亩;

K——时段 t(单位为日,以 d 表示,下同)内的地下水补给量,mm 或 m^3/亩,即 $K=kt$,k 为 t 时段内平均每昼夜地下水补给量,mm/d 或 m^3/(亩·d);

M——时段 t 内的灌溉水量,mm 或 m^3/亩;

E_T——时段 t 内的植物需水量,mm 或 m^3/亩,即 $E_T=et$,e 为 t 时段内平均每昼夜的植物需水量,mm/d 或 m^3/(亩·d)。

为了满足植物正常生长的需要,任一时段内土壤计划湿润层内的储水量必须经常保持在一定的适宜范围以内,即通常要求不小于植物允许的最小储水量(W_{min})和不大于植物允许的最大储水量(W_{max})。在天然情况下,由于各时段内需水量是一种经常的消耗,而降雨则是间断的补给。因此,当某些时段内降雨很小或没有降雨量时,往往使土壤计划湿润层内的储水量很快降低到或接近于植物允许的最小储水量,此时即需进行灌溉,以补充土层中消耗掉的水量。

例如,某时段内没有降雨,显然这一时段的水量平衡方程可写为

$$W_{min}=W_0-E_T+K=W_0-t(e-k) \tag{2-9}$$

式中 W_{min}——土壤计划湿润层内允许最小储水量;

其余符号意义同前。

如图 2-4 所示,设时段初土壤储水量为 W_0,则由式(2-10)可推算出开始进行灌水时的时间间距 t 为

$$t=\frac{W_0-W_{min}}{e-k} \tag{2-10}$$

而这一时段末的灌水定额 m 为

$$m=W_{max}-W_{min}=667H(\beta_{max}-\beta_{min})\rho_{干土}/\rho_{水} \tag{2-11}$$

式中 m——灌水定额,m^3/亩;

H——该时段内土壤计划湿润层的深度,m;

β_{max}、β_{min}——该时段内允许的土壤最大含水率和最小含水率(以占干土重的%计);

$\rho_{干土}$、$\rho_{水}$——计划湿润层内土壤的干密度和水的密度,kg/m^3。

同理,可以求出其他时段在不同情况下的灌水时距与灌水定额,从而确定出植物全生育期内的灌溉制度。

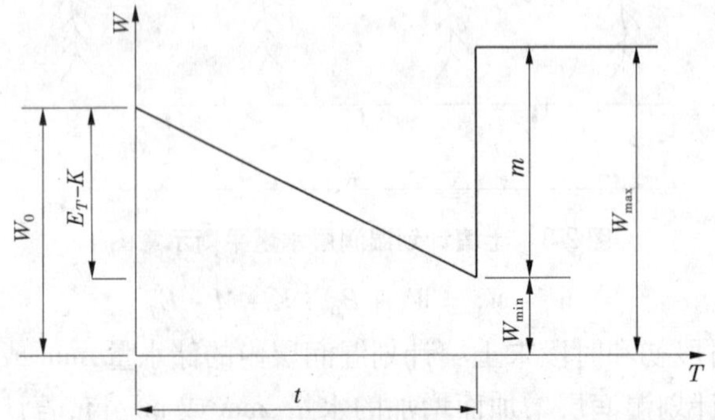

图 2-4 土壤计划湿润层(H)内储水量变化

(二)拟定旱植物灌溉制度所需的基本资料

拟定的灌溉制度是否合理,关键在于方程中各项数据,如土壤计划湿润层深度、植物允许的土壤含水量变化范围以及有效降雨量等选用是否合理。

(1)土壤计划湿润层深度。土壤计划湿润层深度系指在对旱植物进行灌溉时,计划调节控制土壤水分状况的土层深度。它取决于旱植物主要根系活动层深度,随植物生长发育而逐步加深。随着植物的成长和根系的发育,需水量增多,计划湿润层也应逐渐增加,至生长末期,由于植物根系停止发育,需水量减少,计划湿润层深度不宜继续加大,一般不超过0.8~1.0 m。在地下水位较高的盐碱化地区,计划湿润层深度不宜大于0.6 m。

(2)土壤适宜含水率及允许的最大、最小含水率。土壤适宜含水率($\beta_{适}$)是指最适宜植物生长发育的土壤含水率。它随植物种类、生育阶段的需水特点、施肥情况和土壤性质(包括含盐状况)等因素而异。一般应通过试验或调查总结群众经验而定。

由于植物需水的持续性与农田灌溉或降雨的间歇性,土壤计划湿润层的含水率不可能经常保持在某一最适宜含水率数值而不变。为了保证植物正常生长,土壤含水率应控制在允许最大和允许最小含水率之间。允许最大含水率(β_{max})一般以不致造成深层渗漏为原则。所以,采用$\beta_{max}=\beta_{田}$,$\beta_{田}$为土壤田间持水率,见表2-2。植物允许最小含水率(β_{min})应大于凋萎系数,一般取田间持水率的60%~70%,即$\beta_{min}=(0.6\sim0.7)\beta_{田}$。

表2-2　各种土壤的田间持水率

土壤类别	空隙率(体积%)	田间持水率	
		占土体积(%)	占孔隙率(%)
沙土	30~40	12~20	35~50
沙壤土	40~50	17~30	40~65
壤土	45~50	24~35	50~70
黏土	50~55	35~45	65~80
重黏土	55~65	45~55	75~85

在土壤盐碱化较严重的地区,往往由于土壤溶液浓度过高,而妨碍植物吸取正常生长所需的水分,因此还要依植物不同生育阶段允许的土壤溶液浓度作为控制条件来确定允许最小含水率(β_{min})。

(3)有效降雨量(P_0)。有效降雨量系指天然降雨量扣除地面径流和深层渗漏量后,蓄存在土壤计划湿润层内可供植物利用的雨量。

一般用降雨入渗系数来表示

$$P_0=\alpha P \tag{2-12}$$

式中　α——降雨入渗系数,其值与一次降雨量、降雨强度、降雨延续时间、土壤性质、地面覆盖及地形等因素有关,一般认为一次降雨量小于5 mm时,α为0,当一次降雨量为5~50 mm时,α为1.0~0.8,当一次降雨量大于50 mm时,$\alpha=0.7\sim0.8$。

(4)地下水补给量(K)。地下水补给量系指地下水借土壤毛细管作用上升至植物根系吸水层而被植物利用的水量，其大小与地下水埋藏深度、土壤性质、植物种类、植物需水强度、计划湿润层含水量等有关。当地下水埋深超过2.5 m时，补给量很小，可以忽略不计；当地下水埋深小于2.5 m时，其补给量一般为植物需水量的5%～25%。河南省人民胜利渠灌区测定冬小麦区地下水埋深为1.0～2.0 m时，地下水补给量可达植物需水量的20%。因此，在制定灌溉制度时，不能忽视这部分的补给量，必须根据当地或类似地区的试验、调查资料估算。

(5)由于计划湿润层增加而增加的水量(W_T)。在植物生育期内计划湿润层是变化的，由于计划湿润层增加，植物就可利用一部分深层土壤的原有储水量。W_T(m^3/亩)可按下式计算

$$W_T = 667(H_2 - H_1)\beta \cdot \rho_{干土}/\rho_{水} \tag{2-13}$$

式中 H_1——时段初计划湿润层深度，m；

H_2——时段末计划湿润层深度，m；

β——$(H_2 - H_1)$深度的土层中的平均含水率(以占干土重的%计)，一般$\beta < \beta_{田}$；

$\rho_{干土}$、$\rho_{水}$——土壤的干密度和水的密度，kg/m^3。

当确定了以上各项设计依据后，即可分别计算旱植物的播前灌水定额和生育期的灌溉制度。

(三)旱植物播前灌水定额(M_1)的确定

播前灌水是为了使土壤有足够的底墒，以保证种子发芽和出苗或储水于土壤中，供植物生育期使用。播前灌水往往只进行一次，M_1(m^3/亩)一般可按下式计算

$$M_1 = 667H(\beta_{max} - \beta_0)\rho_{干土}/\rho_{水} \tag{2-14}$$

式中各项符号意义同前。

(四)生育期灌溉制度的拟定

根据水量平衡原理，可用图解法或列表法制定生育期的灌溉制度。其方法步骤如下：

(1)根据各旬的计划湿润层深度H和植物所要求的计划湿润层内土壤含水率的上限β_{max}和下限β_{min}，求出H土层内允许储水量上限W_{max}及下限W_{min}，绘于图2-5上($W_{max} = 667\rho_{干土}H\beta_{max}/\rho_{水}$；$W_{min} = 667\rho_{干土}H\beta_{min}/\rho_{水}$)。

(2)绘制植物田间需水量(E)累积曲线、由于计划湿润层加大而获得的水量(W_T)累积曲线、地下水补给量(K)累积曲线以及净耗水量($E - W_T - K$)累积曲线。

(3)根据设计年雨量求出渗入土壤的有效降雨量P_0，逐时段绘于图上。

(4)自植物生长初期土壤计划湿润层储水量W_0依次减去($E - W_T - K$)值，即自A点引直线平行于($E - W_T - K$)曲线，当遇有降雨时再加上有效降雨量P_0，即得计划湿润层实际储水量(W)曲线。

(5)当W曲线接近于W_{min}时，即进行灌水。灌水时期除考虑水量盈亏的因素，还应考虑植物各发育阶段的生理要求、与灌水相关的技术措施以及灌水和耕作的劳动组织等。灌水定额的大小要适当，不应使灌水后土壤储水量大于W_{max}，也不宜给灌水技术的实施造成困难。灌水定额值也像有效降雨量一样加在W曲线上。

(6)如此继续进行，即可得到全生育期的各次灌水定额、灌水时间和灌水次数。

(7)生育期灌溉定额$M_2 = \sum m$，m为各次灌水定额。

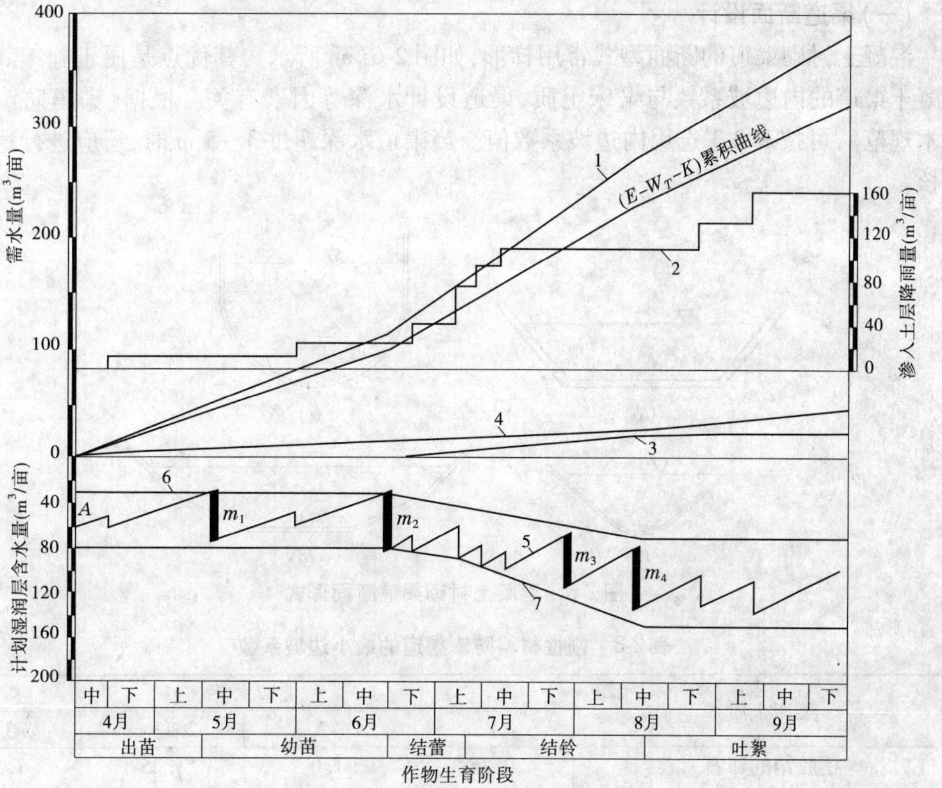

1—作物需水量 E 累积曲线；2—渗入土壤内的降雨量累积曲线；3—W_T 累积曲线；4—K 值累积曲线；

5—计划湿润层储水量 W 曲线；6—计划湿润层允许最小储水量 W_{min} 曲线；

7—计划湿润层允许最大储水量 W_{max} 曲线

图 2-5 灌溉制度设计图

把播前灌水定额加上生育期灌溉定额，即得植物的总灌溉定额 M

$$M = M_1 + M_2 \tag{2-15}$$

按水量平衡方法估算灌溉制度，如果植物耗水量、灌水定额有比较充分的调查资料，计算结果能够比较接近实际情况。对于比较大的灌区，由于自然地理条件差别较大，应分区制定。

第二节 高效输配水技术

一、混凝土衬砌

混凝土衬砌渠道是目前广泛采用的一个渠道防渗措施。它的优点是防渗效果好，一般可减少渗漏损失 85% ~95% 以上；可加大渠道流速，提高输水能力 20% ~30%；便于管理养护，不生杂草，减少淤泥，经久耐用，一般可达 30 ~40 年。其缺点是一次性投资较大，需大量水泥；在严寒地区容易冻裂。

(一)渠道断面设计

混凝土衬砌渠道的断面型式常用梯形,如图 2-6(a)所示。其优点是便于施工。梯形混凝土渠道的内边坡系数与渠床土质、渠道设计水深等因素有关。根据《渠道防渗工程技术规范》,可按表 2-3 选用内边坡系数值。当渠道水深超过 3 ~ 5 m 时,还应进行稳定性校核。

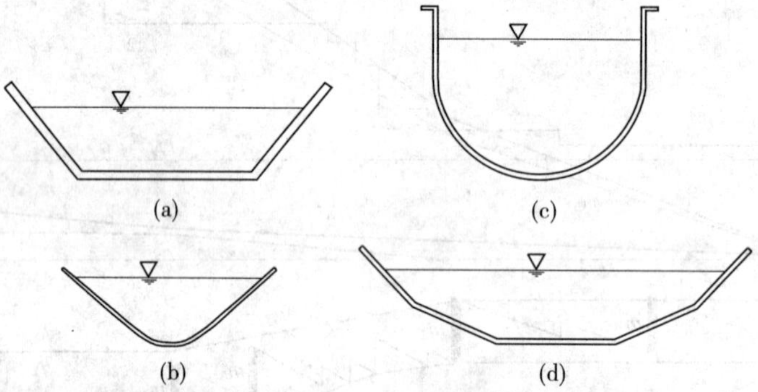

图 2-6　混凝土衬砌渠道断面形式

表 2-3　刚性材料防渗渠道的最小边坡系数

渠床土质	渠道水深			
	<1 m	1 ~ 2 m	2 ~ 3 m	>3 m
稍胶结的卵石	0.75	1.0	1.25	1.5
夹砂的卵石或沙土	1.0	1.25	1.5	1.75
黏土、重壤土、中壤土	1.0	1.0	1.25	1.5
轻壤土	1.0	1.0	1.25	1.5
沙壤土	1.25	1.25	1.5	1.75

除梯形,混凝土衬砌渠道还可采用渠坡为直线、渠底为弧线的形式(见图 2-6(b)),它具有水力条件较好、能抵抗较大浮托力和减少衬砌工程量等优点,还能节省占地面积,但施工较复杂。对于大型渠道或渠床位于不同土层时,可采用多边形断面(见图 2-6(d))。

(二)衬砌结构形式及厚度

(1)矩形等厚板。在我国南方无冻胀破坏地区,广泛采用矩形等厚板,北方小型渠道绝大部分也采用这种结构。其优点是施工容易且质量容易控制,适用于现浇或预制施工,造价小;缺点是抗冻胀破坏性能差。渠道流速小于 3 m/s 时,等厚板的最小厚度可采用表 2-4 所列数值。根据《渠道防渗工程技术规范》,渠道流速为 3 ~ 4 m/s 时,最小厚度为 10 cm;流速为 4 ~ 5 m/s 或水中含砾石推移质时,最小厚度为 12 cm。

表 2-4　混凝土防渗层最小厚度　　(单位:cm)

渠道设计流量(m/s)	温和地区			寒冷地区		
	钢筋混凝土	素混凝土	喷射混凝土	钢筋混凝土	素混凝土	喷射混凝土
<5		4	4		6	5
5 ~ 30	7	6	5	8	8	7
>30	7	8	7	9	10	8

(2)楔形板、肋梁板、中部加厚板和Π形板。如图2-7所示。楔形板较矩形板的抗冻胀破坏能力强，但混凝土用量增多。肋梁板是在楔形板基础上的改进形式，抗冻胀破坏性能好，裂缝较少，但增加了施工工序，不利于衬砌板因温度变比而自由伸缩。中部加厚板用于防止裂缝，增加抗冻胀破坏能力，加厚部位的厚度宜为10～14 cm。Π型板可利用板下空气起保温作用，以减轻冻胀，同时能消除基础冻胀所产生的变形。

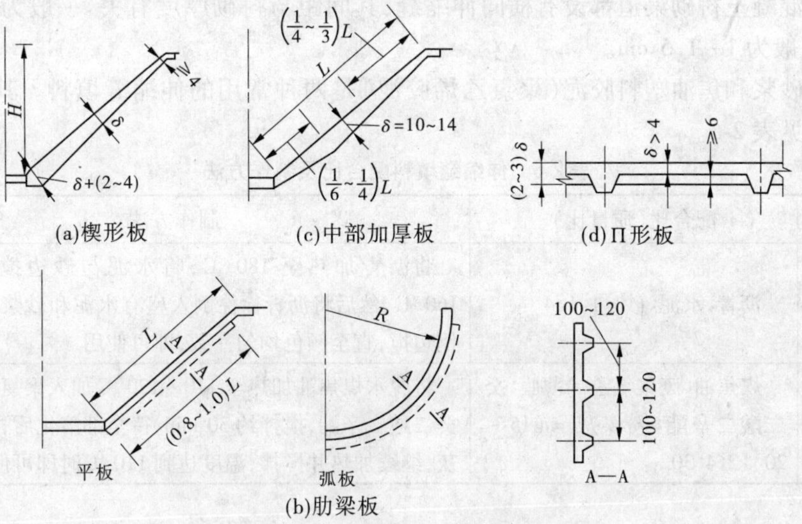

图2-7 混凝土防渗结构形式 （单位:cm）

(三)混凝土标号

用于渠道衬砌的混凝土，应按工程规模、水文气象与地质条件和防渗要求等因素选用其标号和配合比。表2-5所列为混凝土标号的最小允许值。

表2-5 混凝土标号的最小允许值

渠道设计流速（m/s）	标号种类	严寒地区（最冷月平均气温低于－10 ℃）	寒冷地区（最冷月平均气温为－3～－10 ℃）	温和地区（最冷月平均气温高于－3 ℃）
<5	强度	C_{10}	C_{10}	$C_{7.5}$
	抗冻	F_{50}	F_{50}	
	抗渗	P_4	P_4	P_4
5～30	强度	C_{15}	C_{15}	$C_{7.5}$
	抗冻	F_{200}	F_{150}	F_{50}
	抗渗	P_4	P_4	P_4
>30	强度	C_{20}	C_{15}	C_{10}
	抗冻	F_{300}	F_{200}	F_{100}
	抗渗	P_6	P_6	P_6

(四)伸缩缝

为了防止混凝土板因受温度变化,混凝土本身收缩,基础土壤湿胀、冻胀以及不均匀沉陷等因素引起裂缝,需要布设纵向、横向伸缩沉陷缝,以适应其变形。

大型渠道应在边坡脚设置纵向(平行于水流方向)伸缩缝;渠底宽超过 6 ~ 8 m 时,还应在渠底中心线位置设纵向伸缩缝。

多数混凝土衬砌渠道都设有横向伸缩缝,其间距与衬砌厚度有关,一般为 2.5 ~ 5.0 m,缝宽一般为 1 ~ 1.5 cm。

沥青砂浆和焦油塑料胶泥(聚氯乙烯胶泥)是两种常用的伸缩缝填料。其配合比及制作方法见表 2-6。

表 2-6 伸缩缝填料配合比及制作方法

填料名称	配合比(质量比)	制作方法
沥青砂浆	沥青: 水泥: 砂 = 1: 1: 4	将沥青加热至 180 ℃,将水泥与砂边搅边加热至 160 ℃,然后将沥青徐徐倒入盛有水泥和砂浆的锅内,边倒边搅,直至颜色均匀一致,即可使用
焦油塑料胶泥	煤焦油: 废聚氯乙烯薄膜: 癸二酸二辛酯: 粉煤灰 = (15 ~ 20): 2: 4: 30	将脱水煤焦油加热至 110 ~ 120 ℃加入聚氯乙烯薄膜、癸二酸二辛酯,搅拌约 30 min,待全部溶化后再加入粉煤灰,继续加热并搅拌,温度达到 110 ℃时即可使用

(五)施工技术

首先要清除渠中杂物及淤泥,铲平夯实或用浆砌块石填平;然后分块开挖齿槽,并加以夯实;再分段分块浇筑混凝土,混凝土浇筑应按《水工混凝土施工规范》(DL/T 5144—2001)进行,并控制质量。

现场浇筑混凝土防渗层时,模板应有分块的两侧挡板和伸缩缝成型夹板,边坡上应立外模,否则不容易保证施工质量。为节约模板,可采用"活动木模板"。其做法是以 4 ~ 5 块宽 20 cm、长 3 ~ 4 m 的横木模板作面板,依次自上而下轮换安装、入仓。

U 形渠道衬砌可采用专门的衬砌机械施工。这种衬砌机械由导向板、震动梁、分料格板和托板等部分组成,以人工或卷扬机牵引,行进速度为 0.5 ~ 1.0 m/min,一次浇成直径为 40 ~ 120 cm 的 U 形渠道,施工速度快且省工、省料。

混凝土防渗层也可采用喷射混凝土方法施工。这种方法适用于各种渠道断面和地基,施工速度快、质量好,节省模板。同时,由于干料和水均通过胶管输送,不受地形影响,避免了在深挖、高填渠道上施工的困难。

二、膜料防渗技术

膜料防渗不仅效果好,而且质量轻,便于运输和施工,造价低,能适应渠基的各种变形;其缺点是材料薄,易为外力破坏,容易老化,因而使用寿命较其他防渗材料短。采用膜料防渗,首先要选择膜料及保护层材料,其次是做好防渗体设计和施工。

(一)膜料材料选择

膜料防渗材料主要有土工膜及各种塑料薄膜。塑料薄膜(简称塑膜)是一种新材料,主要有线性低密度聚乙烯(LLDPE)、低密度聚乙烯(LDPE)、聚氯乙烯(PVC)、聚丙烯和聚酰胺等种类。LLDPE 的拉伸强度和断裂伸长率均较其他种类高,因此适应变形的能力较好。此外,LLDPE 的抗穿刺能力较强,它是最理想的渠道塑膜防渗材料。但是由于LLDPE的价格较高,故各地多选用聚乙烯塑膜和聚氯乙烯塑膜。塑膜厚度采用0.15~0.22 mm,颜色以深色(如黑、棕色)为好。在寒冷地区宜选用聚乙烯塑膜,它可用于-50 ℃温度以下。聚乙烯塑膜的抗拉强度低于聚氯乙烯塑膜,故在芦苇等植物丛生地区,可优先选用聚氯乙烯塑膜。

(二)防渗体设计

膜料防渗多采用埋铺式防渗体。其构造分有过渡层和无过渡层两种,见图2-8。无过渡层适用于土质渠床;有过渡层适用于各种岩土渠床。此外,当所采用较坚硬的保护层材料(如卵石、石料、混凝土)时,为了防止塑膜受到破坏,也需要设置过渡层。过渡层材料及厚度可按表2-7选用。

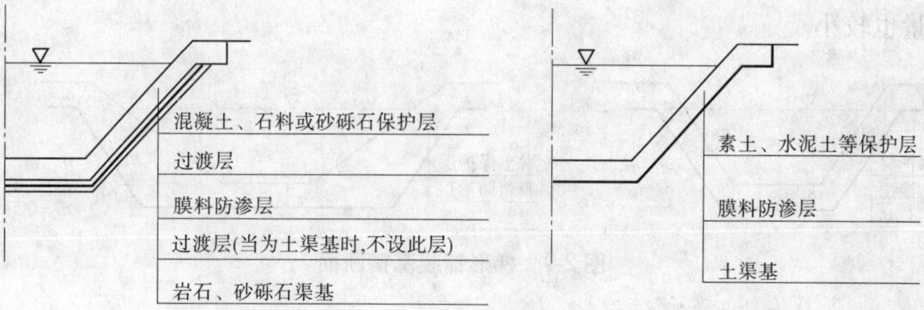

(a)有过渡层的防渗体　　(b)无过渡层的防渗体

图2-8　埋铺式膜料防渗体的构造

表2-7　过渡层材料及厚度

过渡层材料	厚度(cm)
灰土、塑性水泥土、砂浆	2~3
素土、砂	3~5

为了保护塑膜不受外力破坏、防止老化及稳定渠道常需要设置保护层。素土、砂砾石、水泥土、灰土、混凝土、石料等均可作为保护层,应根据材料来源及渠道设计要求选用。一般当渠道设计流速较小时,可选用素土作保护层;渠道流速较大时,采用耐冲力较强的保护层材料(如石料、混凝上等)。在温暖地区可采用水泥土、灰土或其他刚性材料作保护层;而寒冷地区,宜采用石料、混凝土作保护层。

素土保护层厚度可按下式计算

$$\delta_b = \frac{h}{12} + 25.4 \qquad (温和地区) \qquad (2\text{-}16)$$

$$\delta_b = \frac{h}{10} + 35 \qquad (寒冷地区) \qquad (2\text{-}17)$$

式中　δ_b——素土保护层厚度,cm;

h——渠道水深,cm。

其他材料作保护层时,其厚度可参照表2-8选用。

表2-8　保护层厚度　（单位:cm）

保护层材料	水泥土	块石、卵石	砂砾石	石板	混凝土	
					现浇	预制
保护层厚度	4.~6	20~30	30~40	≥3	4~10	4~8

(三)施工

1. 铺膜基槽开挖

基槽可选用梯形、台阶形和锯齿形断面,分别如图2-9~图2-11所示。开挖出的基槽要平整。经调查,原为素土保护层梯形断面的塑膜防渗渠道,运行数年会自然变为弧形底梯形或弧形坡脚梯形断面。这种断面接近水力最佳断面,水流条件好,边坡比较稳定。同时,在寒冷地区弧形底梯形或弧形坡脚梯形断面,冻胀后变形较均匀,消冻后容易复位,残余变形量也较小。

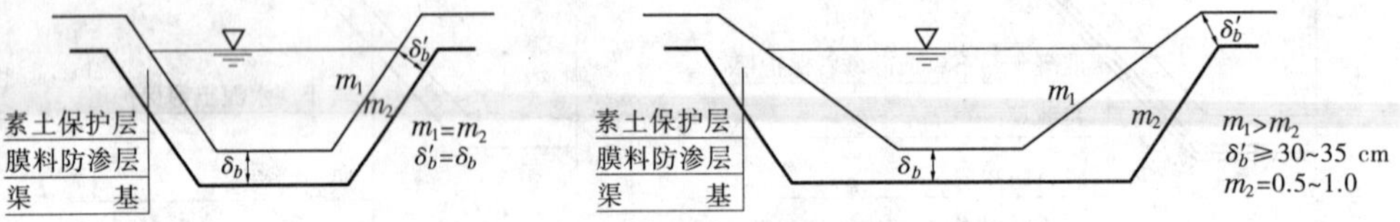

图2-9　梯形铺膜基槽断面

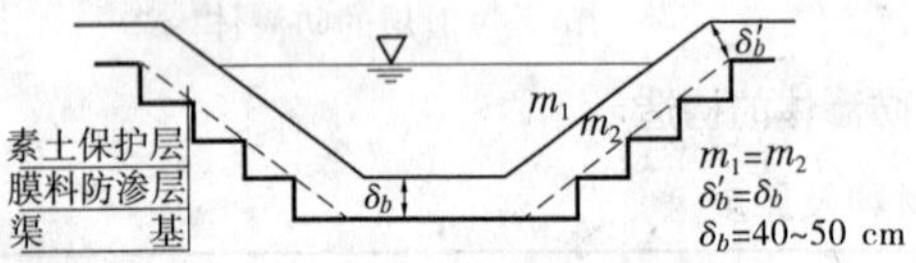

图2-10　台阶形铺膜基槽断面

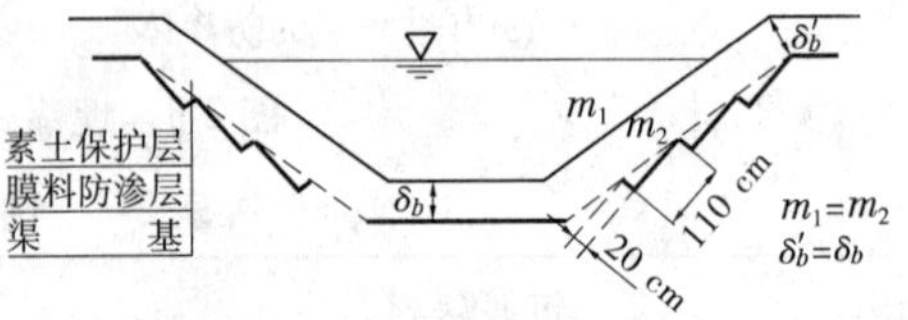

图2-11　锯齿形铺膜基槽断面

2. 薄膜加工及铺设

先将塑膜裁成30~50 m或100 m段,然后用热合机将其焊接成设计要求的尺寸。铺设时洒水湿润表土,使薄膜紧贴在基土上,不能拉得太紧,要均匀地留一些折纹。铺好后随即用较湿润的松土压住边缘,再填筑保护层。

3. 填筑过渡层和保护层

根据厚度不同,可采用一次或分次填筑。人工夯实时,一次回填土厚度为20 cm左右;机械碾压时厚度应大于30 cm,太薄容易撕裂膜料。保护层高度和厚度均应严格控制。

三、管道输水

管道输水系统的水流形态都是有压管流,具有输水快、水量损失小、水的利用率高、占地少等优点,但又有需要较多的机械设备和管材、一次性投资大、消耗能源多、运行费用高等缺点。

常用的管材有钢筋混凝土管、钢管、塑料管、薄壁铝合金管、镀锌薄壁钢管、软管等。

(一)钢筋混凝土管

钢筋混凝土管有预应力钢筋混凝土管和自应力钢筋混凝土管两种。可承受内压 4 ~ 5 kg/cm^2,不会锈蚀,使用寿命长,但其质脆、较重,运输、施工安装有一定的难度。常用于城市给排水工程。其接头方式有承插式和平口对接两种方式(见图 2-12 ~ 图 2-15)。施工时,先在开挖好的基槽内用地瓜石或块石砌好基座(岩石基槽可不设),然后在其上浇筑混凝土基础(见图 2-12 ~ 图 2-15)。钢筋混凝土管的规格及安装尺寸见表 2-9。

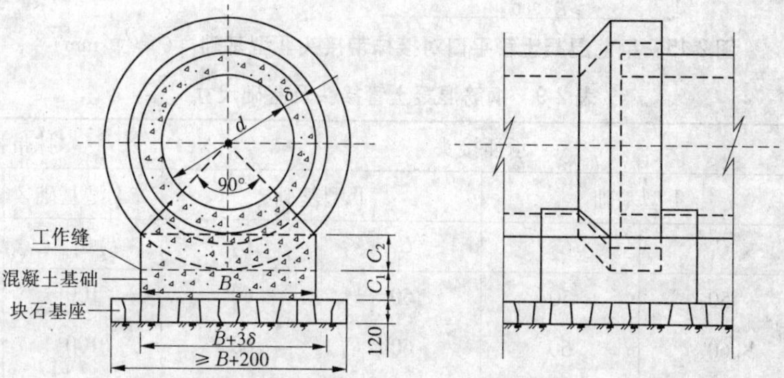

图 2-12　钢筋混凝土管承插接头Ⅰ型基础　(单位:mm)

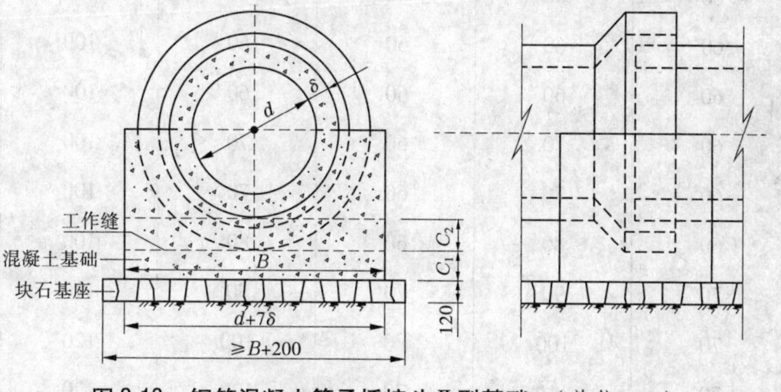

图 2-13　钢筋混凝土管承插接头Ⅱ型基础　(单位:mm)

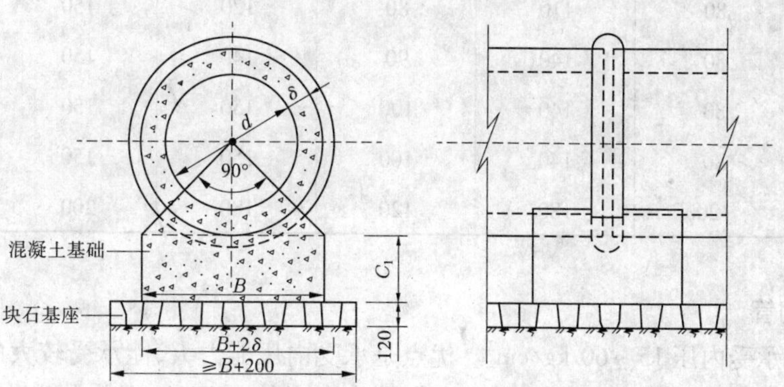

图 2-14　钢筋混凝土管平口对接抹带接头Ⅰ型基础　(单位:mm)

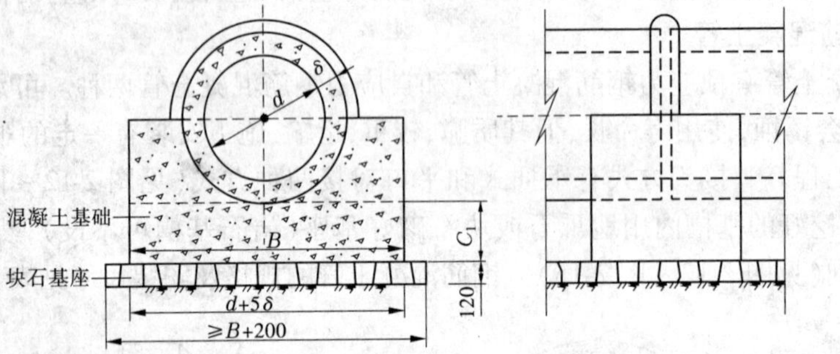

图 2-15　钢筋混凝土管平口对接抹带接头Ⅱ型基础　（单位:mm）

表 2-9　钢筋混凝土管接头及基础尺寸　（单位:mm）

管径 d	承插接头				抹带接头	
	Ⅰ型基础		Ⅱ型基础		Ⅰ型基础	Ⅱ型基础
	C_1	C_2	C_1	C_2	C_1	C_1
150	50	50	60	60	100	100
200	60	60	60	60	100	100
250	60	60	60	60	100	100
300	60	60	60	60	100	100
350	60	60	60	60	100	100
400	60	60	60	60	100	100
450	60	70	60	70	100	100
500	60	70	60	70	100	100
600	60	80	60	80	100	100
700	70	90	70	90	120	120
800	70	100	70	100	120	130
900	70	110	70	120	120	150
1 000	80	110	80	120	150	165
1 100	80	140	90	140	150	180
1 200	80	140	100	150	150	200
1 250	80	140	100	150	150	200
1 500	120	180	120	180	200	250

(二)钢管

钢管可承受内压 15 ~ 60 kg/cm^2。优点是承受内压能力大,能承受较大的动荷载,管壁较薄,管长较长,节省材料,铺设简便。但其价格较高,易腐蚀,因此在铺设时,表面应有较好的保护层。使用寿命可达 20 ~ 30 年。连接时可采用焊接或用管道连接件(法兰、三通、四通、弯头、管接头、变径接头等)连接。适用于城市给水工程、园林工程等。

(三)塑料管

不同厚度的塑料管可承受内压 4 ~ 16 kg/cm^2。其优点是管壁较薄,管长较长,重量轻,内壁光滑,水头损失小,有一定的柔度,能适应一定的不均匀沉陷,施工方便。缺点是价格较高,易老化,施工时埋于地下。使用寿命可达 15 ~ 20 年。连接时可采用黏接或用塑料管道连接件(法兰、三通、弯头、管接头、变径接头等)连接。适用于城市给水工程、园林工程等管道施工。

1. 管槽的开挖

管槽开挖深度应符合设计要求。宽度为 0.5 m 左右,管件安装部位应适当加宽,加宽宽度以施工方便为准。毛管的开挖深度一般为 0.3 ~ 0.4 m,宽度以 0.2 m 左右为宜。

管槽开挖后应清除管槽底部石块杂物,并一次整平。管槽经过岩石、卵石等硬基础处,槽底超挖应不小于 10 cm。清除砾石后再用细土回填夯实至设计高程。开挖土料应堆置管槽一侧。固定墩、阀门井开挖宜与管槽开挖同时进行。

2. 管道安装

管道安装应按干、支、毛管顺序进行,按设计要求将管道平顺放入管槽内,不得悬空和扭曲。塑料管不得抛摔、拖拉和曝晒,安装期宜集中。塑料管道与道路交叉处埋深不小于 70 cm,并要加保护管。

微灌管网系统的输水管线(干、支管),多采用硬聚氯乙烯管,配水管及毛管多采用低密度聚乙烯管。硬聚氯乙烯管的连接一般用黏接剂黏合。伸结节或伸缩接头处,采用橡胶密封圈止水。低密度聚乙烯管材常用内插式管件或外接式管件进行管道连接。

(四)薄壁铝合金管、镀锌薄壁钢管、软管

这些管道常用于移动式喷灌系统。薄壁铝合金管很轻,一人可扛几十米,但硬度较差,价格贵。镀锌薄壁钢管一般厚度仅 1 mm 左右,较轻,硬度大,不容易碰坏,管道连接时,可采用快速接头连接。软管有橡胶管和塑料软管两种,常用于微灌系统。

第三节　喷灌技术

一、概述

喷灌作为一种先进的灌水技术已广泛运用于近代世界各国的灌溉中。我国自 20 世纪 50 年代开始,对喷灌技术进行了大量的试验研究和推广应用。

(一)喷灌的定义

喷灌是将具有一定压力的水通过管道送至需浇灌处,再通过喷头喷射到空中,形成细小的水滴,近似天然降水洒落地面,来灌溉土地或植物。提供喷灌的压力通常是借助于水泵加压。当水源高于灌区,并有足够的压力差时,如水库坝下、山丘区盘山渠道以下,也可利用自然水头进行自压喷灌。

(二)喷灌的优缺点

(1)灌水均匀,用水量省。喷灌可以使灌溉水比较均匀地洒在地面,渗入到植物根系活动层。不产生深层渗漏和地面径流,因此灌水均匀度可达80% ~90%,水的利用率达到60% ~85%,与地面灌溉相比,一般可以省水20% ~30%。

(2)喷灌的适应性强。喷灌对土地的平整要求不高,对于地形复杂的岗地、缓坡地也可采用喷灌。有些土壤,例如沙土采用地面灌溉有困难,但可采用喷灌。

(3)喷灌可以用于防止或减小灾害性天气对植物的影响。例如,可以用喷灌防止霜冻;在干热风时期喷灌可提高空气湿度,降低气温。

(4)喷灌省地省工。喷灌可节省田间渠系占地,提高土地利用率7% ~10%。喷灌比地面灌节省约一半的劳动力。

(5)喷灌受风的影响大。在多风的情况下,由于风的影响,使喷灌均匀度大大降低,水的飘移损失大,使水的利用系数大大降低。一般3级风(风速为3.4 ~5.4 m/s)对喷灌的均匀度就会有影响。

(6)喷灌需要一定的设备和管材,投资较大。

(7)移动式或半固定式喷灌虽可减少设备投资,但需在田间搬动管道或移动机组,比较麻烦,又易踏伤植物、破坏土壤。

另外,喷灌需要较高的压力,耗能大,在能源紧张的情况下,受到限制。从节省能源的角度考虑,国内外趋于发展中、近射程喷灌。

二、喷灌系统的组成和分类

(一)喷灌系统的组成

喷灌系统一般由水源、水泵、动力设备、管网、喷头及田间工程组成,如图2-16所示。

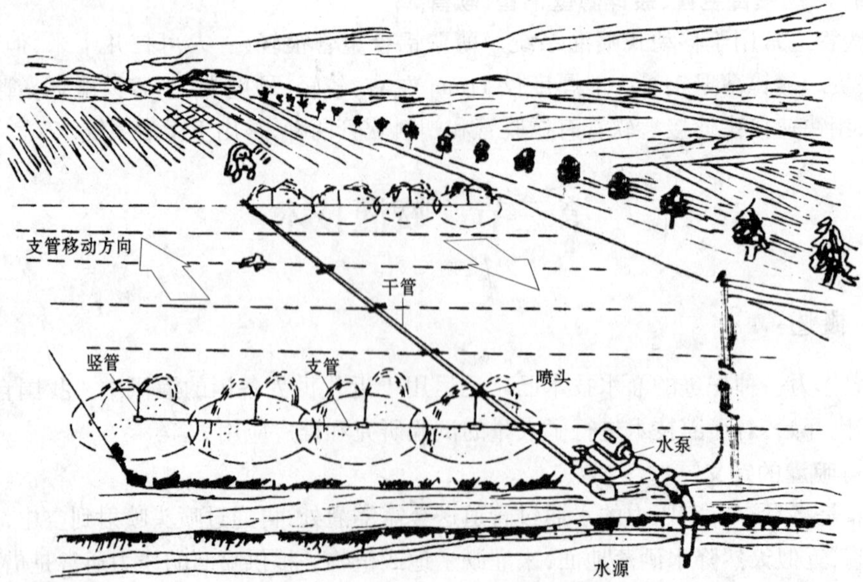

图2-16 喷灌系统示意图

1. 水源

一般的河流、渠道、湖泊、塘库、井泉等都可作为喷灌水源。水源提供的水量、流量、水质必须满足喷灌系统的要求。

2. 水泵

大多数情况下,水源的高程不足以提供喷灌所要的水头,必须利用水泵将灌溉水加压。喷灌常用的水泵有离心泵、长轴井泵、潜水电泵等。

3. 动力设备

在用电方便的地区,一般用电动机带动水泵,也有的用柴油机、汽油机带动,还可用拖拉机上的动力机带动。动力机的功率要与水泵相配套。

4. 管网

管网的作用是将有压的灌溉水输送、分配到田间。喷灌管网一般包括干管和支管两级及其相应的连接、控制部件,量测设备,如弯头、接头、三通、闸阀、水表、压力表等。

5. 喷头

喷头的作用是将灌溉水喷射到空中,形成细小的水滴。喷头是喷灌系统的专用部件,一般用竖管与支管连接。

6. 田间工程

有些喷灌系统,需要利用渠道将灌溉水从水源引到田间,以节省管道长度,这时就必须修建田间渠道及相应的建筑物。

(二)喷灌系统的分类

喷溉系统可按不同方法分类。按系统获得压力的方式可分为机压喷灌系统和自压喷灌系统;按系统设备组成可分为管道式喷灌系统和机组式喷灌系统;按喷洒特征可分为定喷式喷灌系统和行喷式喷灌系统;按系统中主要组成部分是否移动和移动的程度可分为固定式、移动式和半固定式三类。根据我国应用的实际,以下分别对固定式喷灌系统、移动式喷灌系统和半固定式喷灌系统作简要介绍。

1. 固定式喷灌系统

喷灌系统各组成部分除喷头,在整个灌溉季节,甚至常年都是固定不动的。水泵和动力机组成固定的泵站,干管和支管埋入地下,进行轮灌。这种喷灌系统称为固定式喷灌系统。

固定式喷灌系统的优点是使用操作方便,易于管理和保养,生产效率高,运行费用低,工程占地少。缺点是工程投资大,设备利用率低,因此一般只在灌水频繁、经济价值高的果树及经济植物区采用。

2. 移动式喷灌系统

在田间仅有固定的水源(池塘、井或渠道),而水泵、动力、管道及喷头都是移动的。这样在一个灌溉季节里,一套设备可以在不同的地块上轮流使用,提高了设备的利用率,降低了单位面积设备的投资。若将移动部分安装在一起,省去干管、支管,构成一个整体称为喷灌机,如图 2-17 所示。这种形式的喷灌系统使用灵活,但管理、劳动强度大,路渠占地较多。

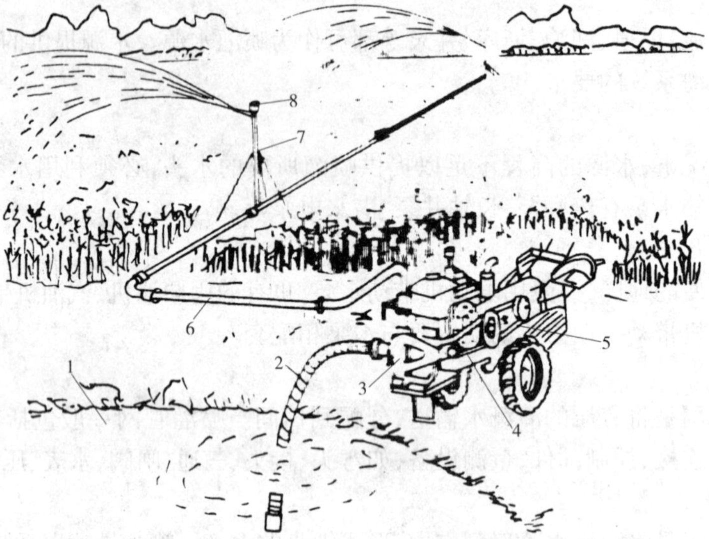

1—水源;2—吸水管;3—水泵;4—手扶拖拉机;5—皮带;6—输水管;7—竖管及支架;8—喷头

图2-17　与手扶拖拉机配套的喷灌机

3. 半固定式喷灌系统

半固定式喷灌系统的动力、水泵和干管是固定的,在干管上装有许多给水栓,支管和喷头是移动的。支管在一个位置上与给水栓连接进行喷洒,喷洒完毕,即可移至下一个位置与下一个给水栓连接。这样的喷灌系统比固定式喷灌系统设备利用率高,投资也较省,操作起来比移动式喷灌系统劳动强度低些,生产率也高一些,因此很多国家的喷灌系统多为半固定式喷灌系统。

根据支管移动的方式可分为人工移动支管和机械移动支管。人工移动支管操作比较可靠,但工作条件差,劳动强度大。国外大多采用机械移动支管。机械移动支管的形式很多,主要有以下五种:

图2-18　滚移式喷灌系统示意图

(1)滚移式喷灌系统。其支管支承在直径为1～2 m的许多大轮子上,以支管本身为轮轴,轮距一般为6～12 m,如图2-18所示。在一个位置喷完后,由人工利用专门的杠杆或小发动机,使支管移动到下一个位置继续喷灌。它适用于矮秆植物及较平的地块。

(2)端拖式喷灌系统。其干管布置在田块中间,支管上装有小轮或滑撬,在一个位置喷好后,由拖拉机或绞车纵向牵引越过干管到一个新的位置,如图2-19所示。支管可以是软管,也可以是有柔性接头的刚性管道,一般支管长度不超过50 m。

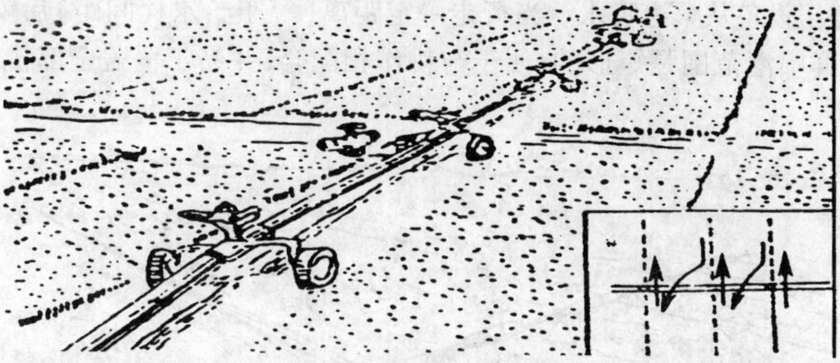

图 2-19　端拖式喷灌系统示意图

(3)绞盘式喷灌系统。由田间固定干管的给水栓供水,支管为软管,缠绕在绞盘上,绞架设在绞盘车上,与喷洒车连接组成绞盘式喷灌机。喷灌时绞盘转动,边喷边收管。收卷完毕,喷头停喷,然后转入下一地段作业,如图 2-20 所示。

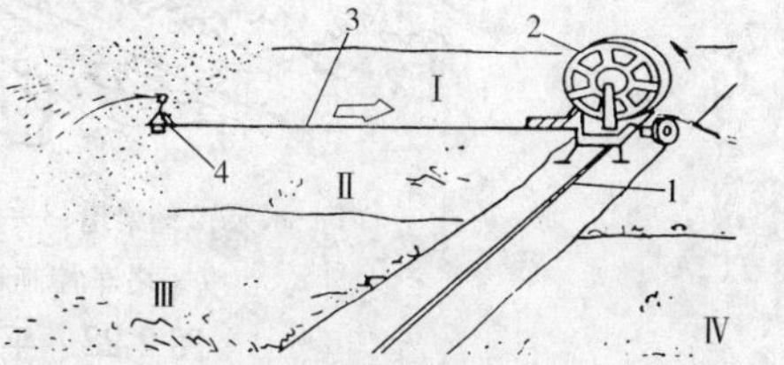

说明:Ⅰ~Ⅳ为喷灌顺序。
1—供水干管;2—绞盘车;
3—PE 半软管;4—远射程喷头车

图 2-20　软管牵引绞盘式喷灌机

(4)时针式喷灌系统。时针式喷灌系统又称中心支轴喷灌系统,其结构如图 2-21 所示。在喷灌田块的中心有供水系统(给水栓或水井与泵站),其支管支承在可以自动行走的小车及塔架上,工作时支管像时针一样围绕中心点旋转。常用的支管长度为 400 ~ 500 m,根据轮灌的需要,转一周要 2 ~ 10 d,可控制 800 ~ 1 000 亩,支管离地面 2 ~ 3 m。这种系统的优点是机械化、自动化程度高,可以不要人操作,连续工作,生产效率高;支管上可以装很多喷头,喷洒范围互相重叠,提高了灌水均匀度,且受风的影响小;可适用于起伏地形。但其最大缺点是灌溉范围是圆形的,难以覆盖全部耕地。为此,也有在支管末端再安装自动喷角装置,喷洒地角耕地。

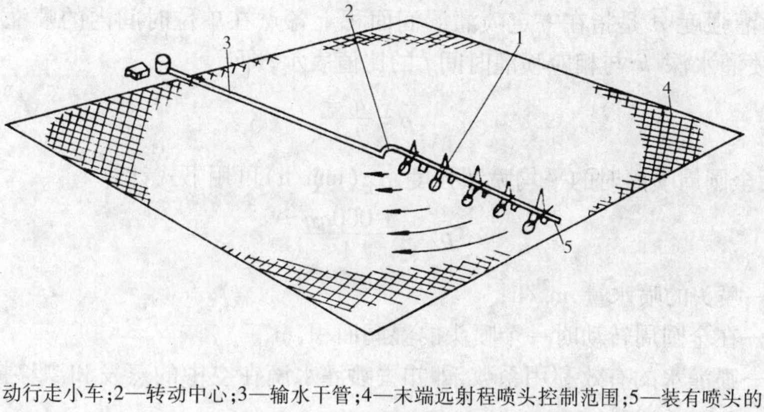

1—自动行走小车;2—转动中心;3—输水干管;4—末端远射程喷头控制范围;5—装有喷头的支管

图 2-21　时针式喷灌系统示意图

(5)平移式喷灌系统。它的支管和时针式系统一样,也是支承在可以自动行走的小车上,但它是平行于植物行移动,由垂直于支管的干管上的给水栓通过软管供水,或由主机上的提水加压设备从渠道吸水。当行走一定距离(等于给水栓间距)后就要下一个给水栓供水,这样喷灌范围是矩形的,便于与耕作相配合,并易于覆盖全部耕地,如图 2-22 所示。

1—水泵;2—渠道;3—腹架;4—塔车;5—中心跨架;6—喷头;
7—塔车控制箱;8—柔性接头;9—导向系统

图 2-22　平移式喷灌系统工作示意图

三、喷灌的主要技术要素

喷灌的技术要素主要以喷灌强度、喷灌均匀度及喷洒雾化程度等参数表示。

(一)喷灌强度

喷灌强度就是单位时间内喷洒在单位面积上的水量,亦即单位时间内喷洒在灌溉土地上的水深,一般用 mm/min 或 mm/h 表示。由于喷洒时,水量分布常常是不均匀的,因此喷灌强度有点喷灌强度和平均喷灌强度(面积和时间都平均)两种。

点喷灌强度 ρ_i 是指某一时段 Δt 内喷洒到土壤表面某点的水深 Δh 与 Δt 的比值,即

$$\rho_i = \frac{\Delta h}{\Delta t} \tag{2-18}$$

平均喷灌强度 $\bar{\rho}$ 是指在一定喷灌湿润面积上各点在单位时间内的喷灌水深的平均值,以平均喷灌水深 $\bar{h}$ 与相应喷灌时间 t 的比值表示,即

$$\bar{\rho} = \frac{\bar{h}}{t} \tag{2-19}$$

单喷头全圆周喷灌时的平均喷灌强度 $\bar{\rho}_{全}$(mm/h)可用下式计算

$$\bar{\rho}_{全} = \frac{1\ 000q\eta}{A} \tag{2-20}$$

式中　q——喷头的喷水量,m^3/h;

A——在全圆周转动时一个喷头的湿润面积,m^2;

η——喷灌水的有效利用系数,即扣去喷灌水滴在空中的蒸发和漂移损失,一般为 0.8～0.95。

在喷灌系统中,各喷头的湿润面积有一定重叠,实际的喷灌强度要比上式计算的高一些,为准确起见,可以用有效湿润面积 $A_{有效}$ 来代替上式中的 A 值。

$$A_{有效} = l \times b \tag{2-21}$$

式中 l——在支管上喷头的间距,m;

b——支管的间距,m。

在一般情况下,平均喷灌强度应与土壤透水性能相适应,应使喷灌强度不超过土壤的入渗率,即渗吸速度,这样喷洒到土壤表面的水才能及时渗入土中,而不会在地表形成积水和径流。

测定喷灌强度一般是与喷灌均匀度试验结合进行的。具体方法是在喷头的湿润面积内均匀地布置一定数量的量雨筒,喷洒一定时间后,测量雨筒中的水深。量雨筒所在点的喷灌强度 ρ_i(mm/h)用下式计算

$$\rho_i = \frac{10W}{t\omega} \tag{2-22}$$

式中 W——量雨筒承接的水量,cm^3;

t——试验持续时间,h;

ω——量雨筒上部开敞口面积,cm^2。

而喷灌面积上的平均喷灌强度 $\bar{\rho}$ 为

$$\bar{\rho} = \frac{\sum \rho_i}{n} \tag{2-23}$$

式中 n——量雨筒的数目。

(二)喷灌均匀度

喷灌均匀度是指喷灌面积上水量分布的均匀程度,它是衡量喷灌质量好坏的主要指标之一。它与喷头结构、工作压力、喷头布置形式、喷头间距、喷头转速的均匀性、竖管的倾斜度、地面坡度和风速风向等因素有关。

表示喷灌均匀度的方法很多,但都各有利弊,因此我们在这里仅介绍常用的表示方法。

喷洒均匀系数 K

$$K = \frac{\bar{\rho}}{\bar{\rho} + |\overline{\Delta\rho}|} \tag{2-24}$$

式中 $\bar{\rho}$——整个喷灌面积上的平均喷灌强度。

点喷灌强度平均差的绝对值$|\overline{\Delta\rho}|$

$$|\overline{\Delta\rho}| = \frac{\sum |\rho - \bar{\rho}|}{n} \tag{2-25}$$

式中 n——观测计算喷灌强度的点数。

如果在喷灌面积上的水量分布得越均匀,那么$|\overline{\Delta\rho}|$值就越小,亦即 K 值越大。K 值最大时为 1.0,这时各点喷灌强度完全一样,这实际上是不可能存在的。

喷洒均匀系数一般均指一个喷灌系统的喷洒均匀系数,单个喷头的喷洒均匀系数是没有意义的,这是因为单个喷头的控制面积是有限的,要进行大面积灌溉必然要由若干个喷头组合起来形成一个喷灌系统。单个喷头在正常压力下工作时,一般都是靠近喷头部分湿润较多,边缘部分湿润不足,这样当几个喷头合在一起,湿润面积有一定重叠,就可以使土壤湿润得比较均匀。为了便于测定,常取四个喷头布置成矩形、方形,测定它们之间

所包围面积的喷洒均匀系数,这一数值基本上可以代表在平坦地区无风情况下喷灌系统的喷洒均匀系数。

(三)喷洒雾化程度

喷洒雾化程度是指喷洒水滴的细小程度,它对植物的影响很大。雾化不充分,水滴及其打击力大,容易破坏土壤结构,造成板结,甚至打伤植物幼苗,或把土粒溅到植物叶面上,影响作物生长;雾化太过分,则水滴太小,极易被风吹走,影响喷洒均匀度,蒸发损失大,能量消耗多,射程缩短,喷灌强度增大,也是不适宜的。

雾化程度常用雾化指标、水滴直径或水滴打击强度来表示。试验表明,水滴及其打击力主要与喷头工作压力和喷嘴直径有关。喷嘴直径越大,水滴及其打击力越大;喷头工作压力越大,则水滴及其打击力越小。所以,我国采用喷头工作压力 H 与主喷嘴直径 d 的比值 H/d 来衡量雾化程度,并称为雾化指标。显然,H/d 的比值越大,雾化程度越高。一般牧草、饲料植物、草坪、绿化林木、果树的雾化指标为 2 000 ~ 3 000。

水滴直径是指喷洒末端降落在地面或植物叶面上的水滴直径,通常要求水滴直径不超过 3 mm,以此作为植物可以承受的标准。

水滴打击强度是指单位喷洒面积上,水滴对土壤或植物的打击动能。一般用 1 mm 水深的水滴喷洒到 1 m^2 面积上的动能来表示。它综合反映了水滴大小、降落速度等因素的影响,与喷头的工作压力、喷嘴直径和喷射高度有关。所以,在考虑雾化程度时,不可片面追求水滴直径小,以致造成压力浪费和水量损失增大,而应同时考虑减小水滴降落速度的因素,如竖管高度和喷射仰角等。

四、喷灌的主要设备

(一)喷头的主要类型及工作原理

喷头是喷灌系统的主要组成部分,它的作用是把有压水流喷射到空中,散成细小的水滴并均匀地散落在控制的灌溉面积上。因此,喷头结构形式及其制造质量的好坏,直接影响到喷灌质量。

喷头的种类很多,按其工作压力及控制范围的大小,可分为低压喷头(或称近射程喷头)、中压喷头(或称中射程喷头)和高压喷头(或称远射程喷头)。各类喷头工作压力和射程范围大致如表 2-10 所示。按喷头结构形式、水流形状可以分为旋转式、固定式和孔管式三种。目前,使用最多的是旋转式喷头。

表 2-10　喷头按工作压力与射程分类

项目	低压喷头(近射程喷头)	中压喷头(中射程喷头)	高压喷头(远射程喷头)
工作压力(kPa)	<200	200 ~ 500	>500
流量(m^3/h)	<2.5	2.5 ~ 32	>32
射程(m)	<15.5	15.5 ~ 42	>42

1. 旋转式喷头

旋转式喷头一般由喷嘴、喷管、粉碎机构、转动机构、扇形机构、弯头、空心轴和套轴等部分组成。压力水流通过喷管及喷嘴形成一股集中的水舌射出,水舌内存在涡流,在空气及粉碎机构的作用下,使水舌粉碎成细小的水滴,由转动机构驱动喷管和喷嘴绕竖轴缓慢旋转,使水滴均匀喷洒在喷头的四周,形成一个半径等于喷头射程的圆形或扇形湿润面积。

旋转式喷头由于水流集中,所以射程远(可达 30 m 以上),中、远射程喷头基本上都是这种形式。按转动机构的特点,旋转式喷头又有摇臂式、叶轮式、反作用式等几种。

(1)摇臂式喷头。图 2-23 是摇臂式喷头的一种形式。喷头的转动机构是一个装有弹簧的摇臂,在摇臂前端有一个偏流板和一个勺形导水片,喷水前偏流板和导水片置于喷嘴的正前方。当开始喷水时,水舌通过偏流板冲到导水片上,并从侧面喷出,冲击力使摇臂转 60°~120°,并把摇臂弹簧扭紧,然后在弹簧力作用下摇臂又回位,使偏流板和导水片进入水舌,在摇臂惯性力和水舌对偏流板的切向附加力作用下,摇臂敲击喷体即由喷嘴、弯头等组成的一个可以转动的整体,使喷头转动 3°~5°,于是又进入第二个循环(每个循环周期为 0.2~2 min)。如此周而复始,使喷头不断地旋转。为了控制喷洒面积成扇形,在这类喷头上装有扇形机构(或称换向机构),喷头不断往返成扇形旋转。

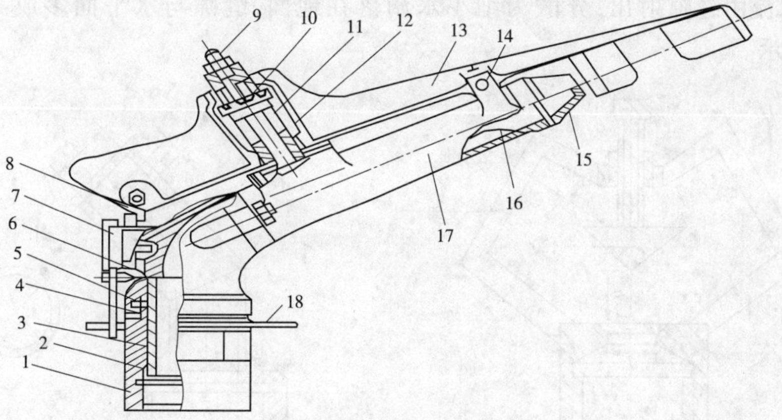

1—空心轴套;2—减磨密封圈;3—空心轴;4—防砂弹簧;5—弹簧罩;6—喷体;7—换向器;8—反向钩;
9—摇臂调位螺钉;10—弹簧座;11—摇臂轴;12—摇臂弹簧;13—摇臂;14—打击块;15—喷嘴;
16—稳流器;17—喷管;18—限位环

图 2-23 单嘴摇臂式喷头示意图

摇臂式喷头的缺点是,在有风或安装不平的情况下,旋转速度不均匀。此外,这种喷头如直接装在手扶拖拉机上,受振动影响后,转动不正常,甚至不转,但它的结构简单,便于推广。

(2)叶轮式喷头。该喷头又称蜗轮蜗杆式喷头,是靠水冲击叶轮,由叶轮带动传动机构使喷头旋转。由于水舌流速高,叶轮的转速可达 1 000~2 000 r/min,而喷头要求的转速为每转 3~5 min。因此,必须通过蜗杆变速。这种喷头结构复杂,使用较少。

(3)反作用式喷头。它是利用水舌离开喷嘴时对喷头的反作用力推动喷管旋转。其方式很多,可以将喷管弯成一定的角度,使得主喷管水舌的反作用力不通过喷头的垂直轴,而形成一转动力矩带动喷管旋转;也可以在喷管的左侧或右侧开小孔,小水舌朝与主喷管垂直方向喷出,带动喷管旋转;也有的是在喷嘴前装一挡片使水舌转弯,利用水舌偏转后的反作用力矩带动喷管旋转。反作用喷头结构一般比较简单,但其共同的缺点是,如果作用力矩比较大,转动太快,射程将大大降低;如果反作用力矩比较接近喷头转动的阻力力矩,工作就很不可靠,尤其是在刚开始喷灌时更难以起动。因此,为了使转速不要太快,就要装置专门的限速器,但是限速器比较复杂,推广受限制。

2. 固定式喷头

固定式喷头又叫漫射喷头,它的特点是,在整个喷灌过程中,喷头的所有部件都是固定不动的,喷洒时水流以全圆或扇形同时向外散开。其优点是结构简单,工作可靠;缺点是射程小(5~10 m),喷灌强度大(5~20 mm 以上),水量分布不均,喷孔易被堵塞。因此,使用受到限制,多用于公园、苗圃、菜地、温室等。按结构形式可分为四类。

(1)折射式喷头。折射式喷头一般由喷嘴、散水锥和支架等部分组成。水流由喷嘴垂直喷出,遇散水锥阻挡,形成薄水层向外射出,在空气阻力作用下分散为细小雨滴落在地面上,图 2-24 是全圆喷洒的折射喷头,喷嘴直径一般为 5~15 mm 的圆孔,散水锥高 6~13 mm,锥角为 120°的圆锥体。

(2)缝隙式喷头。缝隙式喷头是在封闭的管端开出一定形状的缝隙(一般为 3~6 mm),水流由缝隙射出,分散为细小水滴落在地面,缝隙与水平面多成 30°夹角,如图 2-25所示。

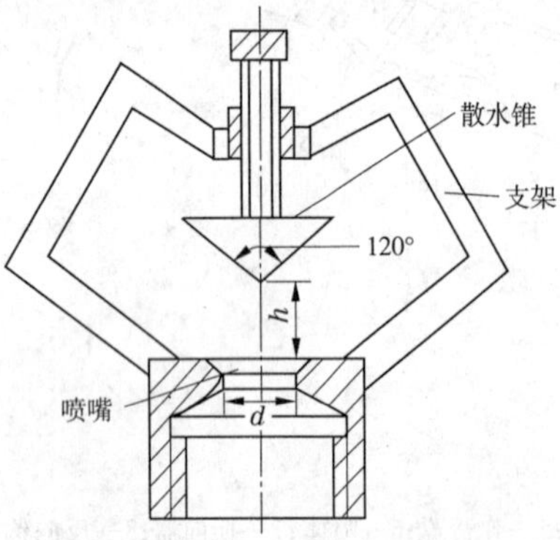

图 2-24 折射式喷头示意图

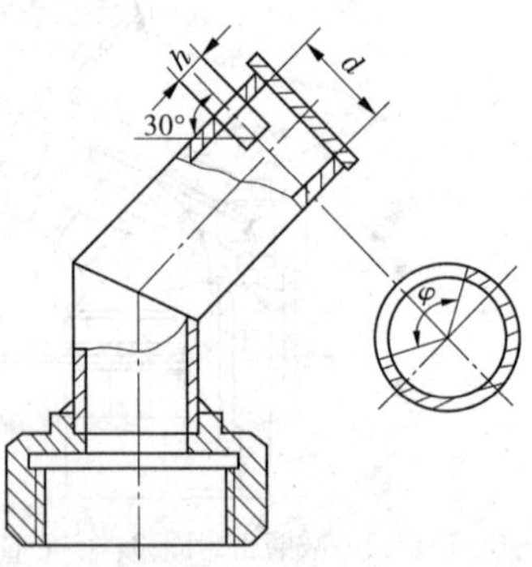

图 2-25 缝隙式喷头示意图

(3)离心式喷头。离心式喷头由喷管、锥形轴和蜗形外壳组成。水流沿蜗壳内壁的切线方向进入蜗壳,并绕垂直轴旋转,这样经喷嘴射出的水膜同时具有离心速度和圆周速度,在空气阻力作用下,水膜分散成细小水滴,落在喷头四周地面上。这种喷头用得较少。

3. 孔管式喷头

孔管式喷头由一根或几根直径较小的管子组成,在管子的顶部分布有一些小的喷水孔,喷水孔直径一般为 1~2 mm。喷水孔的分布形式有单列的和多列的,如图 2-26 所示。它适用于菜地、苗圃和低秆植物的喷灌。

(二)喷头的主要水力参数

喷头的水力参数主要有工作压力、流量、射程等,它是选择喷头的主要依据。

1. 工作压力

喷头的工作压力是指喷头进口前的内水压力,一般用 P 表示,单位为 kPa。喷头工作

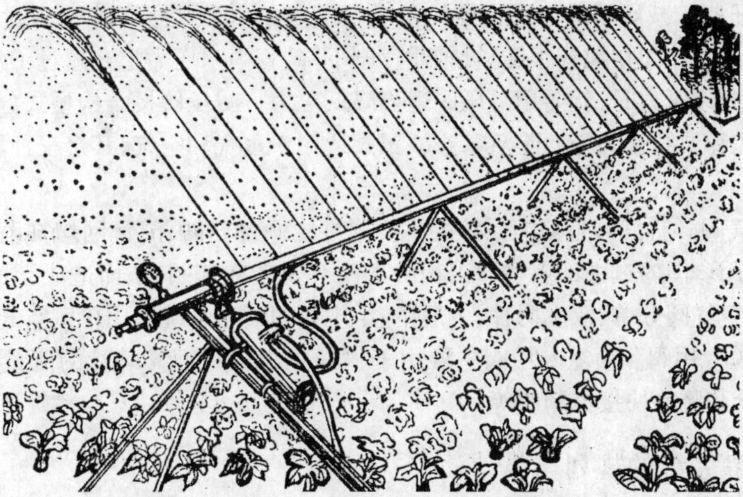

图 2-26　孔管式喷头示意图

压力减去喷头内的水头损失等于喷嘴出口处的压力，简称喷嘴压力，以 $P_{嘴}$ 表示。

2. 流量

单位时间内喷头喷出的水的体积，称为喷头流量，以 q 表示，单位为 m^3/h 或 L/s。由于喷嘴压力不易测定，故可以近似用喷头工作压力来估算喷头流量。

3. 射程

射程是指在无风条件下，喷射水流所能达到的最大距离，也即喷洒湿润半径。一般以 R 表示，单位为 m。

喷头射程主要取决于喷嘴压力和喷水流量（或喷嘴直径）、喷嘴形状、喷管结构。整流器、旋转速度等也不同程度地影响射程。在设计喷头时，只有对这些因素应正确的选择，才能设计出高质量的喷头。

（三）管道及附件

1. 喷灌管道

喷灌管道在第二节中已介绍，在此不再叙述。

2. 附件

喷灌系统附件主要分控制用和安全用管件两大类，一般常用的有控制阀、安全阀、减压阀、进排气阀、水锤消除器、专用阀等，其作用主要是控制管道系统内的压力和流量，在管道内水压发生波动时，确保管道系统的安全。

（1）闸阀。闸阀是广泛使用的一种阀门，具有阻力小、开关力小、水可从两个方向流动的优点，但结构复杂，密封面容易擦伤影响止水功能，高度尺寸也较大。

（2）球阀。球阀的优点是结构简单，体积小，质量轻，对水流阻力小。缺点是启闭速度不易控制，从而使管内产生较大的水锤压力。球阀在喷灌系统中多安装于竖管上. 用来控制喷头的开启或关闭。

（3）安全阀。安全阀是一种当管内压力上升时，自行开启，防止水锤事故的安全装置。一般安装在管路始端，对全管道起保护作用，如产生水柱分离，则必须在管路沿程的一处或几处另装安全阀，才能达到防止水锤的目的。常用的有弹簧式、杠杆式和开放式几种。

(4)减压阀。减压阀的作用是当设备或管道内的水压超过工作压力时,自动将水压减低到所需压力。如在地势很陡、管轴线急剧下降、管内水压力上升超过了喷头的工作压力或管道的允许压力时,就要用减压阀适当降低压力。减压阀按结构型式分成薄膜式、弹簧式、活塞式和波纹管式等。除活塞式减压阀适用于蒸气和空气,其余三种均可用于水和空气。

(5)空气阀。空气阀是喷灌系统的主要附件之一,国外喷灌管网均安设空气阀,作自动进排气之用。国内过去许多喷灌工程由于没有安装空气阀,从而造成管道破裂。国产定型生产的空气阀分单、双室两种,一般中、小规模的喷灌系统采用单室空气阀。

(6)喷灌专用阀。喷灌专用阀主要用于喷灌机组和地面移动管的流量控制,包括弯头阀、给水栓和竖管快接控制阀等。

五、喷灌系统的规划与设计

(一)规划设计原则及内容

喷灌工程规划是进行工程设计的前题,关系到整个喷灌工程的全局,必须充分重视,只有在合理的、切实可行的规划基础上才能做出技术上可行、经济上合理的设计。规划中必须全面了解和掌握灌区基本情况,并遵循以下原则:

(1)喷灌工程规划应纳入农业区划及水利规划,三者必须统一考虑。

(2)喷灌工程规划必须有充分的经济论证,并进行可行性分析。

(3)规划中应注意节约能源,在有自然水头可以利用的地方,应尽量发展自压喷灌或部分自压喷灌。

(4)尽量使喷灌设备综合利用,使其发挥最大经济效益。

(5)贯彻实事求是的原则,从实际出发,量力而行,循序渐进,讲求实效。

喷灌工程设计的内容可结合设计成果论述。一般情况下,喷灌工程规划设计应有设计任务书和技术设计两个阶段,对喷灌面积较小(如小于500亩)、投资较少(10万元以下)也可只进行技术设计一个阶段。

1. 设计任务书的主要内容

设计任务书主要包括以下内容:

(1)灌区基本情况。包括地理位置、地形、农业气象(气温、湿度、降水量、蒸发量、无霜期、地温、风力、风向等)、水源(流量、水位、水质)、土壤(质地、田间持水量、容重、入渗速度、冻土层厚度等)、植物(种类、种植面积等)。

(2)喷灌可行性分析。应根据自然与社会经济条件,从技术和经济两个方面对喷灌的必要性和可行性做出充分论证,有时还应对不同灌水方法进行比较。

(3)喷灌系统类型的选择。根据当地具体条件,拟定多种方案,从技术和经济上论证所选系统型式的合理性。

(4)投资概算和经济效益分析。

(5)系统规划布置图。在地形图上绘出浇灌区范围、水源工程和主要管(渠)系统的初步布置。

2. 设计说明书的主要内容

设计说明书的主要内容包括：

(1)基本资料。内容与设计任务书阶段同，但应进一步具体化。

(2)系统选型。如在设计任务书阶段已充分论证，本阶段可以不做。

(3)拟定植物灌溉制度及计算灌溉用水量、用水过程。

(4)水源分析及水源工程规划。根据设计标准列出水源流量、水位等特征值并分析水质。拟定水源工程规划及水质处理方案。

(5)系统平面布置。根据系统布置原则，确定管(渠)分级并布置，统计各级管(渠)道的长度。

(6)喷头选型及组合。在满足喷头组合喷灌强度、均匀度及雨滴打击强度要求的前题下，选定喷头的型号、规格及性能参数，确定喷头组合形式及间距。

(7)确定喷灌工作制度及轮灌方式。

(8)管材及管径选择。选择管材并根据各级管道流量进行水力计算，确定各级管道的经济管径。

(9)管道纵断面设计及系统结构设计。确定各级固定管道在立面上的位置并说明管道埋深、坡度、闸阀、节制阀、排气阀、泄水阀以及镇墩等的设置。

(10)水泵及动力选配。确定系统设计流量和扬程，选定水泵及配套动力规格型号及各项性能参数，校核水泵安装高程，确定泵站的结构形式。

还有以下与经济和管理有关的内容：

(1)设备材料用量及投资预算。列出各种设备材料的规格型号和用量明细表，计算设备材料费、设计费、施工费等投资预算。

(2)经济评价。喷灌效益、年费用、还本年限及各项经济指标的计算。

(3)施工安排。包括施工方法、施工期限、进度安排及验收标准。

(4)建立管理组织，制定运行管理制度和技术要求等。

3. 设计图纸要求

设计图纸要求如下：

(1)工程平面布置图。一般要求绘在1/1 000～1/2 000比例尺的地形图上。图中应画出灌区边界及内部分区线、水源及各级管(渠)，标明管(渠)名称及编号，标明各类闸阀及其他附属设施的位置。

(2)管(渠)的纵剖面图。地形平坦时，固定支管可只绘一二条作典型。管道纵剖面图上应绘出地面线、管底线，标出各种管件和镇墩的位置，底栏应用数字写明桩号、地面高程、管底高程、挖深、纵坡、管径等。渠道纵断面上应绘出地面线、水面线、渠底线，标出进水闸、分水口以及各种建筑物的位置，底栏相应地写明桩号、地面高程、渠底高程、挖深、纵坡等。纵断面的纵横比例尺一般应不相同，以图幅大小适当、图面清晰为宜。渠道还应绘出各段标准横断面。

(3)管道结构示意图。以透视图的形式绘出固定管道系统的示意图，标出各级管道段的材质、长度、管径以及各种管件的规格型号。

(4)工程建筑设计图。包括泵站平面图、立面图、蓄水池、阀门井、泄水井、镇墩及渠系建筑物的结构。

(二)喷灌工程技术设计

1. 选择喷头与工作压力

工作压力是喷灌系统的重要参数。它直接决定喷头的射程,并关系到设备投资、运行成本、喷灌质量和工程占地等。如采用高的工作压力,则喷头射程远。固定式系统管道用量少,移动式系统占地少,但是一般运行成本高,喷出的水滴粗,并由于喷得高而受风影响大,喷灌质量不容易得到保证,如采用中、低压,则一般水滴细,喷灌质量容易得到保证,而且运行成本低;但是固定式系统的管道用量大,投资高,移动式系统占地多,且移动次数频繁,劳动强度大。因此,选择工作压力时,要根据农业要求、现有设备条件以及喷头型号综合考虑确定。

选择喷头首先要考虑喷头的水力性能应适合喷灌植物和土壤的特点。例如幼嫩的植物和果树开花期要选用具有细小水滴的喷头,黏性土要选用低喷灌强度的喷头,而砂性土则可选用喷灌强度稍高的喷头。

对于自压喷灌系统其工作压力主要决定于自然水头,如灌溉面积都在一个平地上,则可以根据到达田间时的压力选用一种喷头。而在山丘斜坡上的耕地不是在一个水平面上,喷灌系统内的压力是随地形高低而变化的,因此一般要根据管内实际压力的大小分区选用几种(2～3 种)规格的喷头。在最高处,压力最小,用低压喷头;在中间,用中压喷头;在最低处,压力最大,采用高压喷头,如压力再高,还要装置减压器,降低管内压力。

2. 确定喷头的组合形式及组合间距

喷头的组合形式亦称喷头的布置形式,系指喷灌系统中喷头间相对位置的安排。在设计射程相同时,喷头组合形式不同,支管和竖管或喷头的间距也不同,喷头组合的原则是保证喷洒不留空白,并有较高的均匀度。常用的喷头组合形式有正方形、矩形,如图 2-27 所示。

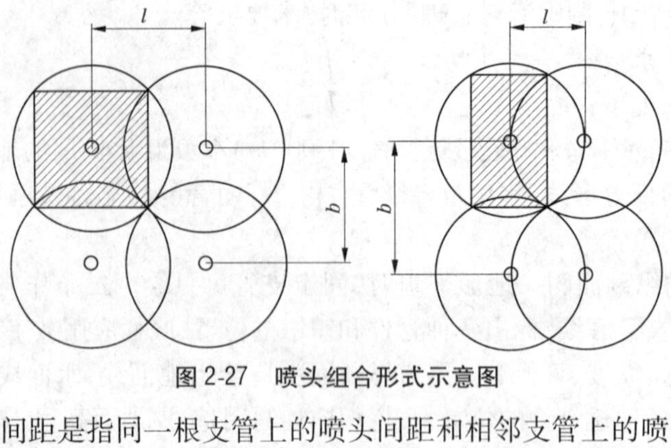

图 2-27　喷头组合形式示意图

喷头的组合间距是指同一根支管上的喷头间距和相邻支管上的喷头间距的总称,即喷头组合间距包括同一支管上的喷头间距和支管间距。

喷头的组合间距与喷头的射程和组合形式以及风力大小有关,也受喷灌强度的制约,且有一定的均匀度要求。因此,组合间距的确定,应在保证喷灌质量的前提下,与喷头的选择结合进行。

确定喷头组合间距的方法很多,常用的是根据间距射程比 $K(\frac{l}{R}$和$\frac{b}{R})$ 计算组合间距。对于目前广泛使用的 PY_1、ZY(喷头型号说明:例如 $PY_1 30$,$ZY_1 30$,P—喷头,Y—摇臂型,1—1 型,30—进水口直径 30 mm;Z—中压)系列喷头,经我国各地多年来的测试和使用,已得出满足均匀系数 $K=75\%$ 的最大组合间距射程比的经验数值,如表 2-11 所示,可据此确定喷头的组合间距。对于其他类似的喷头也可参考使用。根据设计风速,可从表中查出 K 值,若支管垂直主风向布置,则喷头的间距可按表中垂直风向一列查出的 K 值进行计算,支管的间距可按表中平行风向一列查出的 K 值进行计算,反之则相反。

表 2-11　PY、ZY 系列喷头的 K 值

10 m 高处风速(m/s)	不等间距布置($l<b$)		等间距布置($l=b$)
	垂直风向 K_l	平行风向 K_b	K_l、K_b
0.3~1.6	1.0	1.3	1.2~1.0
1.6~3.4	1.0~0.8	1.3~1.1	1.0~0.9
3.4~5.4	0.8~0.6	1.1~1.0	0.9~0.7

计算公式为

$$l=K_lR \tag{2-26}$$

$$b=K_bR \tag{2-27}$$

喷头的组合间距确定后,便可在灌区地形图上结合干管位置绘出支管和喷头的位置,并标出主要管件,便可得出喷灌系统平面布置图。

3. 布置管道系统

应根据实际地形、水源等条件提出几种可能的布置方案,然后进行技术经济比较,择优选定。布置管道系统一般应考虑以下几点原则:

(1)管道布置时应使管道总长度尽量短,并能迅速分散流量以降低工程投资。在平原区选择灌溉地块时,应尽量使水源和泵站位于地块中心,这样管线最短,管径也可小些,有利于节省管道用量方面的投资,同时因管道短,输水损失也较小,系统运行费也可降低。

(2)山丘地区布置喷灌系统时,一般应使干管沿主坡方向布置、支管平行等高线布置。这样有利于控制支管的水头损失,使支管上各喷头工作压力尽量均匀,也有利于保持竖管垂直,使喷头在水平方向上旋转。在梯田上布置时,支管一般要求沿梯田水平方向布置,否则支管与梯田相交,不仅弯头过多,而且移动拆装都很困难。

(3)喷头的流量和射程是随工作压力变化的,一条支管将装有若干个喷头。水流由支管入口至管尾最后一个喷头,其工作压力是逐渐降低的。为了保持各喷头喷洒均匀,要求首尾流量差不超过 10%,因此应通过计算,确定适宜的支管管径,使支管的首尾工作压力差不超过 20%。

(4)管道布置应考虑各用水户的需要,便于农民用水和管理,有利于进行轮灌。

(5)支管的布置应尽量与植物种植方向一致,这样对固定式喷灌系统,可减少竖管对机耕的影响;对半固定式喷灌系统,便于在田埂上装卸支管,避免拆装管道时践踏庄稼。

如条件许可，还应使喷灌支管垂直主风向。

(6)充分考虑地形，力求使支管长度一致，规格统一。管线的纵剖面应力求平顺，减少折点，并尽量避免管线出现起伏，防止管道产生气阻现象。

管线的布置应密切与排水系统、道路、林带、供电系统及行政村、自然村界的规划相结合。喷灌系统管道布置的好坏，不仅直接影响到灌水质量、管道长度、管径大小、管道附件的多少等，而且还关系到设备成本和运行费用及今后管理的方便程度。

布置管网时有两种布置形式可供选择：

(1)树状管网。树状管网是目前我国喷灌管道布置应用最多的一种形式。这种形式布置简单，适用于土地分散、地形起伏的地区，水力计算也较简单。根据地形及水源位置不同，树状管网一般可分为丰字形、梳齿形。但这种形式的管网在运行中若一处管道出现故障，有时会影响到几条甚至全系统运行。

(2)环状管网。环状管网是一闭合管网，由很多闭路环组成故又称闭路网。这种管网的优点是，如果某一水流方向上的管道出现事故，可由另一方向向管道继续供水。其缺点是水力计算比较复杂，管道用量相对较多。

(三)管道水力计算

1. 拟定喷灌制度

喷灌灌溉制度，主要是设计灌水定额、设计灌水周期和一次灌水所需时间等。

1)设计灌水定额

设计灌水定额 $m_{设}$ 是指作为设计依据的最大灌水定额。当田间土壤含水量达到适宜于植物生长的下限时就应进行喷灌，每次灌水量又不能超过土壤的保水能力，以免发生深层渗漏。所以，设计灌水定额(以 mm 计)可用式(2-28)计算

$$m_{设}=0.1H(\beta_{max}-\beta_{min})/\eta \tag{2-28}$$

式中 H——植物主要根系活动层的厚度，一般采用 40～60 cm；

β_{max}——灌后土层允许达到的含水量的上限(以土层体积的百分数表示)，即相当于田间持水量；

β_{min}——灌前土层含水量下限(以土层体积的百分数表示)，相当于田间持水量的 60%～70%；

η——喷灌水的有效利用系数，一般选用 0.7～0.9。

2)设计灌水周期

在喷灌系统规划设计中，主要是要确定植物耗水最旺时期的允许最大间隔时间(两次灌水的间隔时间)，即设计灌水周期 $T_{设}$(以天计)，它可用下式计算

$$T_{设}=\frac{m_{设}}{e}\eta \tag{2-29}$$

式中 e——植物耗水最旺时期的日平均耗水量，mm/d，可根据试验确定；

其余符号意义同前。

3)一次灌水所需时间

一次灌水所需时间 t 可按下式确定

$$t=\frac{m_{设}\ bl}{1\ 000q} \tag{2-30}$$

式中各符号意义同前。

2. 计算同时工作的喷头数和支管数

同时工作的喷头数 $N_{喷头}$ 可按下式计算

$$N_{喷头}=\frac{F}{bl}\times\frac{t}{T_{设}\ C} \tag{2-31}$$

式中 F——整个喷灌系统的面积,m^2;

C——一天中喷灌系统的有效工作小时数,这与喷灌系统形式和风等因素有关,对于固定式喷灌系统 C 值可大些,而移动式喷灌系统 C 值则应小些,因为移动机组需要占去较多时间,另外在多风地区,当风速超过 4 m/s 时,就应停止喷灌,这 C 值就应选得小些;

其余符号意义同前。

同时工作的支管数 $N_{支}$ 则为

$$N_{支}=\frac{N_{喷头}}{n_{喷头}} \tag{2-32}$$

式中 $n_{喷头}$——一根支管上的喷头数。

如果计算出的 $N_{支}$ 不是整数,则应考虑减少同时工作的喷头数或适当调整支管的长度。

3. 确定支管轮灌方式

支管轮灌方式,对于半固定式系统也就是支管的移动方式。支管轮灌方式不同,干管中通过的流量也不同,适当选择轮灌方式,可以减小一部分干管的管径,降低投资。例如:有两根支管同时工作时,可以有以下三个方案:

(1)两根支管从地块的一头齐头并进,如图 2-28(a)、(b)所示,这样干管从头到尾的最大流量都等于整个系统的全部流量(两根支管流量之和)。

(2)两根支管由地块两端向中间交叉前进,如图 2-28(c)所示。

(3)两根支管由地块中间向两端交叉前进,如图 2-28(d)所示。

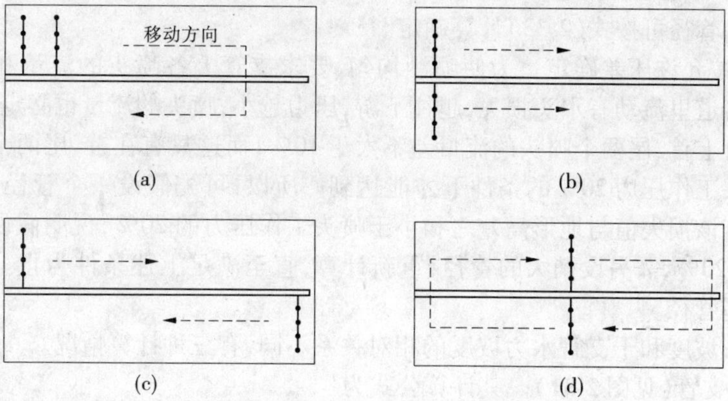

图 2-28　两根支管同时工作时的移动方式

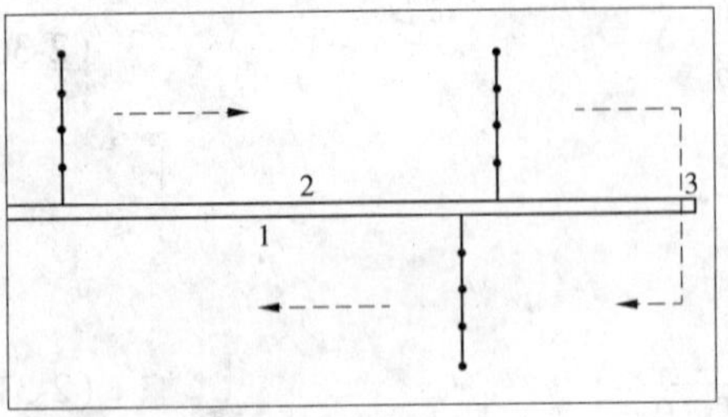

图 2-29　三根支管同时工作时的移动方式

后两种方案，只有前半根干管通过的最大流量等于整个系统的全部流量，而后半根干管通过的最大流量只等于整个系统的一半（等于一根支管的流量），显然我们应当采用后两种方案。当三根支管同时工作时，每根支管分别负责 1/3 面积的方案较为有利，如图 2-29 所示，这样只有 1/3 的干管的最大流量等于全部流量，1/3 的干管（1 ~ 2 段）的最大流量等于两根支管的流量，最末的 1/3 干管（2 ~ 3 段）的最大流量只等于一根支管的流量。

4. 水力计算

管道水力计算的任务有二，即确定适宜管径和计算水头损失。

1）管径的确定

根据管道的设计流量和管材确定管径的方法有两种。

第一种，按经济流速确定。采用较大的流速可以减小管径，节省管道投资，但却增加了水头损失和抽水扬程，提高了管理运行费用；而流速较小，虽可降低管理运行费用，但其工程投资却要增加。由此可知，必然存在一个适宜的流速，按这个流速确定的管径可以使建筑费用 C 和管理费用 E 之和 W 最小，通常把这个适宜流速称为“经济流速”，如图 2-30 所示。

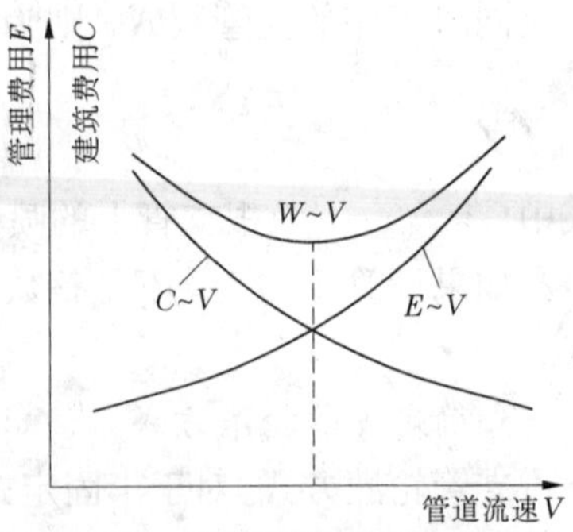

图 2-30　管道经济流速示意图

根据 $\overline{\omega}_{经} = Q_{经}/V_{经}$ 和 $\overline{\omega}_{经} = \pi D_{经}^2/4$（其中 $\overline{\omega}_{经}$ 为管道平均经济面积）可以得到

$$D_{经} = 1.13\sqrt{\frac{Q_{经}}{V_{经}}} \tag{2-33}$$

式中　$D_{经}$——经济管径，m；

$Q_{经}$——管道设计流量，m^3/s；

$V_{经}$——管道经济流速，一般为 1.5 ~ 3 m/s。

干支管的管径可按式（2-33）计算确定。

第二种，按允许压差确定。为使喷洒均匀，要求支管上各喷头的流量和压力基本一致。而水在管道里流动有水头损失，越往下游，压力越小，喷头的流量也必定越小。因此，一般规定支管上首、尾两个喷头的流量差不大于 10%，而这只有在首、尾两个喷头的压力差不超过该头工作压力 20% 的条件下才能达到。所以，可先假设一个管径，计算管道的水头损失。若该损失值与地形高差之和小于喷头工作压力的 20%，说明假设的管径可以采用；若大于 20%，需另设稍大的管径，重新计算，直至满足上述条件为止。干支管多用这种方法选择管径。

根据地形坡度和干支管水力坡度的相对关系不同，有三种计算情况。

（1）上坡支管（见图 2-31）。其计算公式为

$$h_w \leqslant 0.2H - Z \tag{2-34}$$

式中　h_w——管道水头损失，m；

H——首端喷头的压力水头，m；

Z——首、尾端之间的地形高差，m。

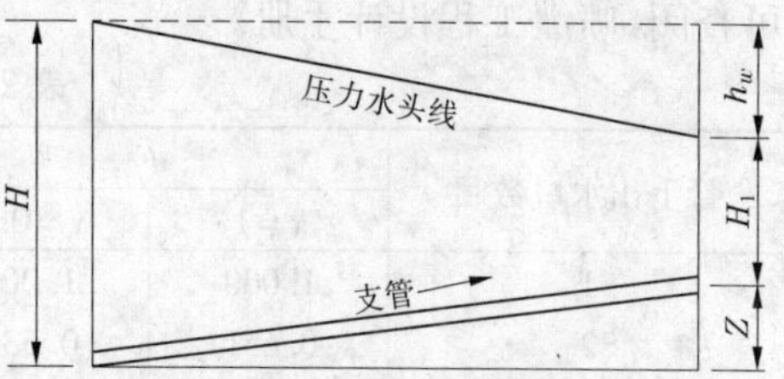

H—首端喷头压力；H_1—尾端喷头压力；h_w—管道水头损失；Z—地形高差

图 2-31　上坡支管压力变化

这说明，对于上坡支管，为使 $H-H_1 \leqslant 0.2$，应使 $h_w \leqslant 0.2H-Z$，即上坡支管的压力水头降落值有一部分要用于克服地形高差 Z，因而允许的 h_w 就只有 $(0.2H-Z)$ 了，所以上坡支管的管径必须大些，长度则应短些。因此，支管应尽量避免逆坡布置，若 $Z>0.2H$，则无论采用多大的管径也不可能达到 $H-H_1 \leqslant 0.2$ 的要求。

(2)下坡支管（见图 2-32）。当水力坡度大于地形坡度，即 $h_w>Z$ 时，计算公式为

$$h_w \leqslant 0.2H+Z \tag{2-35}$$

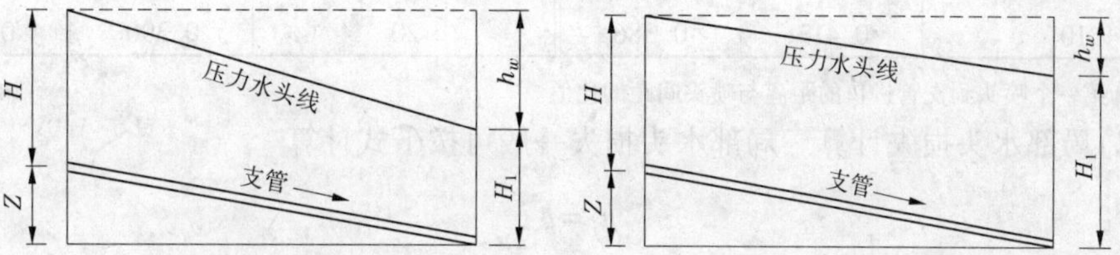

H—首端喷头压力；H_1—尾端喷头压力；h_w—管道水头损失；Z—地形高差

图 2-32　下坡支管压力变化

这说明下坡支管的允许 h_w 值可大些，管径可小些，管长可长些。

当水力坡度小于地形坡度，即 $h_w<Z$ 时，计算公式为

$$h_w \geqslant Z-0.2H \tag{2-36}$$

这说明，对于因地形坡度而使压力水头沿程增大的支管，其 h_w 值应不小于 $(Z-0.2H)$。因此，管径可以选得更小些。但当 Z 比 h_w 大很多时，也必须减少支管长度或设置减压设备，才能满足式(2-36)的要求。

2)管道水头损失计算

(1)沿程水头损失计算。沿程水头损失可采用达西公式或其他经验公式计算，经整理后的达西公式如下

$$h_f=10.28n\frac{Q^2}{D^{5.33}}L \tag{2-37}$$

式中　h_f——沿程水头损失，m；

Q、L、D——管道流量、管长和管径，单位分别为 m^3/s、m、mm；

n——管壁糙率，塑料管（UPVC、PVC、PPR、PE）为 0.008，新钢管为 0.012，铝合金管、薄壁钢管、软管为 0.013，旧钢管为 0.014。

对于支管，因其上面装有许多喷头，属于多孔口出流，其沿程水头损失 h'_f 可由公式(2-37)计算出的 h_f 再乘以多孔系数 F 求得，即

$$h'_f=Fh_f \tag{2-38}$$

不同的管材，其多孔系数不同，表 2-12 列出了铝合金管的多孔系数，对于其他管材，

可查阅《喷灌工程设计手册》。

表 2-12　多孔系数

管上出水口数目	F		管上出水口数目	F	
	$x=1$	$x=0.5$		$x=1$	$x=0.5$
1	1.000	1.000	11	0.412	0.384
2	0.651	0.534	12	0.408	0.382
3	0.548	0.457	13	0.404	0.380
4	0.499	0.427	14	0.401	0.379
5	0.471	0.412	15	0.399	0.378
6	0.452	0.402	16	0.396	0.377
7	0.439	0.396	17	0.394	0.376
8	0.430	0.392	18	0.393	0.376
9	0.422	0.388	19	0.391	0.375
10	0.417	0.386	20	0.390	0.375

注： x 为第一个喷头到支管进口的距离与喷头间距的比值。

(2)局部水头损失计算。局部水头损失一般可按下式计算

$$h_j=\zeta\frac{v^2}{2g} \tag{2-39}$$

式中　ζ——局部阻力系数,可根据阻力类型从有关图表中查得。

5. 选择水泵和动力

水泵可根据喷灌系统水泵的设计扬程和设计流量进行选择。水泵的设计流量应为全部同时工作的各喷头流量之和,即

$$Q=N_{喷头}q \tag{2-40}$$

水泵设计扬程为

$$H=H_{喷头}+\sum h_f+\sum h_j+\Delta \tag{2-41}$$

式中　$H_{喷头}$——喷头设计工作压力,m;

Δ——典型喷头高程与抽水水面的高差,m;

$\sum h_f$——典型喷头到水泵之间各级管道沿程水头损失之和,m;

$\sum h_j$——典型喷头到水泵之间各级管道局部水头损失之和,m。

求出 Q、H 后,即可据以选择水泵。水泵选定后,如与电机配套,可从水泵样本中直查出配套电机的功率和型号。在电力不足地区,应考虑采用柴油机。

第四节　微灌技术

一、概述

(一)微灌的定义

微灌即是按照植物生长所需的水和养分,利用专门设备或自然水头加压,再通过低压管道系统末级毛管上的孔口或灌水器,将有压水流变成细小的水流或水滴,直接送到植物

根区附近，均匀、适量地施于植物根层所在部分土壤的灌水方法。微灌包括滴灌、微喷灌、涌泉灌等。

微灌是当今世界上用水最省、灌水质量最好的现代灌溉技术。20 世纪 70 年代初，微灌成为一种完整的灌溉技术，得到了普遍的重视和应用，至 1991 年全世界微灌面积约 18 万 hm^2，1992 年我国微灌面积达 3.4 万 hm^2。微灌主要用于果树、保护地蔬菜、花卉和其他经济植物的灌溉。我国的微灌设备是在引进、吸收国外先进技术的基础上，结合本国的国情研究、发展起来的。近年来，国产微灌设备的质量有了明显提高。随着节水型农业的发展，我国的微灌技术将得到更快的发展。

（二）微灌的特点、组成与分类

1. 微灌的特点

（1）局部湿润土壤。这是与传统地面灌水方法（沟、畦灌等）和喷灌的最大区别。微灌不是对整个灌水地段实施全面积灌溉，而是通过管道系统将水直接送到植物根部附近，只湿润主根层所在的耕层土壤，不破坏土壤结构，湿润区土壤水、热、气、养分状况良好，减少土壤表面蒸发。所以，微灌又称为“局部灌水方法”。

（2）灌水量小，灌水周期短，属微量精细灌溉范畴。微灌条件下的植物基本上没有棵间蒸发，植物需水量比较小。同时，微灌设备可以按照需要准确控制灌水量，既不存在深层渗漏，亦无喷灌条件下的飘移蒸发损失。在现有的灌水方法中，微灌所需的灌水量最小。另外，微灌不仅具有以补充降雨不足为目的的灌水功能，同时还特别适合给植物输送液态化肥、除草剂等化学药剂，并便于实现自动控制。不过灌溉系统的运行管理、规划设计和安装调试以及对水质的要求都较为精细。一般滴头的流量为 1.5 ~ 12 L/h，微喷头的流量为 50 ~ 200 L/h。微灌的灌水时间间隔：蔬菜为 1 ~ 3 d，果树为 7 ~ 15 d。

（3）灌水质量较高。只要选用质量合格的灌水器，合理进行工程规划设计，使灌水器出水均匀，就能获得较高的灌水质量。同时，微灌条件下的灌溉制度具有灌水持续历时长、前后两次灌水间隔时间短、根区土壤水分变化幅度小的特点，土壤水分长期维持在植物适宜的湿度，有利于植物均衡吸收，可使植物增产和改善品质。而且，还可以利用含盐浓度不很高的咸水进行微灌，或者在盐碱地上通过微灌来稀释根区土壤的盐分，使植物正常生长。

（4）工作压力低，节约能源。滴头的工作水头为 7 ~ 10 m，微喷头的工作水头为 10 ~ 15 m。微灌田间灌溉水有效利用系数高，对需消耗能量的提水灌区，节水也就意味着节能。只是微灌输水系统的水头损失较大，尤其是滴灌系统。如何降低管道系统（含过滤设备）的输水损失，有效防止灌水器堵塞，是微灌应用推广中最为突出的问题。为解决灌水器堵塞的问题，世界各国都做出巨大的努力，已经制造出过滤效果好的过滤器和抗堵性能良好的灌水器。

2. 微灌的组成与分类

1）微灌的组成

微灌系统通常由水源工程、首部枢纽、输配水管网和灌水器四部分组成，其形式见图 2-33。

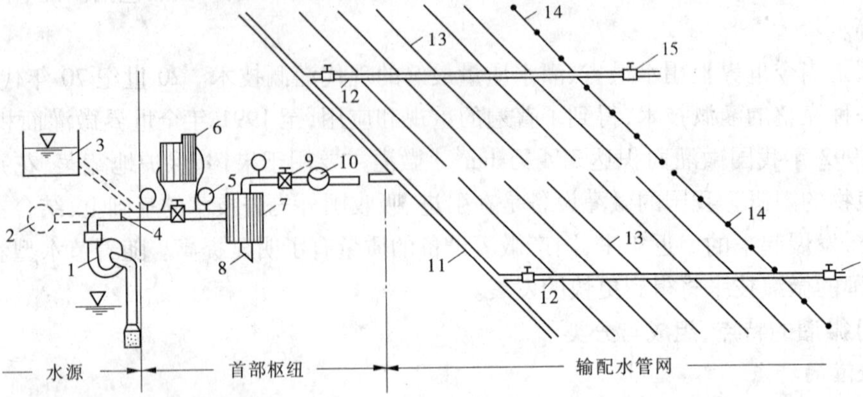

1—水泵;2—供水管;3—蓄水池;4—逆止阀;5—压力表;6—施肥罐;7—过滤器;8—排污管;
9—阀门;10—水表;11—干管;12—支管;13—毛管;14—灌水器;15—冲洗阀门

图 2-33 微灌系统示意图

(1)水源。河流、湖泊、塘堰、沟渠、井泉等,只要水质符合微灌要求,均可作为微灌的水源,否则将使水质净化设备过于复杂,甚至引起微灌系统的堵塞。为了充分利用各种水源进行灌溉,往往需要修建引水、蓄水和提水工程,以及相应的输配电工程。这些通称为水源工程。

(2)首部枢纽。微灌工程的首部通常由水泵及动力机、控制阀门、水质净化装置、施肥装置、测量和保护设备等组成。首部枢纽担负着整个系统的驱动、检测和调控任务,是全系统的控制调度中心。

(3)输配水管网。微灌系统的输配水管网一般分干、支、毛三级管道。通常干、支管埋入地下,也有将毛管埋入地下的,以延长毛管的使用寿命。

(4)灌水器。微灌的灌水器安装在毛管上或通过连接小管与毛管连接。有滴头、微喷头、涌水器和滴灌带等多种形式。或置于地表,或埋入地下。灌水器的结构不同,水流的出流形式也不同,有滴水式、漫射式、喷水式和涌泉式等。

2)微灌的分类

微灌常按选用灌水器的不同进行分类,即不同灌水方法采用不同的灌水器。

(1)滴灌。滴灌即滴水灌溉,是利用塑料管道和直径约 10 mm 毛管上孔口非常小的灌水器(滴头或滴灌带等),消杀水中具有的能量,使水一滴一滴缓慢而又均匀地滴在植物根区土壤中进行局部灌溉的灌水形式。由于滴头流量很小,只湿润滴头所在位置的土壤,水主要借助土壤毛管张力入渗和扩散。它是目前干旱缺水地区最有效的一种节水灌溉方式,其水的利用率可达95%。因此,较喷灌具有更高的节水增产效果,同时还可以结合灌溉给植物施肥,提高肥效一倍以上。适用于果树、蔬菜、经济植物及温室大棚灌溉,在干旱缺水的地方也可用于大田植物灌溉。其不足之处是滴头出流孔口小、流程长,流速又非常缓慢,易结垢和堵塞,因此应对水源进行严格的过滤处理。目前,国产设备的质量已基本过关,有条件的地区应积极发展。

按管道的固定程度，滴灌可分固定式、半固定式和移动式三种类型。

固定式滴灌，其各级管道和滴头的位置在灌溉季节是固定的。其优点是操作简便、省工、省时，灌水效率高、效果好。国产设备亩投资为 1 000（果树）~2 000 元（大棚蔬菜、花卉），进口设备亩投资为 2 500 ~ 3 500 元。

半固定式滴灌，其干、支管固定，毛管由人工移动。亩投资为 700 ~ 1 000 元。

移动式滴灌，其干、支、毛管均由人工移动，设备简单，但用工较多。亩投资为 500 ~ 700 元。

结合我国劳动力多、资金缺乏的具体情况而研究开发的半固定式、移动式滴灌系统，大大降低了工程造价，为滴灌在大田植物和经济欠发达地区的推广应用创造了条件。

（2）微喷灌。微喷灌又称微型喷洒灌溉，是利用塑料管道输水，通过很小的喷头（微喷头）将水喷洒在土壤或植物表面进行局部灌溉。它是新发展起来的一种喷灌形式，与一般的喷灌相比，微喷头的工作压力明显下降，有利于节约能源、节省设备投资，同时具有调节田间小气候的优点，又可结合灌溉为植物施肥，提高肥效，可使植物增产 30%。微喷灌与滴灌相比，微喷头的工作压力与滴头相近，不同的是微喷头可以充分利用水中能量，将水喷到空中，在空气中消杀能量，且微喷头不仅比滴头湿润面积大，流量和出流孔口都较大，水流速度也明显加快，大大减小了堵塞的可能性。可以说微喷灌是扬喷灌和滴灌之所长，避其所短的一种理想灌水形式。微喷灌主要应用于果树、经济植物、花卉、草坪、温室大棚等灌溉。

（3）渗灌。渗灌又称土表下灌溉或土表下滴灌，是通过埋在地下植物根系活动层（20 ~ 50 cm）的滴灌带上的滴头或渗头将水灌入土中的灌水方式。它具有蒸发损失少、省水省电、省肥、省工和增产效益显著等优点，且不会妨碍耕作。果树、棉花、粮食植物等均可采用。其缺点为：一是堵塞不易发现，也不便于维护；二是当管道间距较大时灌水不够均匀，在土壤渗透性很大或地面坡度较陡的地方不宜使用。亩投资为 400 ~ 1 000 元。

（4）涌灌。涌灌又称为涌泉灌溉、小管灌溉，是通过从开口小管涌出的小水流将水灌入土壤的灌水方式。由于灌水流量较大（但一般不大于 220 L/h），有时需筑沟埂在地表来控制灌水。此灌水方式的工作压力很低，不易堵塞，但田间工程量较大，适合地形较平坦地区果树等灌溉。

为克服滴灌堵塞，将滴灌系统的滴头取下，称做小管出流灌溉的灌水方法，也隶属于涌灌。

（5）雾灌。雾灌又称弥雾灌溉，与微喷灌很相似，只是工作压力较高（可达到 200 ~ 400 kPa），喷出的水滴极细，灌水时形成水雾以保持空气湿度，如全日照喷雾育苗就要采用雾灌。

（三）微灌的优缺点

1. 优点

（1）省水。微灌系统全部由管道输水，很少有沿程渗漏和蒸发损失；属局部灌溉，灌水时一般只湿润植物根部附近的部分土壤，灌水流量小，不易发生地表径流和深层渗漏；另外，微灌能适时适量地按植物生长需要供水，较其他灌水方法，水的利用率高。

（2）节能。微灌的灌水器在低压的条件下运行，同时因微灌比地面灌溉省水，灌水利用率高，对提水灌溉来说就意味着减少了能耗。

（3）灌水均匀。微灌系统能够做到有效地控制每个灌水器的出水量，灌水均匀度高，一般可达80%～90%。

（4）增产。微灌能适时适量地向植物根区供水供肥，有的还可调节棵间的温度和湿度，不会造成土壤板结，为植物生长提供了良好的条件，因而有利于实现“双高”稳产，提高产品质量。许多地方实践证明，微灌较其他灌水方法一般可增产30%左右。

（5）对土壤和地形的适应性强。微灌系统的灌水速度可快可慢。对于入渗率很低的黏性土壤，灌水速度可以放慢，使其不产生地面径流；对于入渗率很高的沙质土，灌水速度可以提高，灌水时间可以缩短或进行间歇灌水，这样做既能使植物根系层经常保持适宜的土壤水分，又不至于产生深层渗漏。由于微灌是压力管道输水，适应性强，不一定要求地形平坦。

（6）在一定条件下可以利用咸水资源。微灌可以使植物根系层土壤经常保持较高含水状态，因而局部的土壤溶液浓度较低，渗透压比较低，植物根系可以正常吸收水分和养分而不受盐碱危害。实践证明，使用咸水滴灌，灌溉水中含盐量在2～4 g/L时植物仍能正常生长，并能获得较高产量。但是利用咸水滴灌会使滴水湿润区外围形成吸盐斑，长期使用会使土质恶化，因此在干旱和半干旱地区，在灌溉季节末期应用淡水进行洗盐。

（7）节省劳动力和耕地。微灌系统不需平整土地、筑渠和开沟打畦，还可实行自动控制，大大减少了田间灌水的劳动量和劳动强度。

2. 缺点

（1）易于堵塞。灌水器的堵塞是当前微灌应用中最主要的问题，严重时会使整个系统无法正常工作，甚至报废。引起堵塞的原因有物理因素、生物因素或化学因素。如水中的泥沙、有机物质或是微生物以及化学沉淀物等。因此，微灌对水质要求较严，一般均应经过过滤，必要时还需经过沉淀和化学处理。

（2）会引起盐分积累。当在含盐量高的土壤上进行微灌或是利用咸水微灌时，盐分会积累在湿润区的边缘。若遇到小雨，这些盐分可能会被冲到植物根区而引起盐害，这时应继续进行微灌。在没有充分冲洗条件的地方或是秋季无充足降雨的地方，不要在高含盐量的土壤上进行微灌或利用咸水微灌。

（3）可能限制根系的发展。由于微灌只湿润部分土壤，加之植物的根系有向水性，这样就会引起植物根系集中向湿润区生长。另外，在没有灌溉就没有农业的地区，如我国西北干旱地区，利用微灌时，应正确地布置灌水器：在平面上要布置均匀，在深度上最好采用深埋方式。

（4）造价一般较高。微灌需要大量设备、管材、灌水器，所以造价较高。

总之，微灌的适应性较强，使用范围较广，各地应根据当地自然条件、植物种类等因地制宜地选用。

二、微灌专用设备

微灌设备大致由首部加压机泵、过滤器、施肥装置、输配水管道和管件、灌水器以及控制、量测、保护装置等组成。微灌用管道和管件虽与喷灌用管道和管件基本相同，但对防堵塞的要求更高,同时工作压力也较低,所以多采用黑色塑料材质的管道和管件。通常干、支管多用聚氯乙烯硬管,末级毛管多用聚乙烯半软管。国产的微灌设备系列如图 2-34 所示。

- 国产微灌设备种类
  - 首部枢纽
    - 过滤器
      - 筛网式
      - 叠片式
      - 砂石介质式
      - 涡流离心分离式
    - 化肥注入装置
      - 压差注入式
      - 文丘里负压吸入式
      - 高位开敞式
      - 离心泵吸水管改装式
  - 管道系统
    - 软管系列
      - 双上孔软管
      - 袋式软管
    - 半软管系列
      - 外接式
      - 内接式
      - 内插外接式
    - 硬管系列
      - 多功能快速、自锁式
      - 脉冲系统插式
  - 灌水器
    - 连续出流
      - 滴水式
      - 微喷式
      - 射流式
      - 渗流式
    - 间歇出流
      - 脉冲式
      - 涌流式

图 2-34　国产的微灌设备系列

(一)微灌用灌水器

灌水器又称配水器,其作用是消杀或分散管道输送来的集中水流中的能量,均匀而稳定地向植物的根区土壤配水,以满足植物生长的需要。灌水器的质量好坏直接影响到微灌系统是否工作可靠及灌水质量。对其要求如下:

(1)出水量小。灌水器出水量的大小取决于工作水头高低、过水流道断面大小和出流受阻的情况。微灌用的灌水器的工作水头一般为 5 ~15 m。过水流道直径或孔径一般为 0.3 ~2 mm,出水流量在 2 ~200 L/h 范围内。

(2)出水均匀、稳定。一般情况下灌水器的出流量随工作水头大小而变化。因此,要求灌水器本身具有一定的调节能力,使得在水头变化时流量的变化较小。

(3)抗堵塞性能好。灌溉水中总会含有一定的污物和杂质,由于灌水器流道和孔口较小,在设计和制造灌水器时要尽量采取措施,提高它的抗堵塞性能。

(4)制造精度高。灌水器的流量大小除受工作水头影响,还受设备制造精度的影响。如果制造偏差过大,每个灌水器的过水断面大小差别就会很大,无论采取哪种补救措施,都很难提高灌水器的出水均匀度。因此,为了保证微灌灌水质量,要求灌水器的制造偏差系数 C_v 值一般应控制在 0.03 ~0.07。

(5)结构简单,便于制造安装。

(6)坚固耐用,价格低廉。灌水器在整个微灌系统中用量较大,其费用往往占整个系统总投资的25%～30%。另外,在移动式微灌系统中,灌水器要连同毛管一起移动,为了延长使用寿命,要求在降低价格的同时还要保证产品的经久耐用。

实际上,绝大多数灌水器不能同时满足上述所有要求。因此,在选用灌水器时,应根据具体使用条件,只满足某些主要要求即可。例如,使用水质不好的地面水源时,要求灌水器的抗堵塞性能较高,而在使用相对较干净的井水时,对灌水器的抗堵塞性能的要求就可以低一些。

(二)微灌用灌水器的分类

微灌用灌水器种类很多,按结构和出流形式可分为滴头、滴灌带、微喷头、渗头、涌水器等五类。

1. 滴头

滴头的作用是消杀经毛管输送来的有压水流中的能量,使其以稳定的速度一滴一滴地滴入土壤。滴头常用塑料压注而成,工作压力约为100 kPa,流道最小孔径为0.3～1.0 mm,流量在0.6～1.2 L/h范围内。其基本形式有微管式、管式、涡流式和孔口式,前三种是通过立面或平面呈螺旋状的长流道来消能。以管式滴头应用最普遍,按其在毛管上的安装方式又分管间式和管上式滴头。孔口式滴头流量稍大,水流呈紊流,它是通过令水流折射来消能的。为了减少滴头堵塞,管上式滴头和孔口式滴头还可做成具有自动清洗功能的补偿式滴头。另外,还有带脉冲装置、间隔一定时间呈喷射状出水的脉冲式滴头。

按结构来分,滴头有以下几种:

(1)长流道型滴头。靠水流与流道壁之间的摩阻消能来调节出水量的大小,如微管滴头、内螺纹管式滴头等。如图2-35、图2-36所示。

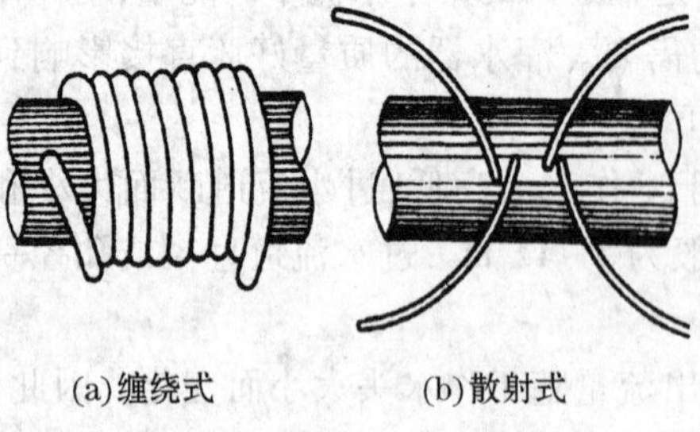

(a)缠绕式　　(b)散射式

图2-35　微管滴头

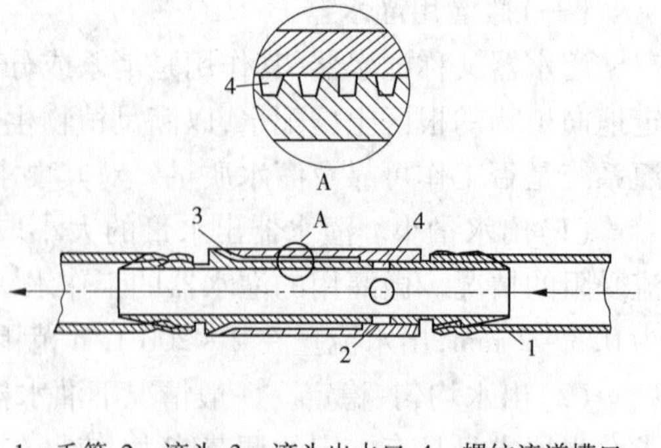

1—毛管;2—滴头;3—滴头出水口;4—螺纹流道槽口

图2-36　内螺纹管式滴头

(2)孔口型滴头。靠孔口出流造成的局部摩阻消能和调节出水量的大小,如图2-37所示。

(3)涡流型滴头。靠水流进入灌水器的涡流室内形成涡流来消能和调节出水量的大小,如图2-38所示。

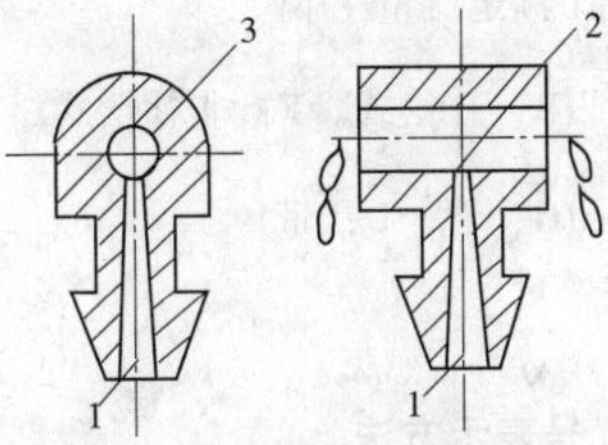

1—进口;2—出口;3—横向出水道

图 2-37　孔口型滴头

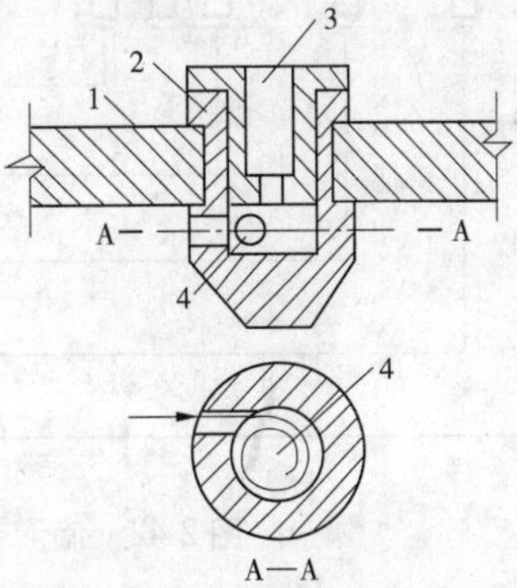

1—毛管壁;2—滴头体;3—出水口;4—涡流室

图 2-38　涡流型滴头

(4)压力补偿型滴头。利用水流压力压迫滴头内的弹性体(片)使流道(或孔口)形状改变或过水断面面积发生变化,从而使出流量自动保持稳定,同时还具有自动清洗功能。

滴头名称和代号表示方法如图 2-39 所示。

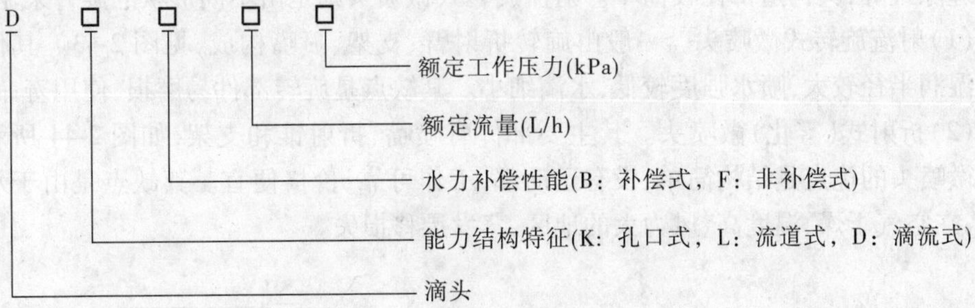

图 2-39　滴头名称和代号表示方法

为了方便安装,提高安装质量,各类管上式和孔口式滴头均有和毛管组成一体出厂的产品。

2. 滴灌带

滴头与毛管制造成一整体,兼具配水和滴水功能,按结构可分为:

(1)内镶式滴灌带,如图 2-40 所示。

(a)　　(b)

图 2-40　内镶式滴灌带

(2)薄壁滴灌带,如图 2-41 所示。

滴灌带有压力补偿式与非压力补偿式,其名称和代号表示方法如图 2-42 所示。

图 2-41　薄壁滴灌带

3. 微喷头

微喷头即微型喷头,作用与喷灌的喷头基本

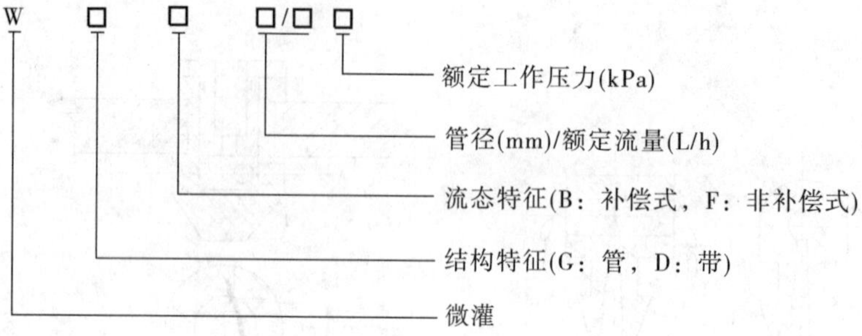

图2-42　滴灌带名称和代号表示方法

相同。只是微喷头一般工作压力较低，湿润范围较小，对单喷头射程范围内的水量分布要求不如喷灌高。其外形尺寸大致为0.5～10 cm。喷嘴直径小于2.5 mm，单喷头流量不大于300 L/h，工作压力小于300 kPa。多数用塑料压注而成，有的也有部分金属部件。其种类繁多，据统计达数千种之多。按喷射水流湿润范围的形状有全圆和扇形之分；按结构形式有固定式和移动式之分，固定式微喷头与固定式喷头相近，有射流旋转式、折射式、离心式和缝隙式等，其构造都比较简单。射流旋转式微喷头则是由不同形状的旋臂来驱动的。

(1)射流旋转式微喷头。一般由旋转折射臂、支架、喷嘴构成，见图2-43。其优点是有效湿润半径较大，喷水强度较低，水滴细小。其缺点是旋转部件易磨损，使用寿命较短。

(2)折射式(雾化)微喷头。其主要部件有喷嘴、折射锥和支架，如图2-44所示。折射式微喷头的优点是结构简单，没有运动部，工作可靠，价格便宜。其缺点是由于水滴太微细，在空气干燥、温度高、风力大的地区，蒸发漂移损失。

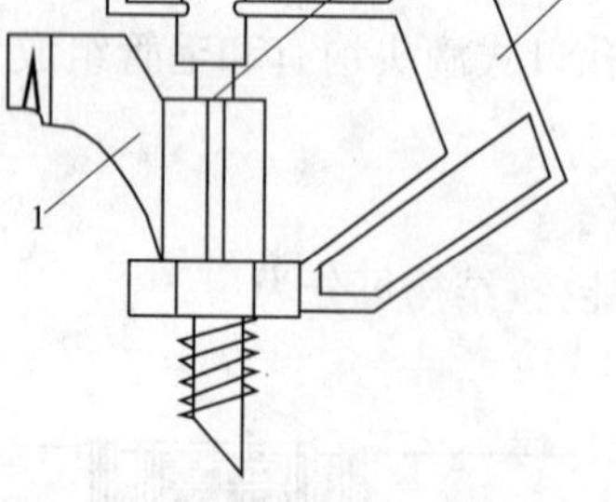

1—旋转折射臂；2—支架；3—喷嘴

图2-43　射流旋转式微喷头

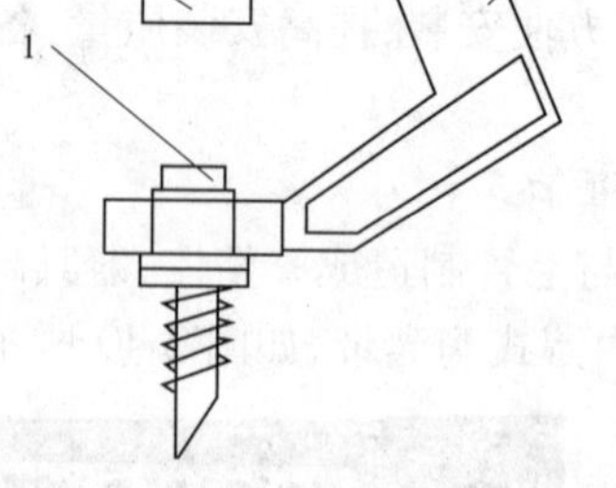

1—喷嘴；2—折射锥；3—支架

图2-44　折射式微喷头

(3)离心式微喷头。结构外形如图2-45所示。其特点是工作压力低，雾化程度高，一般形成全圆的湿润面积，由于在离心室内能消散大量能量，所以在同样流量的条件下，孔口较大，从而大大减小了堵塞的可能性。

(4)缝隙式微喷头。如图2-46所示，一般由两部分组成，下部为底座，上部是带有缝隙的盖。

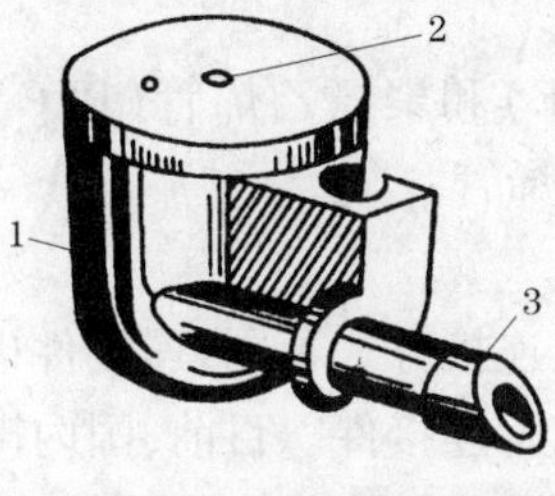

1—离心室;2—喷嘴;3—接头件

图 2-45 离心式微喷头

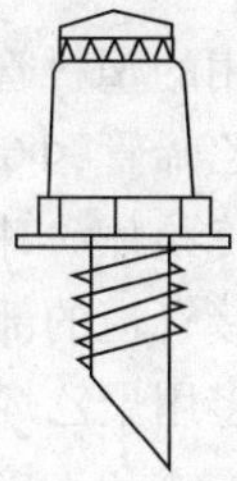
图 2-46 缝隙式微喷头

4. 渗头

渗头作为地表下渗灌的灌水器,其作用是使水直接渗入植物根区土壤,有多孔瓦管(罐)、海绵渗头等。

5. 涌水器

压力水流经消能后以连续水流的形式缓缓涌出,灌入根区灌水沟(坑)内。其工作压力比其他灌水器都低。按结构形式不同有微管式和孔口式两种。

(三)管道与连接件

管道是微灌系统的主要组成部分。各种管道与连接件按设计要求组合安装成一个微灌输配水管网,按植物需水要求向田间和植物输水和配水。管道与连接件在微灌工程中用量大、规格多、所占投资比重大,其型号规格和质量的好坏,不仅直接关系到微灌工程费用大小,而且也关系到微灌能否正常运行和管道寿命的长短。

1. 对微灌用管与连接件的基本要求

(1)能承受一定的内水压力。微灌管网为压力管网,各级管道必须能承受设计工作压力,才能保证安全输水与配水。因此,在选择管道时一定要了解各种管材与连接件的承压能力。而管道的承压能力与管材及连接件的材质、规格、型号及连接方式等有直接关系。

(2)耐腐蚀和抗老化性能强。微灌系统中灌水器孔口很小,因此微灌管网要求所用的管道与连接件具有较强的耐腐蚀性能和抗老化性能。

(3)规格尺寸与公差必须符合技术标准。管径偏差与壁厚偏差应在技术标准允许范围内,管道内壁要光滑、平整、清洁,外观光滑,无凹陷、裂纹和气泡,连接件无飞边和毛刺。

(4)价格低廉。微灌管道及连接件在微灌系统投资中所占比重大,应力求选择满足微灌工程要求且价格便宜的管道及连接件。

(5)安装施工容易。各种连接件之间及连接件与管道之间的连接要简单、方便、牢固且不漏水。

2. 微灌管的种类

微灌工程应采用塑料管。塑料管具有抗腐蚀、柔韧性较好、能适应较小的局部沉陷、内壁光滑、输水摩阻小、比重小、重量轻和运输安装方便等优点,是理想的微灌用管。塑料管的主要缺点是受阳光照射时易老化,但埋入地下时,塑料管的老化问题将会得到较大程度的缓解,使用寿命可达 20 年以上。对于大型微灌工程的骨干输水管道(如上、下山输水总干管等)，当塑料管不能满足设计要求时，也可采用其他材质的管道，但要防止因锈蚀而堵塞灌水器。

微灌系统常用的塑料管主要有两种：聚乙烯管(PE)和聚氯乙烯管(PVC)，Φ63 mm以下的管采用聚乙烯管，Φ63 mm以上的管采用聚氯乙烯管。

3. 微灌管道连接件的种类

连接件是连接管道的部件，亦称管件。管道种类及连接方式不同，连接件也不同。鉴于微灌工程中大多用聚乙烯管，因此这里仅介绍聚乙烯管连接件。目前，国内微灌用聚乙烯塑料管的连接方式和连接件有两大类：一是以北京绿源公司为代表的外接式管件(Φ20 mm以下的管也采用内接式管件)；二是以山东莱芜塑料厂为代表的内接式管件。两者的规格尺寸相异，用户在选用时，一定要了解连接件管道的规格尺寸，选用与其相匹配的管件。

(1)接头。接头的作用是连接管道。根据两个被连接件管道的管径大小，分为同径和异径连接接头。根据连接方式不同，聚乙烯接头分为螺纹式接头、内插式接头和外接式接头三种。

(2)三通。三通是用于管道分叉时的连接件，与接头一样，三通有同径和异径两种。每种型号又有内插式和螺纹式两种。

(3)弯头。在管道转弯和地形坡度变化较大之处就需要用弯头连接。其结构也有内插式和螺纹式两种。

(4)堵头。堵头是用来封闭管道末端的管件，有内插式和螺纹式两种。

(5)旁通。用于支管与毛管间的连接。

(6)插杆。用于支撑微喷头，使微喷头置于规定高度，插杆有不同的形式和高度。

(7)密封紧固件。用于内接式管件与管连接时的紧固。

(四)微灌用过滤设备

微灌要求灌溉水中不含有造成灌水器堵塞的污物和杂质。而任何水源(包括水质良好的井水)都不同程度地含有污物和杂质。这些污物和杂质可区分为物理、化学和生物类，诸如尘土、砂粒、微生物及生物体的残渣等有机物质，碳酸钙等易产生沉淀的化学物质，以及菌类、藻类等水生动植物。在进行微灌工程规划设计前，一定要对水源水质进行化验分析，并根据选用的灌水器类型和抗堵塞性能，选定水质净化设备。

(五)水表

微灌系统中利用水表来计量一段时间内通过管道的水流总量或灌溉用水量。水表一般安装在首部枢纽中过滤器之后的干管上，也可根据管理体制将水表安装在各用水单位相应的支管上。

三、微灌工程的规划与设计

(一)微灌工程规划

1. 规划任务

(1)勘测和收集基本资料，包括水源、气象、地形、土壤、植物、灌溉试验、能源与设备、社会经济状况与发展规划等。

(2)论证工程的可行性。规划要符合当地农业区划和农田水利规划的要求,并与农村发展规划相协调。

(3)根据当地水资源状况和农业生产、乡镇企业、人畜饮水等用水的要求,确定工程的规模。平原区灌溉面积大于100 hm^2,山丘区灌溉面积大于50 hm^2 的微灌工程,应分为规划、设计两个阶段进行,面积小的可合为一个阶段进行。

(4)根据水源、气象、地形、土壤、植物种植、社会经济、生产管理水平等条件,因地制宜选用滴灌、微喷灌、涌泉灌等微灌方式。

(5)微灌工程规划包括水源工程、首部枢纽和管网布置。规划布置成果应绘制在不小于1/5 000的地形图上,并提出工程概算。

2. 规划原则

(1)微灌工程的规划应与其他的灌溉工程统一安排。如喷灌和管道输水灌溉,都是节水、节能灌水新技术,各有其特点和适用条件。在规划时应结合各种灌水技术的特点,因地制宜地统筹安排,使各种灌水技术都能发挥各自的优势。

(2)微灌工程规划应考虑多目标综合利用。目前,微灌大多用于干旱缺水的地区,规划微灌工程时应与当地人畜饮水与乡镇工业用水统一考虑,以求达到一水多用。这样不仅可以解决微灌工程投资问题,而且还可以促进乡镇工业的发展。

(3)微灌工程规划要重视经济效益。尽管微灌具有节水、节能、增产等优点,但一次性亩投资较高。兴建微灌工程应力求获得最大的经济效益。为此,在进行微灌工程规划时,要先考虑在经济收入高的经济植物区、水果产区和城郊蔬菜区发展微灌。

(4)因地制宜、合理地选择微灌形式。我国地域辽阔,各地自然条件差异很大,山区、丘陵、平原、高原、南方、北方、气候、土壤、植物等都各不相同。加以微灌的形式也较多,又各有其优缺点和适用条件,因此在规划和选择微灌形式时,应贯彻因地制宜的原则,切忌不顾条件盲目照搬外地经验。

(5)近期发展与远景规划相结合。微灌系统规划要将近期安排与远景发展结合起来,既要着眼长远发展规划,又要根据现实情况,讲求实效,量力而行。根据人力、物力和财力,作出分期开发计划。在初次发展微灌的地方,应先搞试点,待取得经验并被群众接受后,再大面积推广,使微灌工程建成一处,用好一处,尽快发挥工程效益。

(6)微灌工程设计保证率应根据自然条件和经济条件确定。灌溉水的利用系数:滴灌不低于0.90,微喷灌不低于0.85。

3. 基本资料的收集

(1)地理位置与地形资料。

(2)土壤与工程地质资料。

(3)农业与灌溉资料。

(4)水文与气象资料。

(5)其他资料:社会经济状况、现有水利设施等。

4. 水源分析与用水计算

(1)规划必须对水源的水量、水位和水质进行分析。利用现有水源工程供水的微灌系统,应根据工程原设计和运用情况,确定设计水文年的供水状况;新建水源工程,供水状况应根据来水条件通过计算确定。

(2)以水量丰富的江、河、水库、湖泊为水源时。可不作供水量计算,但必须进行年内水位变化和水质分析。

(3)以小河、山溪、塘坝为水源时,应根据调查资料并参考周边地区性水文手册或图集,分析计算设计水文年的径流量和年内分配过程线。

(4)以井、泉为水源时,应根据已有资料分析确定可供水量。无资料时,应对水井作抽水试验,对泉水进行调查,实测出流量来确定可供水量。

(5)微灌水质除必须符合《农田灌溉水质标准》(GB 5084—92)的规定,还应满足:①进入微灌管网的水应经过净化处理,不应含有泥沙、杂质、鱼卵、藻类等物质;②水质的pH值一般应在5.5~8.0范围内;③水的总含盐量不应大于200 ppm;④水的含铁量不应大于0.4 ppm;⑤水的总硫化物含量不应大于0.2 ppm。

(6)微灌用水量应根据设计水文年的降雨、蒸发、植物种类及种植面积等因素计算确定:①有微灌试验资料时,应由试验资料计算确定;②无试验资料时,可根据当地的气象资料,按照彭曼或蒸发皿法求得需水量,然后再计算出微灌的用水量,也可参照邻近相似的灌溉试验资料计算确定。

5. 管网布置

微灌管网布置应遵循下列原则:

(1)符合微灌工程总体要求。

(2)使管道总长度最短,尽量少穿越其他障碍物。

(3)满足各用水单位需要,能迅速分配水流,管理维护方便。

(4)输配水管道沿地势较高位置布置,支管垂直于植物种植行,毛管顺植物种植行布置。

(5)管道的纵剖面应力求平顺。

(二)微灌工程设计参数的确定

1. 植物需水量

微灌属局部灌溉,故植物需水量 E_c 可不考虑棵间蒸发量。

2. 设计耗水强度

设计耗水强度采用设计年灌溉季节月平均耗水强度峰值,并由当地试验资料确定,在无实测资料时可通过计算或按表2-13选取。

表2-13 设计耗水强度 (单位:mm/d)

植物	滴灌	微喷灌
果树	3~5	4~6
葡萄、瓜类	3~6	4~7

注:干旱地区宜取上限值。

微灌与地面灌和喷灌相比,植物耗水量主要用于本身的生理消耗,地面蒸发损失很小。因此,植物耗水量仅与植物对地面的遮阴率有关。植物耗水强度可用式(2-42)计算

$$E_a = K_V E_c \tag{2-42}$$

$$K_V = G_c/0.85 \tag{2-43}$$

式中 E_a——设计耗水强度,mm/d;

K_V——植物遮阴率对耗水量的修正系数,当由式(2-43)计算出的数值大于1时,取 $K_V = 1$;

G_c——植物遮阴率,即植物覆盖面积与种植面积的比值,随植物种类和生育阶段而变化,对于大田和蔬菜植物,设计时可取0.8~0.9,对果树可根据树冠半径和果树所占面积计算确定。

3. 微灌的土壤湿润比

微灌的土壤湿润比,是指被湿润土体占计划湿润层总土体积的百分比。通常以地面以下20~30 cm处湿润面积占总灌溉面积的百分比来表示。其影响因素很多,诸如毛管和灌水器的布置、灌水器的型号、灌水量的大小及土壤类别等。

规划设计时,要根据植物的需要、工程的重要性及当地自然条件等,选定设计土壤湿润比。因为设计土壤湿润比越大,工程保证程度就要求越高,投资及运行费用也越大。一般宽行植物及果树取20%~30%,蔬菜和密植植物为70%~90%,南方微喷灌可大于60%。

设计时将选定的灌水器进行布置,并计算土壤湿润比。要求其计算值稍大于设计土壤湿润比,若小于设计值就要更换灌水器或修改布置方案。常用灌水器典型布置型式的土壤湿润比 P 的计算公式如下。

1)滴灌

(1)单行毛管直线布置,土壤湿润比按下式计算

$$P = \frac{0.785D_w^2}{S_e S_l} \times 100\% \tag{2-44}$$

式中 P——土壤湿润比(%);

D_w——土壤水分水平扩散直径或湿润带宽度(其大小取决于土壤质地、滴头流量和灌水量大小),m;

S_e——灌水器或出水点间距,m;

S_l——毛管间距,m。

(2)双行毛管直线布置,土壤湿润比按下式计算

$$P = \frac{P_1 S_1 + P_2 S_2}{S_r} \times 100\% \tag{2-45}$$

式中 S_1——一对毛管的窄间距,m;

P_1——与 S_1 相对应的土壤湿润比(%);

S_2——一对毛管的宽间距,m;

P_2——与 S_2 相对应的土壤湿润比(%);

S_r——植物行距,m。

(3)绕树环状多出水点布置,土壤湿润比按下式计算

$$P = \frac{0.785D_w^2}{S_t S_r} \times 100\% \tag{2-46}$$

或

$$P=\frac{nS_eS_w}{S_tS_r}\times 100\% \tag{2-47}$$

式中 n—— 一株果树下布置的灌水器数,个;

S_t——果树株距,m;

S_r——果树行距,m;

S_e——灌水器或出水口间距,m;

S_w——湿润带宽度,m;

D_w——地表以下 30 cm 深处的湿润带宽度,m。

2)微喷灌

(1)微喷头沿毛管均匀布置时的土壤湿润比为

$$P=\frac{A_w}{S_eS_l}\times 100\% \tag{2-48}$$

$$A_w=\frac{\theta}{360}\pi R^2 \tag{2-49}$$

式中 A_w——微喷头的有效湿润面积,m^2;

θ——湿润范围平面分布夹角,当为全圆喷洒时,$\theta=360°$;

R——微喷头的有效喷洒半径,m;

其余符号意义同前。

(2)一株树下布置 n 个微喷头时的土壤湿润比计算公式为

$$P=\frac{nA_w}{S_tS_r}\times 100\% \tag{2-50}$$

式中 n——一株树下布置的微喷头数,个;

其余符号意义同前。

4. 微灌的灌水均匀度

在田间,影响灌水均匀度的因素很多,如灌水器工作压力的变化,灌水器的制造偏差、堵塞情况,水温变化,微地形变化等。目前,在设计微灌工程时能考虑的只有水力学(压力变化)和制造偏差两种因素对均匀度的影响。微灌的灌水均匀度可以用克里斯琴森(Christiansen)均匀系数 C_u 来表示,且微灌均匀系数不能低于 0.8,并由下式计算

$$C_u=\frac{1-\overline{\Delta q}}{\bar{q}} \tag{2-51}$$

$$\overline{\Delta q}=\frac{1}{n}\sum_{i=1}^{n}|q_i-\bar{q}| \tag{2-52}$$

式中 C_u——微灌均匀系数;

$\overline{\Delta q}$——灌水器流量的平均偏差,L/h;

q_i——各灌水器流量,L/h;

$\bar{q}$——灌水器平均流量,L/h;

n——所测的灌水器数目，个。

5. 灌水器流量和工作水头偏差率

灌水器流量和工作水头偏差率按下式计算

$$q_v = \frac{q_{max} - q_{min}}{q_d} \times 100\% \tag{2-53}$$

$$h_v = \frac{h_{max} - h_{min}}{h_d} \times 100\% \tag{2-54}$$

式中 q_v——灌水器流量偏差率(%)，其值取决于均匀系数 C_u，二者关系为：当 C_u = 98%、95%、92%时，q_v = 10%、20%、30%，灌水器的设计允许流量偏差率应不大于20%；

q_{max}——灌水器最大流量，L/h；

q_{min}——灌水器最小流量，L/h；

q_d——灌水器设计流量，L/h；

h_v——灌水器工作水头偏差率(%)；

h_{max}——灌水器最大工作水头，m；

h_{min}——灌水器最小工作水头，m；

h_d——灌水器设计工作水头，m。

灌水器工作水头偏差率与流量偏差率之间的关系可用下式表示

$$h_v = \frac{q_v}{x}(1 + 0.15\frac{1 - x}{x}q_v) \tag{2-55}$$

式中 x——灌水器流态指数。

6. 灌水器设计工作水头

灌水器设计工作水头应取所选灌水器的额定工作水头，没有额定工作水头的灌水器，应由灌水器水头与流量关系曲线确定，但不宜低于2 m。

7. 过滤器设计进口与出口压力差

过滤器设计进口与出口压力差可按下式计算

$$\Delta h = \Delta h_0 + \Delta h_{max} \tag{2-56}$$

式中 Δh——过滤器设计进口与出口水头差，m；

Δh_0——过滤器通过洁净水流时进口与出口间的水头差，m；

Δh_{max}——过滤器工作时允许进口与出口增加的水头差(此值不宜大于3.0 m)。

(三)微灌系统的设计

1. 微灌系统的布置

微灌系统的布置通常是在地形图上作初步布置，然后将初步布置方案带到实地与实际地形作对照，进行修正。微灌系统布置所用的地形图比例尺一般为1/200～1/500。

1)首部枢纽位置的确定

首部枢纽是整个微灌系统操作控制的中心，其位置的选择主要是以投资省、便于管理为原则。一般首部枢纽应与水源工程相结合。如果水源较远，首部枢纽可布置在灌区旁边，有条件时尽可能布置在灌区中心，以减少输水干管的长度。

2)毛管和灌水器的布置

a. 滴灌时毛管和灌水器的布置

(1)单行毛管直线布置。如图 2-47(a)所示，毛管顺植物行布置，一行植物布置一条毛管，滴头安装在毛管上。这种布置方式适用于幼树和窄行密植植物。

(2)单行毛管带环状管布置。如图 2-47(b)所示，当滴灌成龄果树时，常常需要用一根分毛管绕树布置，其上安装 4～6 个单出水口滴头，环状管与输水毛管相连接。这种布置形式增加了毛管总长。

(3)双行毛管平行布置。滴灌高大植物，可用双行毛管平行布置，见图 2-47(c)，沿植物行两边各布置一条毛管，每株植物两边各安装 2～3 个滴头。

(4)单行毛管带微管布置。当使用微管滴灌果树时，每一行树布置一条毛管，再用一段分水管与毛管连接，在分水管上安装 4～6 条微管，见图 2-47(d)。也可将微管直接插于输水毛管上，这种安装方式毛管的用量少，因而降低了工程造价。

上述各种布置形式滴头的位置一般与树干的距离约为树冠半径的 2/3。

b. 微喷灌时毛管和滴水器的布置

微喷头的结构和性能不同，毛管和微喷头的布置也不同。根据微喷头喷洒直径和植物种类，一条毛管可控制一行植物，也可控制若干行植物。图 2-48 是常见的几种布置形式。

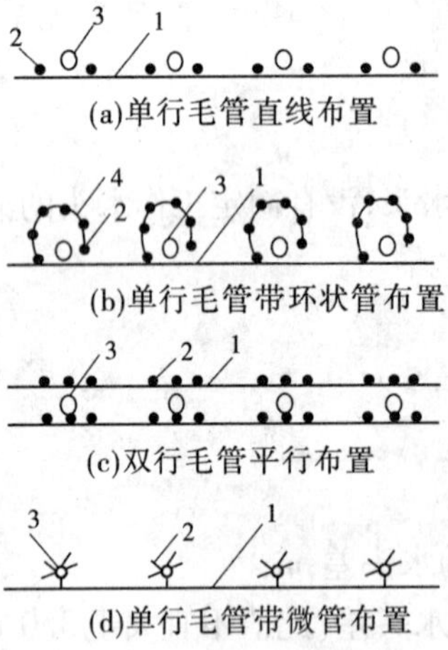

1—毛管;2—灌水器;3—果树;4—绕树环状管

图 2-47 滴灌毛管和灌水器的布置形式

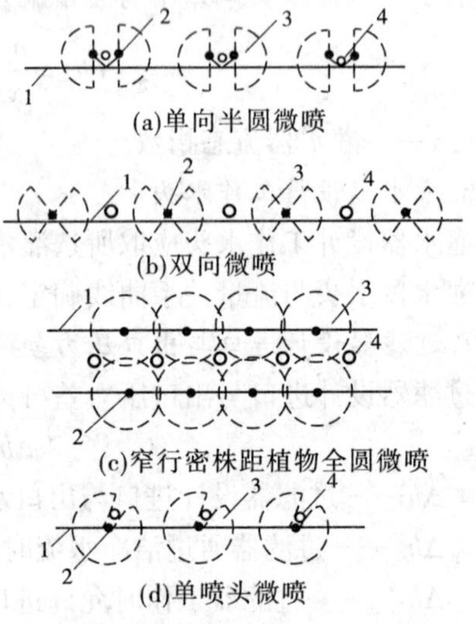

1—毛管;2—微喷头;3—土壤湿润带;4—果树

图 2-48 微喷灌毛管和灌水器的布置形式

2. 微灌灌溉制度的确定

微灌灌溉制度是指植物全生育期(对于果树等多年生植物则为全年)每一次灌水量、灌水时间间隔、一次灌水延续时间、灌水次数和全生育期(或全年)灌水总量的确定。

(1)设计灌水定额 m。可根据当地试验资料按下式计算

$$m = 0.1\gamma HP(\theta_{\max} - \theta_{\min})/\eta \tag{2-57}$$

式中 m——设计灌水定额,mm;

γ——土壤容重,g/cm^3;

H——计划湿润土层深度,m;

P——微灌设计土壤湿润比(%);

θ_{max}——适宜土壤含水率上限,占干土重量的百分比;

θ_{min}——适宜土壤含水率下限,占干土重量的百分比;

η——灌溉水利用系数。

(2)设计灌水周期 T。设计灌水周期取决于植物、水源和管理情况,可根据试验资料确定。在缺乏试验资料的地区,可参照邻近地区的试验资料并结合当地实际情况按下式计算

$$T = \frac{m}{E_a}\eta \tag{2-58}$$

式中 T——设计灌水周期,d;

其余符号意义同前。

(3)一次灌水延续时间 t。一次灌水延续时间可按下式计算

$$t = \frac{mS_e S_l}{q} \tag{2-59}$$

式中 t——一次灌水延续时间,h;

S_e——灌水器间距,m;

S_l——毛管间距,m;

m——设计灌水定额,mm;

q——灌水器流量,L/h。

对于成龄果树,一株树安装 n 个滴头时,t 值按下式计算

$$t = \frac{mS_e S_l}{nq} \tag{2-60}$$

3. 微灌系统工作制度的确定

微灌系统的工作制度有续灌和轮灌两种主要情况。不同的工作制度要求系统的流量不同,因而工程费用也不同,在确定工作制度时,应根据植物种类、水源条件和经济状况等因素作出合理选择。

1)续灌

续灌是对系统内全部管道同时供水,灌区内全部植物同时灌水的一种工作制度。它的优点是每株植物都能得到适时灌水,操作管理简单。其缺点是干管流量大,工程投资和运行费用高;设备利用率低;在水源不足时,灌溉控制面积小。一般只有在小系统,例如几十亩的果园才采用续灌的工作制度。

2)轮灌

轮灌是支管分成若干组,由干管轮流向各组支管供水,而各组支管内部同时向毛管供水。这种工作制度减少了系统的流量,从而可减少投资,提高设备的利用率。通常采用的是这种工作制度。

在划分轮灌组时，要考虑水源条件和植物需水要求。以使土壤水分能够得到及时补充，并便于管理。有条件时最好是一个轮灌组集中连片，各组控制的灌溉面积相等。一般情况下，支管配水方案如图 2-49 所示。按照植物的需水要求，全系统轮灌组的数目 N 为

$$N \leqslant \frac{CT}{t} \tag{2-61}$$

日轮灌次数 n 为

$$n = \frac{C}{t} \tag{2-62}$$

式中　C——系统日工作时间，要根据当地水源和农业技术条件确定，一般不宜大于 20 h。

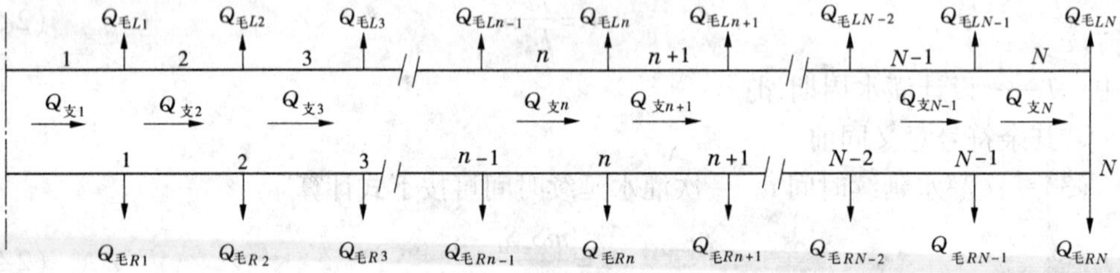

图 2-49　支管配水示意图

(四) 水力计算

微灌管道水力计算，是在已知所选灌水器的工作压力和流量以及微灌工作制度情况下，确定各级管道通过的流量，通过计算输水水头损失，来确定各级管道合理的内径。

1. 管道流量的确定

1) 毛管流量的确定

毛管流量是毛管上灌水器流量的总和，即

$$Q_{毛} = \sum_{i=1}^{n} q_i \tag{2-63}$$

当毛管上灌水器流量相同时

$$Q_{毛} = nq_d \tag{2-64}$$

式中　$Q_{毛}$——毛管流量，L/h；

n——毛管上同时工作的灌水器个数；

q_i——第 i 号灌水器设计流量，L/h；

q_d——流量相同时单个灌水器的设计流量，L/h。

2) 支管流量计算

支管流量是支管上各条毛管流量的总和，即

$$Q_{支} = \sum_{i=1}^{n} Q_{毛i} \tag{2-65}$$

式中　$Q_{支}$——支管流量，L/h；

$Q_{毛i}$——不同毛管的流量，L/h。

3）干管流量计算

由于支管通常是轮灌的，有时是两条以上支管同时运行，有时是一条支管运行，故干管流量是由干管同时供水的各条支管流量的总和，即

$$Q_{干} = \sum_{i=1}^{n} Q_{支i} \tag{2-66}$$

式中 $Q_{干}$——干管流量，L/h 或 m^3/h；

$Q_{支i}$——不同支管的流量，L/h 或 m^3/h。

当一条干管控制若干个轮灌区，在运行时各轮灌区的流量不一定相同，为此在计算干管流量时，对每个轮灌区要分别予以计算。

2. 各级管道管径的选择

为了计算各级管道的水头损失，必须首先确定一套管网各级管道的预估计算管径。这一系列的管径必须在满足微灌的均匀度和工作制度前提下确定。

1）允许水头偏差的计算

一般在进行微灌水力计算时，把每条支管上同时运行的毛管所控制的面积看成是一个微灌小区，为保证整个小区内灌水的均匀性，对小区内任意两个灌水器的水力学特性有如下要求：

（1）微灌系统灌水小区灌水器流量的平均值应等于灌水器设计流量。

（2）灌水小区的流量或水头偏差率应满足如下条件

$$q_v \leqslant [q_v] \tag{2-67}$$

$$h_v \leqslant [h_v] \tag{2-68}$$

式中 $[q_v]$——设计允许流量偏差率，一般取 $[q_v] = 0.05 \sim 0.10$；

$[h_v]$——设计允许水头偏差率，此值可通过下式计算

$$h_v = \frac{[q_v]}{x}\left(1 + 0.15\,\frac{1-x}{x}[q_v]\right) \tag{2-69}$$

式中 x——灌水器流态指数。

（3）采用补偿式灌水器时，灌水小区内设计允许的水头偏差应为该灌水器允许的工作水头范围；采用其他灌水器时，应按下式计算

$$[\Delta h] = [h_v]h_d \tag{2-70}$$

式中 $[\Delta h]$——灌水小区允许水头偏差，m；

h_d——灌水器设计工作水头，m。

2）允许水头偏差的分配

由于灌水小区的水头偏差是分别由支管和毛管两级管道共同产生的，应通过技术经济比较来确定其在支、毛管间的分配。

（1）平坦地形，毛管进口不设调压装置时：根据《微灌工程技术规范》（SL 103—95），当平坦地形且比降不大于 1 时，分配比例按下式计算

$$\beta_1 = \frac{[\Delta h] + L_2J_2 - L_2J_1(a_1n_1)^{(4.75-1.75a)/(4.75+a)}}{[\Delta h] \times \left[\frac{L_2}{L_1}(a_1n_1)^{(4.75-1.75a)/(4.75+a)} + 1\right]} \tag{2-71}$$

$$(r_1 \leqslant 1, r_2 \leqslant 1)$$

$$\beta_1 = 1 - \beta_1 \tag{2-71'}$$

$$C = b_0 d^a \tag{2-71''}$$

式中 β_1——允许水头偏差分配给支管的比例；

β_2——允许水头偏差分配给毛管的比例；

L_1——支管长度，m；

L_2——毛管长度，m；

J_1——沿支管地形比降；

J_2——沿毛管地形比降；

a_1——支管上毛管布置系数，单侧布置时为 1，双侧对称布置时为 2；

n_1——支管上单侧毛管的根数；

r_1、r_2——支、毛管的比降；

a——指数；

C——管道价格，元/m；

b_0——系数；

其余符号意义同前。

由于式(2-71)计算分配比例较为麻烦，而美国 J. Keller 和 D. Curmidin 则认为在平坦地形时支、毛管经济的水头损失分配比例应为 0.45 和 0.55。中、小型微灌工程在设计时，如缺乏资料，可按此法进行分配。

(2)坡地毛管进口设置调压装置时：山区坡地毛管布置，一般均在毛管进口安装水阻管、压力调节器等，以使各毛管进口压力值相等，此时小区设计允许的水头偏差应全部分配给毛管，即

$$[\Delta h] = [h_v] h_d \tag{2-72}$$

式中 $[\Delta h]$——允许的毛管水头偏差，m；

其余符号意义同前。

3)毛管管径的初选

按毛管的允许水头损失值，初步估算毛管的内径 $d_毛$，计算公式如下

$$d_毛 = \sqrt[b]{\frac{KFfQ_毛^m L}{[\Delta h]_毛}} \tag{2-73}$$

式中 $d_毛$——初选毛管内径，mm；

K——考虑到毛管上管件或灌水器产生的局部水头损失而加大的系数，其取值范围一般为 1.1 ~ 1.2；

F——多口系数，$F = \frac{1}{m+1}(\frac{N+0.48}{N})^{m+1}$；

N——多孔管总孔数；

f——摩阻系数；

$Q_毛$——毛管流量，L/h；

L——毛管长度，m；

m——流量指数；

b——管径指数。

由于毛管的直径一般均大于 8 mm，式(2-73)中，各种管材的 f、m、b 值可按表 2-14 选用。

表 2-14　各种塑料管材的 f、m、b 值

<table>
<tr><th colspan="3">管材</th><th>f</th><th>m</th><th>b</th></tr>
<tr><td colspan="3">硬塑料管</td><td>0.464</td><td>1.77</td><td>4.77</td></tr>
<tr><td rowspan="3">微灌用聚乙烯管</td><td colspan="2">$d>8$ mm</td><td>0.505</td><td>1.75</td><td>4.75</td></tr>
<tr><td rowspan="2">$d\leqslant 8$ mm</td><td>$Re>2\ 320$</td><td>0.595</td><td>1.69</td><td>4.60</td></tr>
<tr><td>$Re\leqslant 2\ 320$</td><td>1.75</td><td>1</td><td>4</td></tr>
</table>

注：1. Re 为雷诺数。

2. 微灌用聚乙烯管的 f 值相应于水温 10 ℃，其他温度时应修正。

4）支管管径的初选

(1)平坦地形，毛管进口未设调压装置时，支管管径的初选：按上述分配给支管的允许水头差，用下式初估支管管径 $d_支$

$$d_{支}=\sqrt[b]{\frac{KFfQ_{支}^{m}L}{0.45[h_{v}]h_{d}}} \tag{2-74}$$

式中　K——考虑到支管管件产生的局部水头损失而加大的系数，K 通常的取值范围为 1.05～1.1；

L——支管长度，m；

其余符号意义同前。

式(2-74)中，f、m、b 值仍从表 2-14 中选取，需注意的是，应按支管的管材种类正确选用表中系数。

(2)坡地，毛管进口采用调压装置时，支管管径的初选：由于此时设计允许的水头差均分配给了毛管，支管应按经济的水力比降来初选其管径 $d_支$

$$d_{支}=\sqrt[b]{\frac{KFfQ_{支}^{m}L}{100i_{支}}} \tag{2-75}$$

式中　$i_支$——支管的经济水力比降，一般为 0.01～0.03；

其余符号意义同前。

另外，支管管径也可按管道经济流速确定

$$d_{支}=1\ 000\sqrt{\frac{4Q_{支}}{3\ 600\pi v}} \tag{2-76}$$

式中　$d_支$——支管内径，mm；

$Q_支$——支管进口流量，m^3/h；

v——塑料管经济流速，m/s，一般取 $v=1.2\sim1.8$。

5）干管管径的初选

干管管径可按毛管进口安装调压装置时支管管径的确定方法定性计算确定。

在上述三级管道管径都计算出后,还应根据塑料管的规格,最后确定实际各级管道的管径。必要时还需根据管道的规格,进一步调整管网的布局。

微灌系统使用的管材与管件,必须选择其公称压力符合微灌系统设计要求的产品,地面铺设的管道并应不透光、抗老化、施工方便、连接牢固可靠。一般情况下,直径在 50 mm 以上的各级管道和管件可选用聚氯乙烯产品;直径在 50 mm 以下的各级管道和管件应选用微灌用聚乙烯产品。严禁使用由废旧塑料制造的管材和管件。

3. 管网水头损失的计算

水流在管道中流动时,有一部分机械能量由于克服水流在管道中的水流阻力而转化为热能,表现为水头损失。水头损失分为两种:一种是均匀的或渐变的水流,由于沿全流程的摩擦阻力而损失的水头,叫沿程水头损失;另一种则是在流道的局部地方,如管道扩大、缩小、转弯等处,由于边界形状的急剧变化,使水流运动状态发生急剧改变消耗能量而造成的,叫局部水头损失。

1) 沿程水头损失计算

以往国内外都采用哈赞(Hazen) - 威廉姆(Williams)公式计算沿程水头损失。近十余年来,国内一些单位用国产微灌管道进行水力试验,发现试验结果与该式计算的结果有较大偏差,对于直径小的管道偏差更大,如内径为 10 mm 的毛管,哈 - 威公式计算结果比试验值偏小达 20%,而采用勃拉林斯(Blasius)公式计算的结果与国产管道试验资料基本吻合。所以,对于直径大于 8 mm 的微灌用塑料管道,应采用勃拉林斯公式计算沿程水头损失,即

$$h_f = \frac{fQ^m}{d^b}L \tag{2-77}$$

式中 h_f——沿程水头损失,m;

f——摩阻系数;

Q——流量,L/h;

d——管道内径,mm;

L——管长,m;

m——流量指数;

b——管径指数。

式(2-77)中各种塑料管材的 f、m、b 值可从表 2-14 中选取。

直径大于 8 mm 的聚乙烯管道,主要用做支、毛管,属多孔出流管。管内水流状态除末端管道可能处于层流,其余均处于紊流过渡区。层流区流速小且管段短,其沿程水头损失仅占全管长水头损失的 5% 左右。用紊流过渡区的公式计算全管长的沿程水头损失,层流段所造成的误差占整个管段的 1% 左右。因此,对于直径大于 8 mm 的管道,不分流态,统一用式(2-76)计算已有足够的精度。对于直径小于 8 mm 的细管道,主要用做消能和调压。

微管滴头,全管道内为同一流态,必须区分流态才能得到满意的结果。因此,表 2-14 中对于直径等于或小于 8 mm 的管道,按雷诺数划分为两种流态。

微灌系统中的支、毛管出流孔口较多,一般可视为等间距、等流量分流管,其沿程水头

损失可按下式计算(当 $N \geqslant 3$ 时)

$$h'_f = \frac{fSq_d^m}{d^b}\left[\frac{(N+0.48)^{m+1}}{m+1} - N^m\left(1 - \frac{S_0}{S}\right)\right] \tag{2-78}$$

式中 h'_f——等间距多孔管沿程水头损失,m;

S——分流孔的间距,m;

S_0——多孔管进口至首孔的间距,m;

N——分流孔总数;

q_d——毛管上单孔或灌水器的设计流量,L/h;

其余符号意义同前。

2)局部水头损失计算

局部水头损失的计算公式为

$$h_j = \sum \zeta \frac{v^2}{2g} \tag{2-79}$$

式中 h_j——局部水头损失,m;

ζ——局部水头损失系数,可查表 2-15;

v——管中流速,m/s;

g——重力加速度,m/s^2。

表 2-15 局部水头损失系数

类型	直角状进口	喇叭状进口	滤网	滤网带底阀	90°弯头(焊接)
图示	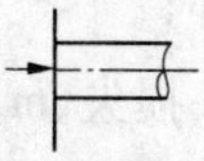	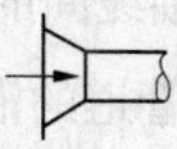			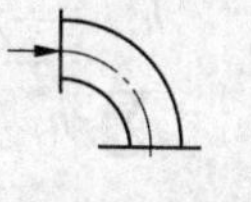
局部水头损失系数	0.5	0.2	2~3	5~8	0.2~0.3(加 50%)
类型	45°弯头(焊接)	渐细接头	渐粗接头	逆止阀	闸阀全开
图示		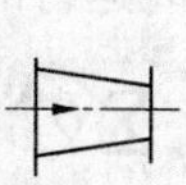	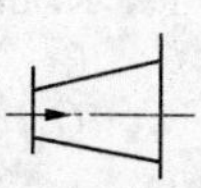	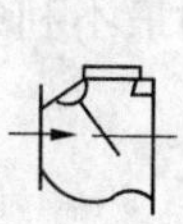	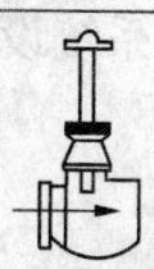
局部水头损失系数	0.1~0.15(加 50%)	0.1	0.25	1.7	0.1~0.5
类型	直流三通	折流三通	分流三通	直流分支三通	出口
图示	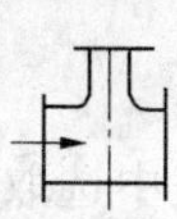			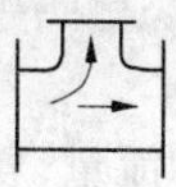	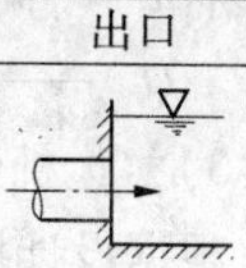
局部水头损失系数	0.1	1.5	1.5	0.1~1.5	0.1

当参数缺乏时,局部水头损失也可按沿程水头损失的一定比例估算。支管为 0.05~0.1;毛管为 0.1~0.2。

4. 毛管极限孔数的确定

水平毛管的极限孔数应按下式计算

$$N_m = \mathrm{INT}\left(\frac{5.446[\Delta h_2]d^{4.75}}{kSq_d^{1.75}}\right)^{0.364} \tag{2-80}$$

式中 N_m——毛管的极限分流孔数；

INT——将括号内实数舍去小数取整数；

$[\Delta h_2]$——毛管的允许水头偏差，m；

d——毛管内径，mm；

k——水头损失扩大系数，为毛管总水头损失与沿程水头损失的比值，$k=1.1\sim1.2$；

S——毛管上分流孔的间距，m；

q_d——毛管上单孔或灌水器的设计流量，L/h。

设计采用的毛管分流孔数，不得大于极限孔数。

（五）机泵选型配套及工程结构设计

1. 机泵选配

微灌系统的机泵选配，主要依据系统设计扬程、流量和水源取水方式而定。

1）系统设计扬程

系统设计扬程是根据枢纽首部设计水头和首部管道进口与水源设计水位之间的高差，由下式计算确定

$$H_{设} = H + h_1 + \sum h_{f泵} + \sum h_{j泵} \tag{2-81}$$

式中 $H_{设}$——配套机泵的设计扬程，m；

H——灌溉系统设计水头，m；

h_1——水源设计水位与系统进口管轴线间的高差，m；

$\sum h_{f泵}$——设计水位至系统进口段管道的沿程水头损失，m；

$\sum h_{j泵}$——设计水位至系统进口段管道的局部水头损失，m。

2）系统设计流量

系统设计流量为最不利条件下，系统同时运行的支管入口流量之和，即

$$Q_{设} = \sum_{i=1}^{n} Q_{支i} \tag{2-82}$$

式中 $Q_{设}$——系统设计流量，L/h 或 m^3/h；

n——同时运行的支管数；

$Q_{支i}$——支管入口流量，L/h 或 m^3/h。

3）初选机泵

根据设计扬程和流量，就可以从水泵型谱或水泵性能表中选取适宜的水泵。一般水源设计水位或最低水位与水泵安装高度（泵轴）间的高差超过 8.0 m 以上时，宜选用潜水泵，反之则可选用离心泵等。并应根据水泵的要求，选配适宜的动力机，防止出现“大马拉小车”或“小马拉大车”的情况。在电力有保证的条件下，动力机应首选电动机。有关介绍水泵型号、性能的书籍很多，可自行参阅有关资料。必须说明的是，所选水泵必须使其在高效区工作，并应为国家推荐的节能水泵。

2. 工程结构设计

1）管道系统结构设计

管道系统结构设计包括管道纵坡、埋深的确定，节制闸、放水阀、排气阀以及压力、流量量测仪表的设置等。过滤设备已在前面做过专论，此处不再重复，应根据水质正确选择过滤器。

（1）管道纵坡。管道纵坡应力求平顺，减少折点。有起伏时应避免产生负压，一般管道纵坡采取与自然地面坡度相一致，在遇到地形突变但高差不大时，可采用逐根管道偏转一定角度的办法逐步变坡转弯，以减少折点。

（2）管道埋深。管道埋深应根据气候条件、地面荷载等因素确定。管道设计埋深一般应考虑防冻及耕作机械碾压等问题，一般干、支管道的埋深不能小于 50 cm，毛管的埋深不能小于 30 cm。通过试验，毛管选用高压聚乙烯管材。在北方地区（年最低气温小于 -25 ℃），埋深为 25 ~ 35 cm，毛管内存有少量水体，结冰后对毛管不产生破坏作用。其原因是高压聚乙烯管材本身具有很好的韧性，据有关部门提供的资料，聚乙烯管耐低温性可达 -70 ℃；另外，管道内同时有一定量的空气与毛管内的存水形成水汽混合体，冰冻块里有小孔，因而对毛管管壁的膨胀强度大大降低，不会对毛管造成破坏。输水用聚氯乙烯管材，应每隔 30 ~ 60 m 设置一个伸缩接头或伸缩节。

（3）阀门。在管道系统中要设计节制阀、放水阀、排气阀等。一般节制阀设置在水泵出口处的干管上和每条支管的进口处，以控制水泵出口流量和控制支管流量，实行轮灌。每个节制阀控制一个轮灌区。放水阀一般设置在干、支管的尾部，其作用是放掉管中积水。上述两种阀门处应设计阀门井，其顶部应高于阀门 20 ~ 30 cm，其余尺寸以方便操作为度。非灌溉季节，阀门井用盖板封闭，以保护阀门和冬季保温。排气阀一般设置在干管上。在管道布置时，因地形的起伏有时不可避免地产生凸峰，管网运行时这些地方易产生气团，影响输水效率，故应设置排气阀将空气排出。逆止阀一般设置在输水干管首部。当水泵运行压力较高时，由于停电等原因突然停机，将造成较大的水锤压力，当水锤压力超过管道试验压力，水泵最高反转转速超过额定转速 1.25 倍，管道水压接近气化压力时，应设置逆止阀。

（4）压力和流量仪表。它们是系统观测设备，均应设置在干管首部。一般装置 2.5 级精度以上的压力表，以控制和观测系统供水压力。为了观测流量，一般安装一只水表，以便掌握灌区用水量。

2）施工详图的绘制

完整的微灌工程设计，应绘制微灌系统布置的干、支管道纵断面图，枢纽工程布置图，阀门井、泵站、蓄水池结构图，细部结构安装图，加工部件（如接头等）机械图等。

系统布置图反映出管网系统的级数，各级管道的走向、位置、长度以及各类建筑物的位置等，是工程施工不可缺少的。管道纵断面图标有管道中心线的地面高程、管道铺设坡降、管底开挖高程、阀门位置等，施工时利用此图放线并确定某一段的开挖深度。首部枢纽布置图标明各种仪器设备安装顺序及连接尺寸等，其他结构图是为了施工方便而提供的。

（六）工程预算编制

编制工程预算是工程设计的重要内容，它按一定的顺序，分为设备、土建和其他三部分。编制工程预算必须掌握现行的设备价格，土建和设备安装部分要根据当地近期施工预算定额和材料价格确定。

一般设备部分要分别列出设备名称、规格型号、单位、数量、单价、复价等。在单价计算时，如设计施工期较长（一年以上），原则上要考虑物价上涨因素。

土建部分包括泵房、蓄水工程、沉沙池、管线开挖和回填等。应详细列出土石方工程量，以及砖、水泥、石灰、钢材、木材、沥青、油毡等材料的规格、数量、单价、复价等。

预算的其他部分一般包括设备运输费、勘测设计费、施工指导费、施工管理费以及不可预见费等。有试验项目的应包含工程验收或鉴定费。设备运输费通常按设备生产地距工程地点的距离，根据铁路运输、公路运输及装卸等费用的实际情况予以计算。勘测设计费和施工技术指导费，应根据工程的难度及投资造价等，按有关规定确定，或分别根据不同阶段（勘测、设计、施工）工作量的大小协商确定。施工管理费指工程施工阶段的物料、车、人工等的管理费用，一般按工程量的大小及施工期长短来考虑。不可预见费指预算中难以考虑到而工程中又可能出现的少量费用，原则上按工程造价的5%考虑。

思考与练习

1. 农田土壤水分的存在形式有哪几种？它们之间的关系是什么？
2. 土壤含水量的表示方法有哪几种？它们之间的换算关系怎样？
3. 目前测定土壤水的方法有哪几种？哪一种是最常用且简便的方法？
4. 何谓灌溉制度？为何要制定灌溉制度？
5. 输水渠道断面的类型主要有哪几种？渠道防渗的意义及主要技术是什么？
6. 何谓喷灌技术？其有何主要优缺点？
7. 何谓微灌技术？其有何主要优缺点？
8. 你对我国目前节水灌溉技术发展有何认识？

第三章　工业节水技术

第一节　概　述

工业用水主要包括冷却用水、热力和工艺用水、洗涤用水。其中，工业冷却水用量占工业用水总量的80%左右，取水量占工业取水总量的30%～40%。火力发电、钢铁、石油、石化、化工、造纸、纺织、有色金属、食品与发酵等八个行业取水量约占全国工业总取水量的60%（含火力发电直流冷却用水）。可见，工业节水势在必行。

一、工业节水状况

城市是工业的主要集中地，据1997年建设部统计资料，我国城市总用水量（不含火力发电用水）为476.78亿m^3/a，其中工业总用水量为257.52亿m^3/a，占54%。在工业总用水量中约20%由城市给水系统供给，其值约占城市供水量的18%。由于工业用水量大、供水较集中，节水潜力相对较大，且易于采取节水措施。因此，工业用水一直是城市节水的重点。

（一）火力发电业

火力发电业用水主要是锅炉补充水、冷却水、冲灰水、少量生活用水及其他用水。1995年全国火力发电量为8 073.4亿kWh，取水量达353.7亿m^3，平均耗水量0.044 m^3/kWh，重复利用率平均为62.01%；最先进为0.005 5 m^3/kWh，重复利用率为95%，处于国际20世纪90年代初水平；最差企业单位产品取水量为0.1 m^3/kWh，与先进水平相比低20倍。

（二）造纸及纸制品业

造纸及纸制品业属用水大户，水主要用做清洗与漂洗产品，基本做到了白水回用。目前，我国纸浆需取水量为250～350 m^3，造1 t纸制品取水量为120～250 m^3，造1 t纸板取水量为100 m^3，而国外1 t纸浆取水量为150～250 m^3，1 t纸板取水量为50 m^3，相差2倍左右。

（三）建材行业

我国建材工业用水正逐步靠拢国际先进水平，向节水型方向发展。目前，水泥工业采用的窑外预分解干法生产技术较半干法和湿法节水15%～40%；平板玻璃企业引进的世界先进浮法生产技术，其用水水平已接近或达到国际同类产品先进水平。

（四）印染行业

印染行业主要是挠毛、整理、拉幅、打码以及蒸汽用水。因老企业较多，设备新度系数低，用水浪费严重，重复利用率仅在28.8%左右，万元产值取水量为110 m^3，单位产品取水量随各地水资源丰贫而有较大差距。20世纪80年代中后期，丰水地区百标米单位产品取水量达 2.5 m^3 以上，接近贫水的青岛等沿海内陆城市用水量的 2 倍。目前，该行业绝对用水量呈下降趋势，单位产品取水量和单位产值取水量则逐年增加；其百标米单位产品取水量，全国先进水平为 0.9 ~ 1.2 m^3，中等水平为 1.2 ~ 1.5 m^3，较差为 1.5 m^3 以上，我国大部分企业仅处于 3.82 ~ 5 m^3。

（五）石油化工业

石油化工业用水主要是生产用水、生活用水和外供水。目前，年取水量为 16 亿 m^3，其中生产用水占 82.5%，生活用水占 9.5%，其他占 8%，废水排放量约 8.2 亿 m^3/a（其中工业废水量占 88%），废水处理率约 70%，其中回用水量约 1.14 亿 m^3/a。废水排放污染物主要有挥发酚、氰化物、石油类、COD、硫化物和氨氮。和国外同行业相比，我国水重复利用率和前苏联水平相近，循环冷却水水质稳定处理浓缩倍数较低，仅部分城市达 5.0 ~ 6.0（国外 5.0 以上）。

（六）机械工业

机械工业企业装备陈旧，生产工艺落后，如铸造业，多数厂仍用单一冷风冲天炉锻造工艺，能耗较高。与国外先进水平相比，总能源利用率比英国、法国相差 3 ~ 4 倍，与日本和美国相比低 10 ~ 17 倍。单位产值用水量较小，全行业平均约 67 m^3/万元，重复利用率低，一般在 40% ~ 50% 以下，相当于日本 20 世纪 70 年代水平，美国 70 年代末水平。

（七）汽车行业

汽车行业是机械工业中万元产值用水量最低的行业，该行业主要是冷却用水和生产过程用水。一般企业生产规模越大，万元产值取水量越小，特大型企业取水量是小型企业的 29%；小轿车比载重汽车万元产值取水量小，桑塔纳取水仅是载重汽车的 11%。万元产值取水量，轿车以上海产桑塔纳最小，载重汽车以长春一汽解放牌汽车最小。

（八）医药工业

医药工业用水主要用做化学合成制药、微生物发酵制药及制剂。化学合成制药用于配制溶液、机械冷却及锅炉蒸馏水等；微生物发酵制药用于调制培养基、加热（蒸汽）灭菌、冷却用水、锅炉用水、离子交换设备用水，洗涤及结晶等；制剂用于洗涤、配制药液及生活用水。其中，化学合成制药和微生物发酵制药以冷却水用量最大。

（九）化学工业

在工业行业中，化学工业取水量最大，水利用效率较低，废水排放量最大，这与我国产品原料质量及行业发展水平有关。如硫酸生产选用含硫量品位低的硫铁矿使硫转化率降低，废渣废水排放增加，单位产品取水量增加；氯碱生产处于发达国家 20 世纪 80 年代末水平，但单位产品取水量高于国外 1 倍。目前，化工行业取水量为 100 亿 ~ 120 亿 m^3/a，废水排放量为 50 亿 ~ 60 亿 m^3/a（占全国工业废水总排放量的 20% ~ 30%），属严重污染环境的行业。

（十）橡胶制品业

橡胶制品业属工业用水大户。无论是新建的还是老厂改造的轮胎企业，其工艺设备大致相同，都处于国外 20 世纪 70 ~ 80 年代水平，个别企业处于国外 90 年代水平。

（十一）纺织行业

纺织行业主要为工艺用水、空调用水、间接冷却水、锅炉水、上浆水及生活用水，多数工艺水可重复回用。许多城市如上海、北京、苏州和无锡等地采用冬灌夏用储能工艺用水,重复利用率达90%以上。

(十二)金属冶炼及压延加工业

金属冶炼及压延加工业属高耗水行业,水主要用于熄焦、各种炉体冷却、轧钢设备冷却等。据冶金环保年报统计,1999年冶金系统总计工业用水量为215亿 m^3,其中工厂区为205亿 m^3,矿山区为10亿 m^3,重复利用率在85%左右,每吨钢新水消耗量为28.79 m^3。这个用水水平与国外相比差距很大(国外每吨钢耗新水一般为4.0 m^3,循环率为97%)。

(十三)皮革行业

皮革行业部分企业其设备和技术处理为国际20世纪80年代初的水平,有的已达到90年代初水平,但节水和废水处理水平、单位产品取水量还处于发达国家70年代水平。目前,制革单位产品用水量为:牛面革1.0~1.2 m^3/张(为自然张,下同)、猪面革0.5~0.55 m^3/张、羊面革0.11~0.12 m^3/张、牛底革1.8~2.0 m^3/张、猪底革1.6~1.8 m^3/张。

(十四)屠宰行业

目前,全国大中型肉类加工厂大部分采用自动洗水线,引进了国外节水型冷却水循环系统。我国屠宰行业设备基本属国外20世纪80年代初期水平,单位产品取水量与国外发达国家相比差距较大。我国屠宰猪单位水耗为美国的2~4倍。

(十五)食品制造及饮料制造业

食品制造及饮料制造业的用水大户是味精、酒精、啤酒及罐头食品制造业。

味精行业主要用水为淀粉调浆、酸解制糖、谷氨酸发酵、交换柱清洗、中和加水、蒸发结晶离心及锅炉用水等,现在我国部分城市引进了国外先进板式热交换器,与管道式相比可节水30%左右。

酒精行业主要用水为原料预处理粉碎搅拌、蒸煮糖化冷却、发酵冷却、蒸馏冷却及锅炉用水等,现其技术装备还较落后,主要表现在菌种落后,发酵时间长,生产工艺水平较低。

啤酒业主要用水为糖化冷却、罐装洗瓶及锅炉冷却用水等。国内许多啤酒厂单位产品取水量最高值达30 m^3/t,一般为20~25 m^3/t,引进国外先进设备的合资企业,单位产品取水量为8~12 m^3/t,与国外相差2倍。

罐头制品业主要用水为原料清洗、原料煮熟调味、糖液和盐水配制、罐头瓶料冲洗及高温杀菌后冷却用水等,其生产与国外发达国家基本相似,但耗水随采用的技术装备不同而有较大差别。如蘑菇生产,国外单位产品取水为2~2.5 m^3/t,而我国高达40~50 m^3/t,相差20倍。

(十六)电子通讯设备制造业

电子通讯设备制造业用水量相对其他工业行业小,主要是间接冷却水,占总用水量的73%,用水环节主要集中在空压机、冷冻机循环用水及生产设备间接冷却水;其次是工艺用水,占总用水量的12%,主要用于生产过程中清洗产品部件,一般均是经过离子交换或反渗透和离子交换处理后的高纯水。很多大型企业已引进国外先进设备与技术,单位产品取水量已接近20世纪90年代国际先进水平。

（十七）冷却塔与循环冷却水处理

1995 年统计，全国有冷却塔 10 万台以上，其中 60% ~70% 属集体及乡办企业生产。据典型城市调查表明，循环冷却水处理，最好的城市为 49.6%，最差的仅达 10% 左右，而冷却水循环率最好的为 96%，最差的仅为 68% 左右，循环率差的主要原因是冷却塔产品质量较差，冷效低、飘水严重，造成补充水量大。玻璃钢冷却塔产品质量合格率只有 44% 左右。在大型企业中，有些冷却塔和循环冷却水处理在设备质量和管理技术上，已处于发达国家 20 世纪 90 年代水平。

二、工业节水的基本对策

考虑工业节水发展的需求特点，我国工业节水发展总体设想是：工业节水在地区上不仅应考虑与农业节水及城市化发展的协调，按水资源供需平衡的原则实行用水总量控制，而且应与水环境的治理、改善和保护的要求相配合，同时考虑工业自身的产业结构调整、技术水平升级以及产品的更新换代。节水重点是那些用水大户、污染大户。应按节水标准规划发展，并由点到面，逐步推进。加强节水、目标规划管理和协调，总用水增长率应做到逐步降低，缺水地区争取实现零增长。为此应采取以下基本对策：

（1）控制生产力布局，促进产业结构调整。加强建设项目水资源论证和取水管理，限制缺水地区高耗水项目上马，禁止引进高耗水、高污染工业项目，以水定产，以水定发展。积极发展节水型的产业和企业，通过技术改造等手段，加大企业节水工作力度，促进各类企业向节水型方向转变；新建的企业必须采用节水技术。逐步建立行业万元国内生产总值用水量的参照体系，促进产业结构调整和节水技术的推广应用。工业用水重复利用率低于 40% 的城市，在达标之前不得新增工业用水量，并限制其新建供水工程项目。

（2）拟定行业用水定额和节水标准，对企业的用水进行目标管理和考核，促进企业技术升级、工艺改革、设备更新，逐步淘汰耗水大、技术落后的工艺设备。

（3）推进清洁生产战略，加快污水资源化步伐，促进污水、废水处理回用。采用新型设备和新型材料，提高循环用水浓缩指标，减少取水量。

（4）强化企业内部用水管理和建立完善的三级计量体系，加强用水定额管理，改进不合理用水因素。

（5）沿海地区工业发展海水利用。

三、工业节水技术重点

工业节水发展主要从行业本身的具体情况出发，既考虑水源供给限制，又考虑环境保护，还要考虑行业自身的技术改造升级以及产品更新换代等多种因素，有针对性地选择适宜的节水技术，并抓住重点。

从用水角度，特别是从节水角度看，今后重点应抓好火电、化工（含石化）、造纸，冶金、纺织、建材、食品、机械行业的节水发展，这 8 大行业用水占工业总用水量的近 80%（含乡镇工业），有较大的节水潜力。各行业节水技术重点如下所述。

（一）电力行业（火电）

（1）加强对中小容量电厂主、辅设备的节水技术改造，继续关停小火电厂，并建立闭路循环用水方式，减少耗水量，提高重复利用率。

（2）加强蒸汽机循环冷却水浓缩倍率的研究、开发新型药剂，到2010年循环冷却水的浓缩倍率应普遍达到2.5~5倍，提高用水循环率。

（3）根据分质供水的原则，将工业废水和化学废水分别处理回用于间接冷却水系统及冲灰系统。

（4）对冲灰系统尽可能实施干式除灰、浓缩输灰（高灰水比）、利用劣质水输灰或实现冲灰水的闭路循环。

（5）在我国华北及西北严重缺水的地区，应尽可能采用空冷机组。

（6）沿海地区火电厂要充分利用海水资源。

（7）在缺水地区建设火电厂时，应建设城市污水及电厂废水再生使用的节水型火电厂。

（二）化工行业（含石油化工）

（1）提高生产系统的用水效率，主要是开发新型药剂，增加循环冷却水的浓缩倍数，推行废污水处理回用和海水利用技术；提高生产用水循环利用率和水的回用率，推广应用节能型人工制冷低温冷却技术，开发应用高效节能换热技术；对华北和西北严重缺水地区推广空冷技术。

（2）推行清洁生产战略，提高工艺节水水平。

（3）加强化学工业水处理技术和设备的研究开发。

（4）应在继续推行化学工业可持续发展战略和实行清洁生产战略的基础上，通过改变化学工业原料政策与原料路线，改进生产工艺，调整产品结构，发展经济生产规模以及加强管理等，使工艺节水水平有较大提高，降低万元产值取水量及单位产品取水量。

（三）造纸行业

（1）坚决取缔设备落后、污染严重、经济效益差的小型企业，新建和改造大中型企业，降低单位产品取水量，减少环境污染。

（2）大力研制和推广造纸黑液治理技术、白水回收技术及设备，提高造纸白水的回收利用率，并尽可能采用废纸做造纸原料，压缩取水量，降低成本。

（3）采用盘磨机械制浆新工艺，推广高压冲洗技术，减少制纸机的冲洗用水。

（4）推行污水处理回用技术，提高水的重复利用率和工序间的串联利用量。

（四）冶金行业

（1）开发新型药剂，增加循环冷却水的浓缩倍数，减低运行成本，提高循环率。

（2）推广耐高温无水冷却装置，减少加热炉的用水量。

（3）推广干熄焦工艺，减少炼焦用水。

（4）以企业为节水系统，开展工序节水，推行一水多用、串用、回用技术和水-气热交换的密闭循环水系统。

（五）纺织行业

（1）加强行业内部的产业结构调整，对经济效益差或无经济效益的小纺织企业实行关停并转，变小纺织为大型或集中纺织生产企业，逐步实行集团化管理，以便于能源及水资源的合理分配和使用，便于废水的集中处理和回用，而众多的乡镇和村办小纺织企业逐步转变为纺织制品的加工企业。

(2)对于印染业,进一步推广使用一水多用、逆流漂洗工艺和海水印染技术等节水型新工艺、新技术。

(3)以企业为节水系统,开展工序节水,提高工序间的串联利用量。

(六)建材行业

(1)进一步加快水泥、玻璃工业和水泥制品、石棉水泥制品业的技术革新改造步伐,水泥工业优先发展以预分解技术为中心的水泥新型干法工艺、设备,提高新型干法工艺比例,加快进行湿法窑改造,特别是小水泥企业的改造,用企业生产技术的进步带动企业及整个行业的节水技术进步。

(2)全面推广建材行业污水处理、冷却废水回收利用、锅炉冷凝水回用等先进节水技术,提高水的重复利用率。

(七)食品行业

(1)对酒精制造业,采用双酶法淀粉发酵工艺和节水型冷却设备,开发应用高温酵母菌,节约冷却水。推广应用细菌发酵工艺。

(2)对啤酒制造业,引进先进生产工艺,推广高浓度糖化发酵技术,减少冷却水用量。分工序设置原位清洗系统,实行清洁生产制度,减少用水损失。

(3)对罐头制造业,推广先进的节水罐装技术和高逆流螺旋式冷却工艺技术,采用节水的清洁和灭菌工艺。

(八)机械行业

(1)尽可能将直流用水系统改为循环用水、循序用水或串联用水。

(2)研究和发展含酚、电镀、含铅等废水处理回用技术、逆流漂洗技术,提高污废水回用率,积极推广全排放废水处理回用技术。

(3)通过采用各种无毒、无害或低害原材料和采用无污染或少污染的新工艺或新设备,提高工艺节水水平。

第二节　冷却节水技术

许多工业生产中都直接或间接使用水作为冷却介质,因为水具有使用方便、热容量大、便于管道输送和化学稳定性好等优点。据一般估计,在工业生产中70% ~80%的用水是冷却水,如一个10万kW的火力发电站,冷却用水量达900 m^3/h,一个年产3 500 t聚丙烯的化工设备,冷却用水量达3 000 m^3/h 。工业冷却用水中的70% ~80%是间接冷却水。间接冷却水在生产过程中作为热量的载体,不同被冷却的物料直接接触,使用后一般除水温升高,较少受污染,不需较复杂的净化处理或者无需净化处理,经冷却降温后即可重新使用。因此,实行冷却水尤其是间接冷却水的循环利用、提高冷却水的循环利用率自然就成为工业节水的重点。

从总体上讲,当前我国工业冷却水的循环率还不高,为40% ~50%,同国外先进水平(70% ~80%)相比差距较大,因此在今后相当长的时间内提高冷却水的循环率将一直是工业节约用水的主要努力方向。

一、冷却用水系统类型

在工业生产中,需要冷却的设备差别很大,归纳起来有以下类型:冷凝器和热交换器,电机和空压机,高炉、炼钢炉、轧钢机及化学反应器等,用水来冷却这些设备的系统称做冷却用水系统。冷却用水系统通常有两种:直流冷却水系统和循环冷却水系统。

(一)直流冷却水系统

直流冷却水系统流程如图 3-1 所示。在此系统中,冷却水仅仅通过换热设备一次就直接排放。直流冷却水系统的优点是设备简单,不需要冷却构筑物,操作比较方便,一次投资少;缺点是消耗水量较大,耗水量比循环冷却水系统要高 50 倍左右,且携带的大量热量会造成受纳水体的热污染,所以只有在水源极其丰富的地区或用水量极小的系统才能采用。

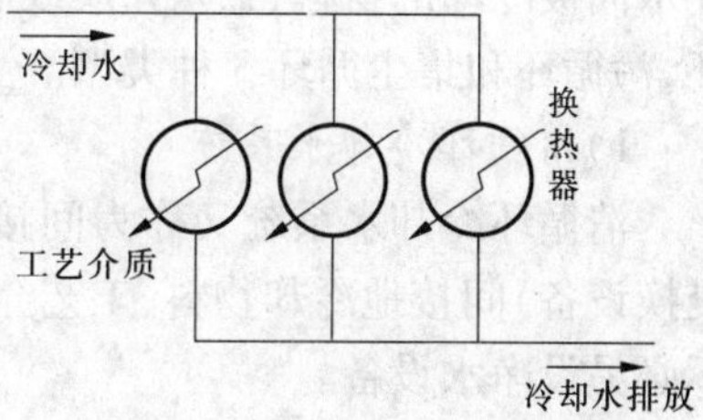

图 3-1　直流冷却水系统流程

此系统(除了用海水的直流冷却水系统)在国外已被淘汰,国内虽有一些中、小型老厂仍在使用,但随着国内各项节水政策的制定,也将逐渐被循环冷却水系统所代替。

(二)循环冷却水系统

循环冷却水系统根据生产工艺要求、水冷却方式和循环水的散热方式,又可分为密闭式和敞开式两种。

1. 密闭式循环冷却水系统

本系统流程如图 3-2 所示。冷却水通过换热器冷却工艺热介质,在换热过程中冷却水温度升高成为热水,热水在另一台换热设备——二次冷却器中通过和空气或水间接接触而冷却,冷却后的水由于温度降低,可以再循环使用。在循环过程中,冷却水不暴露于空气中,没有蒸发、风吹飞溅和浓缩问题,所以水量基本上不消耗,补充水量很少,水中各种矿物质和离子含量一般也不发生变化。

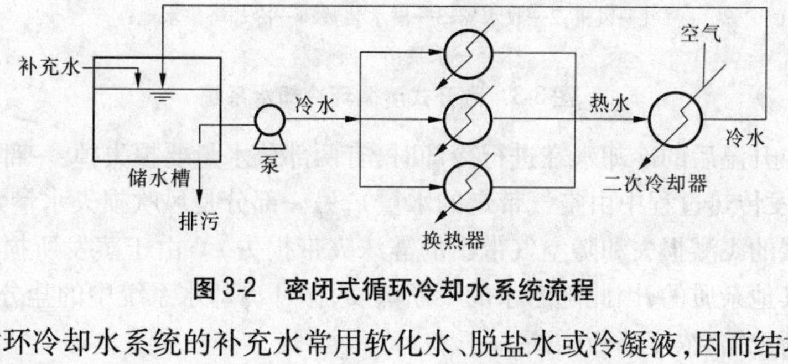

图 3-2　密闭式循环冷却水系统流程

密闭式循环冷却水系统的补充水常用软化水、脱盐水或冷凝液,因而结垢的可能性很小,主要的问题是防止腐蚀,但只要选择合适的缓蚀剂,一次投入水中以维持一定的含量就可以了。所以,采用该系统,水质处理方法简单,而且操作维护也方便。

密闭式循环冷却水系统所需费用较高,故一般只适用于被冷却装置散热量较小、所要求的工作安全可靠度大或具有特殊要求的工业生产系统,如空调、内燃机、变压器油冷却器、高炉的风口与冷却壁、转炉的氧仓与烟罩等的冷却。

2. 敞开式循环冷却水系统

在敞开式循环冷却水系统中,一方面循环水带走物料、工艺介质、装置或热交换设备所散发的热量;另一方面升温后的循环水通过冷却构筑物时与空气直接接触得以冷却,然后再循环使用。敞开式循环冷却水系统是目前应用最广泛的一种循环冷却系统。根据循环水同被冷却的物料、工艺介质或装置是否直接接触,敞开式循环冷却水系统可分为清循环、污循环和集尘循环3种类型。

1)清循环冷却水系统

清循环冷却水系统又称为间接循环冷却水系统。在此系统中,水是通过冷却器(热交换设备)间接地冷却物料、工艺介质或装置的,循环水除水温升高,水质几乎无污染,故不必另设净水设备。

清循环冷却水系统流程如图3-3所示。冷却水通过换热器冷却工艺热介质,在换热过程中冷却水温度升高成为热水,热水被送往冷却塔顶部,由塔内淋水装置喷散成水滴或水膜自上而下流动,与塔内自下而上流动的空气直接接触进行热交换,水滴和水膜在下降过程中逐渐变冷,当到达冷却塔底部的集水池时,水温即下降到符合冷却水的要求,可继续循环使用。

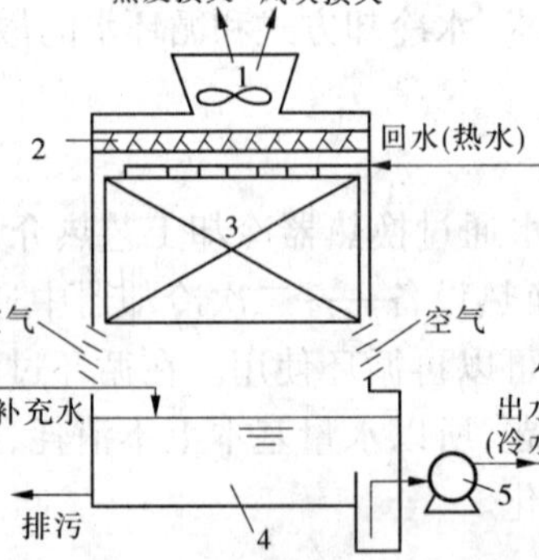

1—风机;2—收水器;3—淋水装置;4—冷却塔集水池;
5—水泵;6—换热器

图3-3 敞开式清循环冷却水系统

热过程中升温后的冷却水在进行冷却时,有两部分水量要损失掉:一部分是蒸发损失水量E(在蒸发传热过程中由空气带走的水量),另一部分是风吹损失水量D(包括热水由塔顶向下喷溅的飞溅损失和随空气带出的雾沫夹带损失)。由于蒸发所损失的水量中是不含盐分和其他杂质的,因此随着水的不断蒸发,循环冷却水系统中的盐分和其他一些有害杂质会不断浓缩,浓度不断增高。

为了控制循环冷却水系统中的盐分和其他一些有害杂质的浓度在所允许的极限值范围内,必须从系统中排出一定比例的浓缩水,排出的这部分水量称为排污损失水量B。此外,也可进行水质稳定处理。为保持循环冷却水系统的水量处于平衡,就必须补充一定量的冷却水,补充水量M应等于蒸发损失水量E、风吹损失水量D、排污损失水量B以及循环冷却水系统的渗漏损失水量 F 的总和。

2)污循环冷却水系统

污循环冷却水系统是一种直接循环冷却水系统,如图 3-4 所示。在此系统中,循环水直接同被冷却的物料、工艺介质或装置接触,如轧钢厂中的轧辊、轧道冷却和钢坯冷却等,因而使循环水中夹带大量杂质、污垢,如轧钢厂污循环水中即有大量的氧化铁、油、污垢等。采用这种系统,循环水除需进行降温冷却处理,还需视具体情况进行除浊、除油之类的处理。

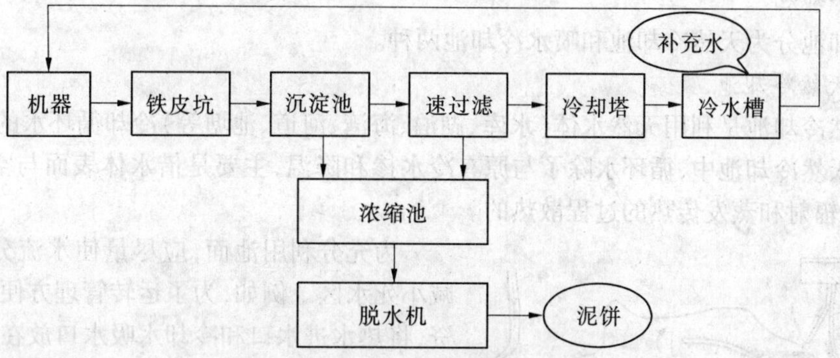

图 3-4 敞开式污循环冷却水系统

3)集尘循环冷却水系统

集尘循环冷却水系统也属直接循环冷却水系统,如图 3-5 所示。它与污循环冷却水系统不同之处在于,循环水除直接冷却物料还兼有淋洗、吸附物料中杂质的作用。例如,煤气洗涤水可去除煤气中的灰尘、SO_2、SO_3 和 CO_2,生产硫酸过程中应用水淋洒 SO_2 气体使之冷却并去除灰尘。由于这类循环水的浑浊度很高,因此采用这种系统,循环水除需降温冷却处理,还须加强水的澄清处理并调节 pH 值,以保证一定的水质。

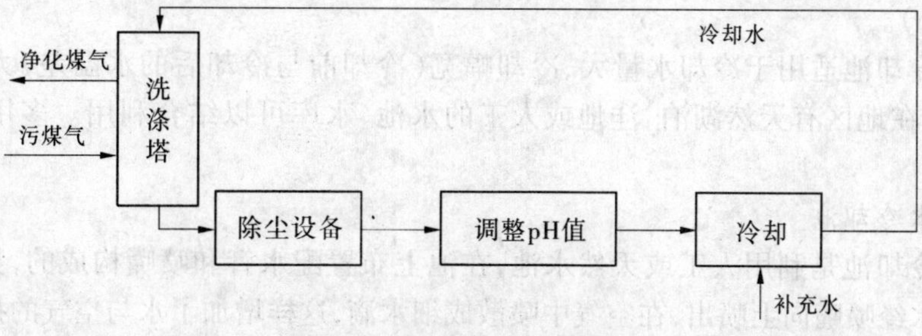

图 3-5 集尘循环冷却水系统

上述三种敞开式循环冷却水系统对冷却水水质的要求是依次下降的。在适当条件下,如钢铁联合企业,可考虑将前一种系统的排污水作为后一种系统的补充水的串联用水方式,以提高整个工业给水系统水的利用效率。

敞开式循环冷却水系统与直流冷却水系统相比,既可以节约大量的冷却水,又因排污量减少而利于环境保护,与密闭式循环冷却水系统相比,投资及运行费用均较低。因此,从节水、环保和经济等方面综合考虑,应限制使用直流冷却水系统,尽可能推广采用敞开式循环冷却水系统,适当发展密闭式循环冷却水系统。

二、冷却构筑物

(一)冷却构筑物类型

在循环冷却水系统中,用来降低水温的设施称为冷却设备或冷却构筑物。敞开式循环冷却水系统,水的冷却需要与空气直接接触。根据水与空气接触方式的不同,冷却构筑物可分为冷却池和冷却塔两大类。

1. 冷却池

冷却池分为天然冷却池和喷水冷却池两种。

1)天然冷却池

天然冷却池是利用天然水体(水库、湖泊、海湾、河道、池塘等)冷却循环水的。

在天然冷却池中,循环水除了与原有冷水掺和降温,主要是借水体表面与空气接触,以接触、辐射和蒸发传热的过程散热的。

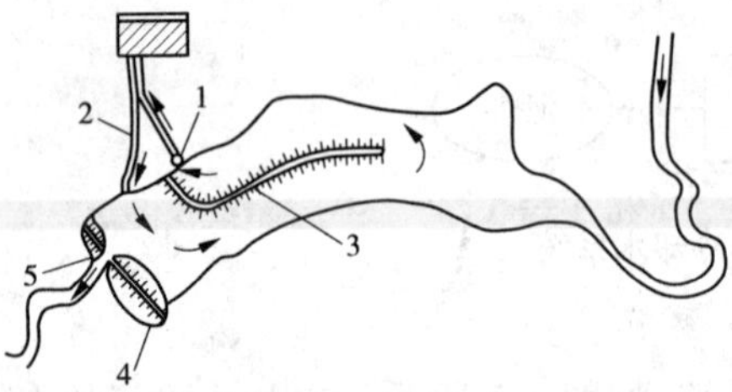

1—进水建筑物;2—排水渠;3—导流堤;
4—土坝;5—混凝土溢洪道

图 3-6 带导流堤的水库冷却池

为充分利用池面,应尽量使水流分布均匀,减小死水区。例如,为了运转管理方便和节省投资,将热水进水口和冷却水吸水口放在冷却池的同一地段时应设导流墙,把冷、热水流组织好。图 3-6 为一带导流堤的水库冷却池。

天然冷却池一般容积较大、水较深。水深太小,易滋生水草,且不利于冷热水间形成异重流。异重流是由于冷水和热水的密度不同而形成的,热水浮于上层,冷水流于下层,两层间可相对流动。形成异重流可促进热水在水面扩散,有利于散热。水深越深,冷热水分层越好。一般最小水深为 1. 5 m,常水位时水深宜在 2. 5 m 以上。水流负荷可为 0. 01 ~ 0. 1 $m^3/(m^2 \cdot h)$。

天然冷却池适用于冷却水量大、冷却幅宽(冷却前与冷却后的水温差)大的工业企业,并且所在地区有天然湖泊、洼地或人工的水池、水库可以结合利用。多用于火力发电厂。

2)喷水冷却池

喷水冷却池是利用人工或天然水池,在池上布置配水管和喷嘴构成的,如图 3-7 所示。循环水经喷嘴向上喷出,在空气中喷散成细水滴,这样增加了水与空气的接触面积和

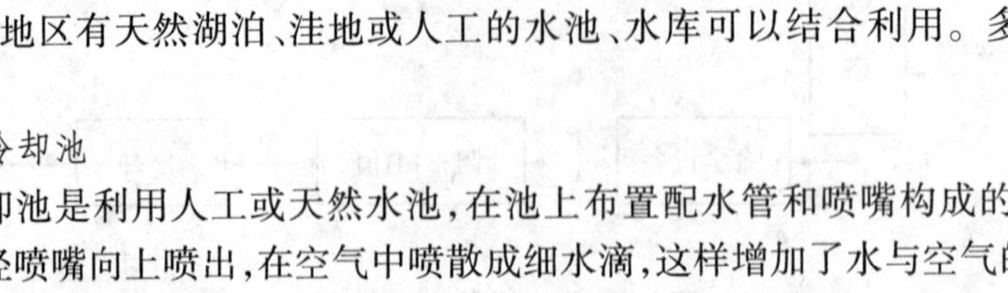

图 3-7 喷水冷却池示意图

蒸发速率,单位水池面积的冷却效率高于天然冷却池。喷水冷却池由两部分组成:一部分是配水管及喷水嘴,配水管间距为 3 ~3.5 m,同一支管上喷嘴间距为 1.5 ~2.2 m;另一部分是集水池和溢流井,池中水深 1 ~1.5 m,保护高 0.3 ~0.5 m,水流负荷可为 0.7 ~1.2 $m^3/(m^2 \cdot h)$。喷水冷却池适用于冷却水量较小、冷却幅宽不大的工业,并且有足够的开阔场地、洼地、池塘可以利用。

冷却池具有结构简单、维护方便、造价低廉的优点。缺点是冷却过程缓慢,效率低,冷热水温差小,需要很大的储水量和占地面积。同时,水池露天,水质易受污染。冷却池是最早采用的冷却构筑物,目前已多采用冷却塔作冷却构筑物了。

2. 冷却塔

冷却塔又称凉水塔,是塔形构筑物。

冷却塔有很多种类,根据循环水在塔内与空气是否直接接触,可把它们分成湿式(敞开式)、干式(密闭式)和干湿式(混合式)三种类型。

1) 湿式冷却塔

湿式冷却塔是指循环水与空气直接接触,蒸发传热和传导散热同时进行的敞开式冷却构筑物。在冷却塔中,热水从上向下喷散成水滴或水膜,空气由下向上或水平方向在塔内流动,在流动过程中,水与空气进行传热和传质,水温随之下降。

湿式冷却塔分类见图 3-8 与图 3-9。

- 冷却塔
  - 自然通风
    - 开放式
      - 喷水式
      - 点滴式
      - } 搅流式(a)、(b)
    - 风筒式(塔式)
      - 点滴式
      - 薄膜式
      - } 逆流式(c)或横流式(d)
      - 点滴薄膜式——逆流式(c)
  - 机械通风
    - 鼓风式
      - 点滴式
      - 薄膜式
      - 点滴薄膜式
      - } 逆流式(e)
    - 抽风式
      - 点滴式
      - 薄膜式
      - } 逆流式(f)或横流式(g)
      - 点滴薄膜式——逆流式(f)
  - 混合通风——塔式加鼓风式
    - 点滴式
    - 薄膜式
    - 点滴薄膜式
    - } 逆流式(h)

注:表中湿式冷却塔类型(a)~(h)见图 3-9。

图 3-8　湿式冷却塔分类

(1)根据通风方式和塔体形式,湿式冷却塔可分为自然通风和机械通风两类。自然通风冷却塔依靠塔体内外气体压差或风压促使空气与循环水对流,故塔身较高,它还可分为风筒式冷却塔和开放式冷却塔。机械通风冷却塔是借助分别设于塔体进口或出口的鼓风机或抽风机促使空气流动以冷却循环水的,故它又可分为抽风式冷却塔和鼓风式冷却塔。

(2)根据水、气在塔内流动方式的不同,冷却塔可分为逆流式和横流式两类。在逆流式冷却塔中空气气流自下而上与水流方向逆行,在横流式冷却塔中空气气流方向垂直于自上而下的水流方向。

(3)根据塔内淋水装置的不同,冷却塔可分为点滴式、薄膜式、点滴薄膜式和喷水式四种。

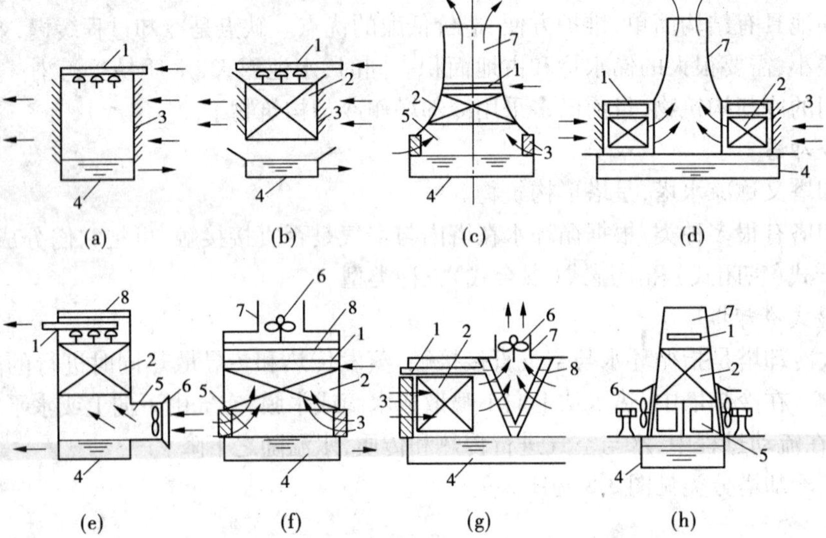

1—配水系统;2—淋水填料;3—百叶窗;4—集水池;5—空气分配区;
6—风机;7—风筒;8—除水器

图3-9 各种类型湿式冷却塔示意图

2)干式冷却塔

干式冷却塔是指循环水不与空气直接接触,而是在安装于冷却塔中的散热器内被空气冷却,所以只单纯传导散热,如图3-10(a)所示。这种型式的冷却塔,多用于水源奇缺不允许水分散失或循环水有特殊污染不得散失的情况。

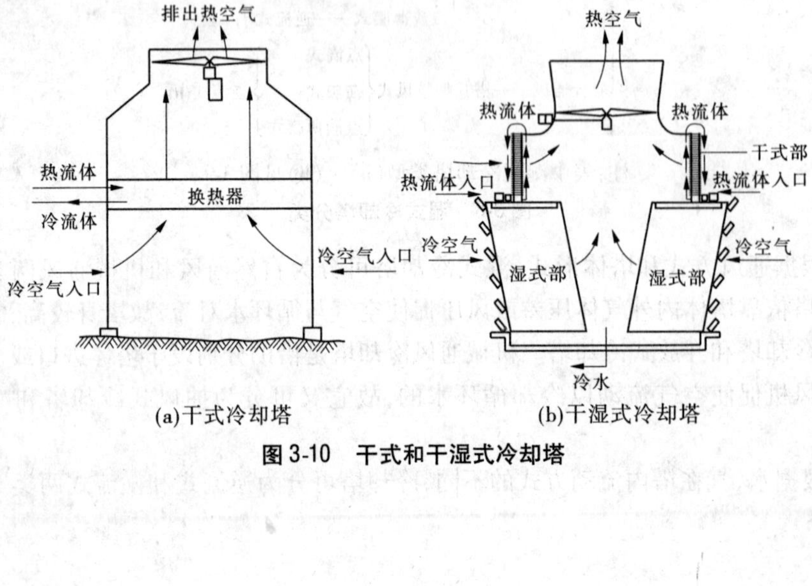

(a)干式冷却塔　(b)干湿式冷却塔

图3-10 干式和干湿式冷却塔

3)干湿式冷却塔

干湿式冷却塔是指热水和空气进行干式冷却后再进行湿式冷却的构筑物，如图3-10(b)所示。干湿式冷却塔一般是让温度高的循环水先通过装在塔顶的盘管，以此来加热将要出塔的湿空气，使湿空气“过热”以免在出塔后造成水雾，影响环境。热水出盘管后，再被引到配水装置，喷淋到填料上与空气直接接触进行散热。

(二)冷却塔组成

冷却塔的组成及各部分的作用见表3-1。

表3-1 冷却塔组成部分及作用

编号	名称	作用	备注
1	淋水装置	将热水溅散成水滴或形成水膜，增加水与空气接触面积和时间，促进水与空气的热交换，使水冷却	分为点滴式和薄膜式两种，或称填料
2	配水系统	由管路和喷头组成，将热水均匀地分布到整个淋水装置上，分布是否均匀，直接影响冷却效果与配水	分为固定式、池式和旋转式配水系统等
3	通风设备	机械通风冷却塔由电机、传动轴、风机组成，产生设计要求的空气流量，保证要求的冷却效果	
4	空气分配装置	由进风口、百叶窗、导风板等组成，引导空气均匀地分布在冷却塔整个截面上	
5	机械通风冷却塔	创造良好的空气动力条件，减少通风阻力，并把塔内的湿热空气送往高空，减少湿热空气回流	机械通风冷却塔又称出风筒
6	除水器	把要排出去的湿热空气中的水滴与空气分离，减少溢出水量损失和对周围环境的影响	又称收水器
7	塔体	外部围护结构，机械通风与风筒式的塔体是封闭的，起支承、围护和组合气流的功能	开放式的塔体沿塔高做成敞开的，以使自然风进入塔内
8	集水池	位于塔下部或另设汇集经淋水装置冷却的水，如集水池还起调节流量作用，则应有一定的储备容积	
9	输水系统	进水管把热水送往配水系统，进水管上设闸门，调节进塔水量，出水管把冷水送往用水设备或循环水泵，必要时多台塔之间可设连通管	包括补充水管排污管、放空管等
10	其他设施	检修门、检修梯、走道、照明灯、电气控制、避雷装置及测试需要的测试部件等	

(三)冷却构筑物选择

1. 选择冷却构筑物需考虑的因素

(1)冷却水的水量、水温、水质及其运行方式(全年运行或间断运行)。

(2)所在地区的气象、工程地质和水文地质条件。

(3)建筑场地或可供布置冷却构筑物场地的大小。

(4)设备材料的供应情况和施工条件。

(5)技术经济指标。

(6)周围环境(通风、热源、噪声、水雾等条件和要求)。

(7)维护检修能力。

(8)能源供应情况。

上述冷却塔的各组成部分的不同组合,可构成各种形式和用途的冷却塔。

2. 冷却塔的塔体结构

冷却塔的塔体结构主要有钢筋混凝土和玻璃钢两种。目前,市场上出售的主要是玻璃钢冷却塔,塔体外壳全部用玻璃钢预制成块状部件,运输到现场后再拼装而成。填料通常为聚氯乙烯材料压制成波纹板式或T波式,根据需要还可采用铝合金。玻璃钢冷却塔目前已有系列化产品,其处理的冷却水量可为8~500 m^3/h,水温降幅为5~25 ℃。

由于玻璃钢冷却塔生产已系列化,规格齐全,而且体积轻,占地面积小,排列灵活,可以拆迁,运输方便,造价相对来说也较低,因此常为一些中小型化工厂、化肥厂、制药厂、宾馆等单位改建、扩建或新建循环冷却水系统时选用。其缺点是强度和使用寿命都不如钢筋混凝土所构成的冷却塔。

三、冷却参数

(1)热负荷(H)。热负荷是冷却塔每平方米有效面积上单位时间内所能散发的热量,单位为 $kJ/(m^2 \cdot h)$。

(2)水负荷(q)。水负荷是冷却塔每平方米有效面积上单位时间内所能冷却的水量,即淋水密度,单位为 $m^3/(m^2 \cdot h)$。用公式表示为

$$q = Q/F_m \tag{3-1}$$

式中 Q——冷却水量,m^3/h;

F_m——淋水面积,m^2。

(3)冷幅宽(冷却温差 Δ_t)。冷幅宽表示冷却前、后的水温差,$\Delta_t = t_1 - t_2$,只表示温降的绝对值大小,但不能表示冷却效果与外界气象条件的关系。Δ_t 很大,散热很多,并不能说明冷却后水温就很低,故应结合其他参数一起考虑。

(4)冷幅高(Δ_t')。冷幅高是冷却后水温 t_2 与当地湿球温度 τ 之差,$\Delta_t' = t_2 - \tau$。τ 值是水冷却所能达到的最低水温,也称为极限水温。Δ_t' 越小,即 t_2 越接近 τ 值,冷却效果越佳。

(5)冷却塔效率。冷却塔的完善程度,通常用效率系数 η 来衡量。

$$\eta = \frac{t_1 - t_2}{t_1 - \tau} = \frac{1}{1 + \frac{t_2 - \tau}{\Delta_t}} \tag{3-2}$$

当 Δ_t 一定时,η 是冷幅高($\Delta_t' = t_2 - \tau$)的函数。Δ_t'愈小,说明 t_2 愈接近理论冷却极限 τ 值,上式中的分母愈小,则效率系数 η 值愈高。

(6)冷却后水温保证率。冷幅高($t_2 - \tau$)表示了冷却效果,因此选取 τ 值就很重要。冷却塔通常按夏季的气象条件计算。如果采用最高的 τ 值,则塔的尺寸很大,而高 τ 值在一年中只占很短时间,其余时间冷却塔并未充分发挥作用,反之,如采用最低 τ 值,塔体积虽然小了,但冷却效果经常不能满足要求。为此,需采用频率统计法选择适当 τ 值。一般冶金、机械、石油、化工、电力等工业,可采用平均每年最热 10 d(或 5 d)的日平均值(即取一昼夜中 4 次标准时间:2、8、14、20 时的算术平均值,不少于近期 5 ~ 10 年连续观测资料),即 τ 的保证率为 90%(或 95%)。90% 是指夏季 3 个月(6 ~ 8 月)共 92 d 中,不能保证冷却效果的时间只有 92 d × 10% = 9.2 d(取 10 d),其余时间均能保证。

四、敞开式循环冷却水系统运行参数

(一)浓缩倍数

在敞开式循环冷却水系统的运行过程中,存在着水的蒸发、风吹和渗漏损失。因蒸发掉的水中不含盐分,所以循环水的溶解盐类不断浓缩,其含盐量亦随之增加。为了维持系统的水量和盐量平衡,必须不断向系统补充新鲜水和向外排出一定的浓缩水。由于循环水的含盐量大于补充水的含盐量,因此将两者的比值称作浓缩倍数 K,即

$$K = C_R / C_M \tag{3-3}$$

式中 C_R——循环水的含盐量,mg/L;

C_M——补充水的含盐量,mg/L。

浓缩倍数是宏观表示循环冷却水系统中盐量(总含盐量的统称)平衡的一项重要水质控制参数。为了快速确定浓缩倍数,一般采用电导率或某种溶解离子浓度代替含盐量,要求选择的离子浓度除了随浓缩过程而增加,不受其他外界条件(如加热、沉淀、投加药剂等)的干扰,通常选择 Cl^-、SiO_2、K^+ 等物质。

(二)补充水量

在敞开式循环冷却水系统中,根据水量平衡,补充水量应是各项水量损失之和,即

$$M = E + B + D + F \tag{3-4}$$

式中 M——补充水量,m^3/h;

E——蒸发损失水量,m^3/h;

B——排污水量,m^3/L;

D——冷却塔风吹损失水量,m^3/h;

F——渗漏损失水量,m^3/h。

1. 蒸发损失水量 E

蒸发损失水量与循环冷却水量、进出塔水温差和气温等有关,其计算方法可分为粗略估算水量和精确计算水量两种。

(1)粗略估算水量,可按下式计算

$$E = \beta \Delta t R \tag{3-5}$$

式中 R——系统中循环水量,m^3/h;

Δt——冷却塔进出水的温度差,℃;

β——系数,1/℃,可按表3-2取值;

E——蒸发损失水量,m^3/h。

表3-2 β值与气温关系

气温(℃)	-10	0	10	20	30	40
β(1/℃)	0.000 8	0.001	0.001 2	0.001 4	0.001 5	0.001 6

注:气温中间值可用内差法计算。

(2)精确计算水量,可按下式计算

$$E = G(x_2 - x_1) \tag{3-6}$$

式中 G——进入冷却塔的干空气量,kg/h;

x_2, x_1——出塔和进塔空气的含湿量,kg/kg;

E——蒸发损失水量,kg/h。

2. 风吹损失水量D

风吹损失水量除与当地的风速有关,还与冷却塔的型式和结构有关。一般自然通风冷却塔比机械通风冷却塔的风吹损失要大些。若塔中装有良好的收水器,其风吹损失比不装收水器的要小些。风吹损失通常以占循环水量值的百分率来估计,其值约为

$$D = K_c \cdot R \tag{3-7}$$

式中 K_c——风吹损失率(%),可按表3-3采用。

表3-3 K_c值与冷却塔塔型的关系

塔型	喷水冷却池	敞开喷水式冷却塔	敞开点滴式冷却塔	机械通风冷却塔	风筒式冷却塔
K_c(%)	1.5~3.5	1.5~2.0	0.5~1.5	0.1~0.5	0.5~1.0

3. 渗漏损失水量F

良好的循环冷却水系统,管道连接处,泵的进、出口和水池等地方都不应该有渗漏。但因管理不善,安装不好,则渗漏就不可避免。因此,在考虑补充水量时,应视系统具体情况确定是否有渗漏损失水量。

4. 排污损失水量B

排污损失水量的确定与冷却塔的蒸发损失水量和浓缩倍数有关。根据循环冷却水系统的含盐量平衡,可得出下式

$$MC_M = (B + D + F)C_R \tag{3-8}$$

故
$$K = \frac{C_R}{C_M} = \frac{M}{B + D + F} = \frac{E + B + D + F}{B + D + F} = \frac{E}{B + D + F} + 1$$

$$B + D + F = \frac{E}{K - 1} \tag{3-9}$$

$$B = \frac{E}{K - 1} - D - F \tag{3-10}$$

（三）浓缩倍数与补充水量和排污水量的关系

循环冷却水系统的补充水量与浓缩倍数的关系式为

$$M = E + B + D + F = E + \frac{E}{K-1} = \frac{KE}{K-1} \tag{3-11}$$

当系统中管道连接紧密，不发生渗漏时，则 $F=0$；当冷却塔收水器效果较好时，风吹损失 D 很小，如略去不计，则式（3-11）可简化为

$$B = \frac{E}{K-1} \tag{3-12}$$

当循环水系统正常运行时，热负荷基本不变，故蒸发量 E 大致不变，则补充水量 M 与 $\frac{K}{K-1}$ 成正比，排污水量近似与 $\frac{1}{K-1}$ 成正比。这说明补充水量与排污水量和浓缩倍数有直接关系。浓缩倍数提高，则补充水量和排污水量都降低。

为了有一个定量的概念，用下面的例题来阐明敞开式循环冷却水系统的浓缩倍数 K、补充水量 M 和排污水量 B 这三个运行参数之间的关系。

【例 3-1】 设循环冷却水系统的循环量只为 10 000 m^3/h，冷却塔进、出口的水温分别为 42 ℃和 32 ℃，空气温度为 30 ℃，风吹损失 D 按 $0.1\% R$ 计，不考虑渗漏损失 F，试求浓缩倍数 K 分别为 1.5～7.0 时的补充水量 M、排污水量 B。

解 $K=1.5$ 时，

蒸发损失水量 $E=\beta \Delta t R = 0.001\,5 \times (42-32) \times 10\,000 = 150(m^3/h)$

冷却塔风吹损失水量 $D = 10\,000 \times 0.1\% = 10(m^3/h)$

排污水量 $B = \frac{E}{K-1} - D = 150/(1.5-1) - 10 = 290(m^3/h)$

补充水量 $M = E + D + B = 150 + 10 + 290 = 450(m^3/h)$

$K=2$、3、…、7 时的 M 和 B 的计算均按上述步骤进行，计算结果列于表 3-4。

表 3-4 不同浓缩倍数下运行参数的计算值

计算项目	K							
	1.0（直流水）	1.5	2.0	3.0	4.0	5.0	6.0	7.0
冷却水的循环量 $R(m^3/h)$	10 000	10 000	10 000	10 000	10 000	10 000	10 000	10 000
进出口水温差 Δt(℃)	10	10	10	10	10	10	10	10
蒸发损失水量 $E(m^3/h)$	0	150	150	150	150	150	150	150
风吹损失水量 $D(m^3/h)$	0	10	10	10	10	10	10	10
排污水量 $B(m^3/h)$	10 000	290	140	65	40	27.5	20	15
补充水量 $M(m^3/h)$	10 000	450	300	225	200	187.5	180	175
排污水量占循环水量的百分比 B/R(%)	100	2.90	1.40	0.65	0.40	0.275	0.20	0.15
补充水量占循环水量的百分比 M/R(%)	100	4.50	3.00	2.25	2.00	1.875	1.80	1.75
$\frac{\Delta\left(\frac{M}{R}\right)}{\Delta K}$(%)	—	—	0.97	0.75	0.25	0.125	0.075	0.05

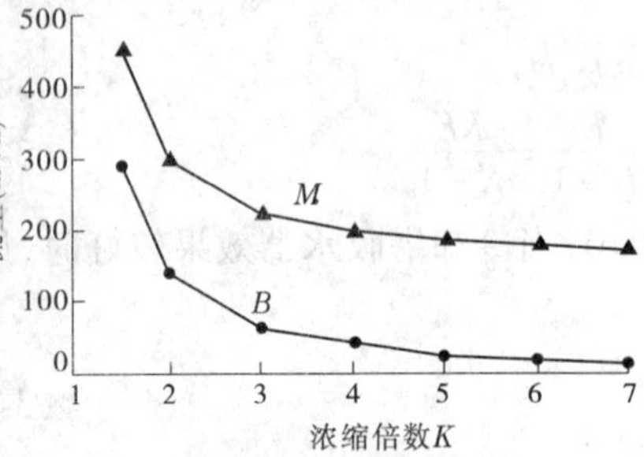

图 3-11　浓缩倍数 K 与补充水量 M、排污水量 B 的关系

将表3-4中的运行参数的计算值绘制在坐标图上,如图3-11所示。

从表3-4和图3-11中可以看出,随着浓缩倍数的增加,补充水量和排污水量都是降低的。从曲线变化趋势看,当浓缩倍数小于3时,两条曲线均较陡,即随着浓缩倍数的提高,补充水量和排污水量迅速减少,节水效果比较明显。如浓缩倍数由1.5提高到2.0时,节约的水量占循环水量的0.97%;由2.0提高到3.0时,节约的水量占循环水量的0.75%。而当浓缩倍数达到4~5以上时,两条曲线均变得平缓,即随着浓缩倍数的提高,补充水量和排污水量减少得很少,节水效果不太明显,如浓缩倍数由4.0提高到5.0时,节约的水量仅占循环水量的0.125%。

(四)浓缩倍数选择

补充水量与排污水量和浓缩倍数有直接关系,浓缩倍数提高,则补充水量和排污水量都降低。补充水量降低意味着节水,排污水量降低则意味着省药,因为加入循环水中的药剂是通过排污水流失的,同时小的排污水量和高的浓度可以在较小的设备里进行处理,这比对低的浓度、大的排污水量进行处理要容易得多,所以循环冷却水系统运行中应适当提高浓缩倍数,以提高经济效益。但是,过多地提高浓缩倍数,也会带来如下问题:

(1)会使循环冷却水中的硬度、碱度和浊度升得太高;水的结垢倾向增大很多,从而使结垢控制的难度变得太大。

(2)会使循环冷却水中的腐蚀性离子(例如 Cl^- 和 SO_4^{2-})和腐蚀性物质(例如 H_2S、SO_2 和 NH_3)的含量增加,水的腐蚀性增强,从而使腐蚀控制的难度增加。

(3)会使药剂(例如聚磷酸盐)在冷却水系统内的停留时间增长而水解。

因此,冷却水的浓缩倍数并不是愈高愈好,最佳浓缩倍数应根据节水要求、水资源条件、水处理技术等通过技术经济分析确定。

从节水的观点出发,也就是使补充水量降到合理的程度,浓缩倍数在3左右较合适。如果从节约药剂的观点出发,也就是使排污水量降到经济合理的程度,浓缩倍数在5左右较合适。所以,一般认为,浓缩倍数为3~5是经济合理的,可以通过调节排污水量或补充水量来控制。

五、汽化冷却与空气冷却

汽化冷却和空气冷却是有别于水冷却的两种冷却方式。在适当的工艺条件下采用这两种冷却方式可取得良好的节水效果和经济效益。

(一)汽化冷却

1. 冷却原理

汽化冷却是根据水蒸发成蒸汽需吸收大量热量的原理,把热从高温设备中带走,从而达到冷却和保护设备目的的一种冷却方式。

2. 分类

按照水的循环方式，汽化冷却系统可分为不设水泵的自然循环和设循环水泵的强制循环两种。

(1) 自然循环汽化冷却系统。系统如图 3-12 所示。其基本组成部分包括下降管、上升管、分汽箱和冷却水管等。冷却水自下降管进入冷却水管，水在其中被加热和部分汽化后以汽水混合物的形式由上升管进入分汽箱。汽、水在分汽箱中分离后，汽被引出利用，水则重新由下降管被引至冷却水管。

此系统中水的循环动力是由于下降管中水的相对密度与上升管中汽水混合物的相对密度不同而产生的压差，故称自然循环系统。

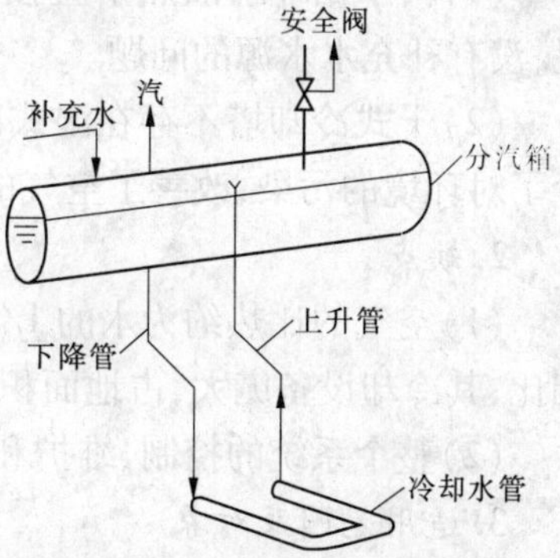

图 3-12　自然循环汽化冷却系统示意图

(2) 强制循环汽化冷却系统。当汽化冷却系统中下降管与上升管的压差不足以提供水的循环动力时，常采用这种系统。

3. 节水效果

由于单位质量水的汽化热(2 253 J/g)远大于水的比热容(约 4.18 J/g)，因此汽化冷却比通常的水冷却节水。例如，在一般情况下对于同一冷却系统，用汽化冷却所需的水量仅为温升为 10 ℃时的水冷却水量的 2% ~4%，且仅需约 0.6% 的补充水量，而水冷却则需 5% 左右的补充水量。

表 3-5 为某钢厂采用水冷却与汽化冷却的对比情况。可见在适当条件下，汽化冷却的节水效果优于水冷却，且还具有节电的优点。汽化冷却的关键在于掌握好循环水量，它应随着热负荷变化调整，必要时应配以强制循环手段以保证散热。

表 3-5　水冷却与汽化冷却对比情况

项目	汽化冷却	水冷却
耗水量(m^3/h)	15	40
耗电量(kWh)	2.6	400
水电费(万元/年)	6.9	26.6

4. 适用对象

受水汽化条件的限制，在常规条件下汽化冷却只适用于高温冷却对象，即冷却对象要求保持的工作温度最低为 100 ℃，故多用于平炉、高炉、转炉和加热炉等高温设备，对于温度低于 100 ℃的冷却对象，则无法进行汽化冷却。对于温度远高于 100 ℃，而操作温度低于 100 ℃的冷却对象，可采用先汽化冷却而后水冷却的方式，这样也可节省冷却水量。

汽化冷却的应用已有数十年的历史。近些年来，为了节约水资源，汽化冷却技术又得以推广应用。

(二) 空气冷却

空气冷却系统是采用干式冷却塔作为循环水冷却的一种方式，是一个密闭式的循环水系统,即循环水通过空气冷却器中的盘管和散热翅片与空气进行热交换,达到循环水的降温目的。

1. 优点

(1)由于循环水散热不直接与空气接触,整个系统为密闭循环,故基本没有水的损耗,没有补充水水源的问题。

(2)干式冷却塔不存在湿式冷却塔所具有的水雾气团现象,也不会发生淋水噪音,减少了对环境的污染,改善了空气的能见度。

2. 缺点

(1)空气的比热约为水的1/5,其传热系数约为水的1/20。由此,空气冷却与水冷却相比,其冷却设备庞大,占地面积大,一次性投资大。

(2)整个系统的控制、维护和自动化程度要求较高,故运行维修较复杂。

3. 适用范围及对象

(1)适用范围大,在冶金、化工、石化和电力行业等均可采用,尤其适用于水资源比较匮乏的地区。

(2)适用于中、低温冷却对象,高温时效果欠佳。

4. 分类

空气冷却系统分为干式冷却和加湿空气冷却两种。

1)干式冷却

干式冷却即为普通大气冷却系统,被广泛用于炼油厂和各种制冷设备。据统计,炼油厂如采用传统水冷却工艺,每吨原油加工需新水量50~100 m^3,如改用干式空气冷却工艺则可降至0.2~0.6 m^3。

又例如,我国东北地区某石油加工厂在催化装置顶部以10台PQX3-4空气冷却器代替原先的水冷却装置,减少约30%的总冷却水量。

再如,华北某大型火力发电厂的2台大型发电机组改用空气冷却系统,各配有高125 m干式冷却塔(内装119组铝制扇形换热器),节约用水15 700 m^3/d,循环水排污率也由原0.46%降至0。

2)加湿空气冷却

加湿空气冷却为空气冷却、水冷却和汽化冷却并用的冷却方式。

例如,利用喷淋在空气冷却器表面的水蒸发吸收热量,其冷却效果远高于单纯的水冷却效果。表3-6为我国某石油化工厂催化裂化分馏装置由水冷却改为加湿空气冷却后节水效果对比情况,其节水效果良好。

表3-6 水冷却与加湿空气冷却后节水效果对比

冷却方式	冷却面积(m^2)	新水量(m^3/h)	循环水量(m^3/h)
水冷却	1 020	168	100
加湿空气冷却	15 668	55	100

六、人工制冷和地下水回灌冷源储备的循环冷却用水

(一)人工制冷的循环冷却用水

人工制冷即冷冻机制冷。在冷却水系统或空调系统中,通常可用人工制冷降低冷却水温,以减少冷却水量或提高水的循环率,从而达到节约用水的目的。人工制冷量、循环冷却水量及相应的循环率,可根据系统的热量平衡与水量平衡计算确定。图3-13为某棉纺厂的人工制冷——空调用水系统示意图。由于采用了人工制冷装置,该系统补充水量由原设计的464 m^3/h 减至130 m^3/h 左右,每年夏季总计可节水约56万 m^3,车间温度普遍降低2 ℃以上。

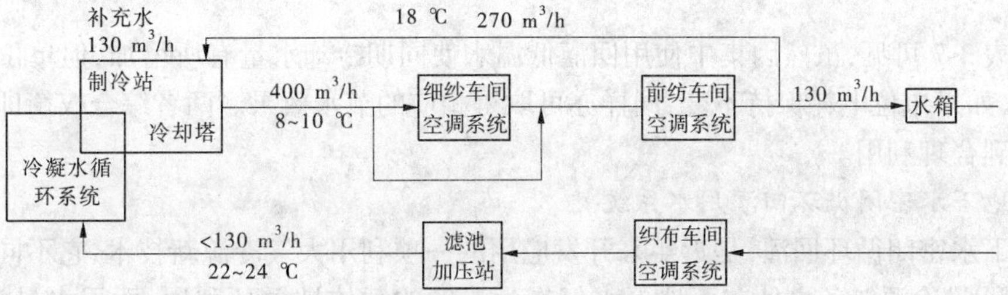

图3-13 人工制冷——空调用水系统示意图

利用人工制冷方式节约用水是以一定的能耗及其他费用支出为代价的,除因生产工艺要求或受水资源限制而必须采用,宜与其他节水方案通过技术经济比较确定。

(二)地下水回灌冷源储备的循环冷却用水

1. 冷源储备的意义

地下水人工回灌,是通过各种人为措施将水引入地下含水层做法的统称。地下水人工回灌的目的很多,本节着重介绍以冷源储备为目的的地下水人工回灌问题。

冷源储备,通常是在低温季节(如冬季)将地面的低温水回灌至地下含水层,以备高温季节(如夏季)供冷却水系统、空调系统或其他类似用水系统使用。由于取用水水温较原先使用的地面或地下水水温低,因而可以减少制冷量或冷却水量,达到节水、节能之目的。

2. 冷源储备的应用

目前,“冬灌夏用”冷源储备方式,已被我国上海、北京、天津、西安、郑州和江苏等一些城市的纺织厂广泛采用,并取得了显著的节水节能效益。

实行“冬灌夏用”时,除考虑回灌的低温水能替代制冷负荷、减少总制冷量,还应该注意冷负荷平衡及调度。例如,如果按高温季节平均使用低温回灌水,平均取水量为60 m^3/h,制冷温差10 ℃,则每小时可替代700 kWh的制冷负荷;而在气温最高的时刻集中使用低温回灌水,制冷温差以12 ℃计,则每小时可替代840 kWh的制冷负荷,从而提高了“冬灌夏用”的效益。此外,在人工制冷的基础上以低温回灌水调节制冷高峰负荷,使两种冷源合理搭配、调度,可取得更佳的经济效果。这是因为大多数制冷设备的制冷率都随冷却水温的上升而降低,即气温越高,制冷效率越低,制冷量越小,但是如上所述,对回灌低温水却是气温越高可利用的温差越大,制冷效率越高。表3-7为某棉纺厂运用回

灌低温水调节制冷高峰负荷前后两年同期用水量和空调能耗对比情况。

表 3-7　冷藏储备对用水量与空调耗能的影响

对比项目	月份				总用水量(m^3)	备注
	6	7	8	9		
用水量对比(m^3)	8 928	32 407	47 580	33 620	122 535	未用回灌水
	15 072	48 613	52 786	24 919	141 390	使用回灌水
单位电耗对比(kWh/m^3)	101.55	257.7	201.29	85.5		未用回灌水
	62	131.4	131.3	88.9		使用回灌水

由表 3-7 可见,虽然因集中使用回灌低温水使同期冷却水量有所增加,但单位电耗显著下降,如果单位电耗保持不变,同样亦可取得相应的节水效果。两者综合权衡即可使水资源得到合理利用。

3. 地下水密闭循环回灌用水系统

地下水密闭循环回灌,是近年来开发应用的一项利用大气冷源新技术,它不同于一般"冬灌夏用"冷源储备之处在于地下水仅作为温度的载体被循环利用,而无水量消耗、无水质变化(水温除外)。

地下水密闭循环回灌用水系统由"冬抽夏灌井"、"冬灌夏抽井"、换热器和空气冷却器等组成,如图 3-14 所示。其运行方式为:冬季,自"冬抽夏灌井"抽取常温水(温度低于循环冷却水温)至换热器对循环冷却水进行间接冷却,被加温的地下水经空气冷却器依靠低气温冷却后,再由"冬灌夏抽井"注入地下含水层并作为冷源储备;夏季,由"冬灌夏抽井"抽取低温水至换热器用做间接冷却循环水,被加温的地下水再由"冬抽夏灌井"注入同一地下含水层。如此往复循环,利用冬季的大气冷源。

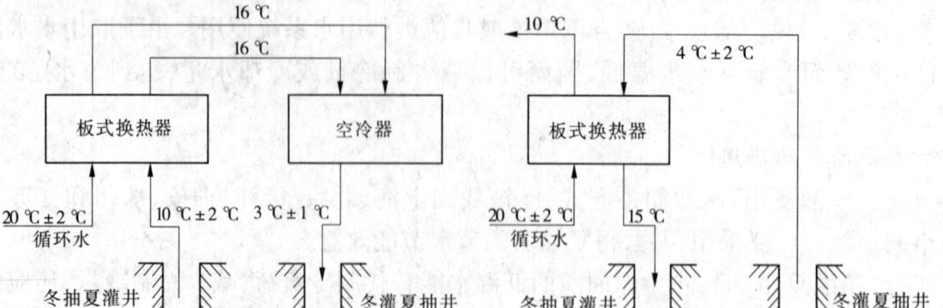

图 3-14　地下水密闭循环回灌系统原理

这种系统充分利用了冬季低气温和地下含水层等自然条件,既不消耗地下水,又节约了能源。哈尔滨某厂的有关试验表明,采用这项冷源储备技术,一年内可替代制冷负荷 40 万 kWh、节约地下水 94.6 万 m^3,效益十分可观。

4. 适于回灌储能的含水层水文地质条件

(1)水动力学条件。要求含水层颗粒细、地层平缓,地下水流速缓慢。

(2)渗透性能。要求含水层厚度大,储水容积大,具有一定的渗透性。

(3)地热条件。无异常的地温和增温影响。

(4)地质结构条件。回灌井所在的地质结构,要有良好的覆盖层和止水层,以免回灌后各个含水层穿通,引起水质变化,发生水质污染和储能效果降低等现象。

第三节　生产工艺节水技术

一、生产工艺节水的意义及影响因素

在工业生产中,同一种产品由于采用的生产方法、生产工艺、生产设备和生产工艺不同,用水量也不同,单位产品取水量也不同。工艺节水就是指由于工业生产工艺技术进步及生产经营管理变革,使生产用水得以合理利用的一种节水途径的统称,其内容广泛而深邃。

(一)生产工艺节水的作用

1. 工艺节水的潜力

工艺节水是在水的循环利用和回用之外的又一重要节水途径。由于水的循环利用和回用较易实施、易取得立竿见影的效果,因此较受重视。但节水潜力特别是循环用水的节水潜力,受生产条件限制,随着节水工作的深入开展将会逐渐降低。与此相反,工艺节水不仅可以从根本上减少生产用水,而且通常具有减少用水设备、减少废水或污染物排放量、减轻环境污染,以及节省工程投资和运行费用、节省能源等一系列优点。在水资源匮乏的情况下,随着节水工作的发展,工艺节水正越来越受到重视并具有广阔的发展前景。

实际上,在目前已被采用的属于工艺节水型的工业生产方法、工艺或设备中,多数是从提高产品质量、生产效率或节约能耗角度提出来的,单纯以节水为目的的只占少数。然而,相当一部分工业生产新方法、新工艺或新设备的开发应用,都不能不受到现代环境与发展战略的影响,因此多同属工艺节水型。

从原则上讲,对任何一种工业行业,其一般生产过程都有可能采用工艺节水技术来减少生产用水,而且节水潜力较大。但是,为实行工艺节水,需改变生产方法、改革生产工艺,所涉及的问题多,情况复杂。通常对旧有工业实行工艺节水往往不如提高水的重复利用率简便,但是对新建或改建的工业,采用工艺节水技术往往比单纯进行水的循环利用和污水回用更为方便与合理。在一般情况下,各种节水途径宜从实际出发结合运用以取得最佳节水效果。

2. 工艺节水的效果

工艺节水效果,是对生产同一产品的两种不同生产方法、生产工艺、生产设备或生产工艺用水方式而言的。如生产某产品原单位产量的新水量为 W_f,采用新的生产方法、工艺、设备或工艺用水方式后单位产量新水量为 W'_f,则工艺节水率(节水效果)为 $(W_f - W'_f)/W_f$。

应该看到，所谓工艺节水或工艺节水效果对同一产品生产发展过程而言也是相对的。当新的生产方式、工艺、设备或工艺用水方式被普遍推广应用或被更新的生产方法、工艺、设备或工艺用水方式所取代时，单位产品新水量 W'_f，即应被认为是正常用水水平，这时新的工业节水率为 $(W'_f - W''_f)/W'_f$，其中 W''_f 为采用更新的生产方法、工艺、设备或方法后的单位产品新水量，如此类推。这样发展下去，某一产品、某一行业乃至整个社会的节水水平将不断提高。

（二）影响生产工艺节水的因素

影响生产工艺节水的因素概括如下：

（1）生产布局、产业与产品结构及产品开发。

（2）原料品位、路线与原料政策。

（3）生产方式、方法和生产工艺流程。

（4）生产设备。

（5）生产工艺用水方式。

（6）生产工艺技术水平。

（7）生产组织与生产人员素质。

（8）生产规模与规模经济效应。

（9）水资源条件和环保要求。

（10）市场和政策。

可以说，上述任意一因素变化产生的节约用水效果都属工艺节水范畴。有时人们可能更注重第（3）、（4）方面的节水作用，故习惯于称之为“工艺节水技术”。显然，工艺节水技术比较具体、直观而有形，但并不包含工艺节水的全部内容。

二、逆流洗涤工艺节水技术

在工业生产用水中，洗涤用水仅次于冷却水的用量，居工业用水量的第二位，占工业用水总量的10%～20%，尤其在印染、造纸、电镀等行业中洗涤用水有时占总用水量的一半以上，是工艺节水的重点。节约洗涤用水的方法很多，其中以采用逆流洗涤工艺最为简便，节水效果显著，投资少，见效快，适用面宽，易于推广。

（一）逆流洗涤工艺

在印染、造纸、电镀等行业中，加工产品需经过多次水洗工艺处理。如印染行业中的退浆、漂白、丝光染色、印花和化学处理等生产工序中都有水洗工艺。水洗工艺在工业生产中应用广泛。逆流洗涤是目前水洗工艺中节水效果显著、被普遍采用的一种工艺节水技术。

1. 水洗工艺种类

水洗工艺分为单级水洗与多级水洗两种。在单级水洗工艺中，被加工的产品在一个水洗槽中经一次水洗即完成洗涤过程。在多级水洗工艺中，被加工的产品需在若干个水洗槽中依次进行洗涤。

在传统的多级水洗工艺中，各水洗槽均设进水管和排水管。在洗涤过程中，被加工产品依次经每个水洗槽进行洗涤，各水洗槽则连续加入新水并排出废水，水在其中经一次使用后即被排除。因各水洗槽之间的用水互不相关,故这种多级水洗工艺称为分流洗涤工艺。

2. 逆流洗涤工艺

在逆流洗涤工艺中,新水仅从最后一个水洗槽加入,然后使水依次向前一个水洗槽流动,最后从第一个水洗槽排出。被加工的产品则从第一个水洗槽依次由前向后逆水流方向行进。逆流洗涤即因此而得名。

在逆流洗涤工艺中,除在最后一个水洗槽加入新水,其余各水洗槽均使用其后一级水洗槽用过的洗涤水。水实际上被多次回用,提高了水的重复利用率。因此,逆流洗涤工艺与分流洗涤工艺相比,可以节省大量新水。

(二)逆流洗涤工艺在其他行业中的应用

逆流洗涤工艺亦可广泛应用于其他工业行业,如机械、造纸、食品等行业,并取得良好的节水效果,经济效益、环境效益显著,举例如下。

在某机械行业的电镀工艺中,清洗镀铬件时以逆流洗涤工艺取代分流洗涤工艺,并用纯水作水洗槽的补充水。在镀件经三级逆流喷洗后,水中铬酐浓度即显著提高,然后将这种洗涤废水作为电镀槽的补充水。这样,既补充了电镀槽中镀液的蒸发损失(因镀液温度较高),节约99.5%的新水量,又回收了99.9%的铬酐,取得了良好的节水效果、经济效益和环境效益。

在造纸行业的制浆工艺中,采用多段逆流洗浆工艺,洗浆后的高浓度黑液可供做碱回收的原料,这样既可减少新水量,又有利于黑液的碱回收。

在城市与工业的水处理工艺中,已广泛采用离子交换树脂或其他水处理滤料的逆流再生和逆流反洗方法,以节省再生药剂,减少反洗水量,减少排污。

三、节水高效洗涤方法与工艺

节约洗涤用水的途径,除在适当条件下加强洗涤水的循环利用和回用,最简捷有效的途径是提高洗涤工艺的洗涤效率。这一点,不难从上节逆流洗涤工艺中看到。此外,还有一些其他节水高效洗涤方法和洗涤工艺,如高压水洗、新型喷嘴水洗、喷淋洗涤、气雾喷洗、振荡水洗、气水混合冲洗等方法及洗涤工艺。

(一)高压水洗法

在造纸生产过程中,造纸机的钢网、毛布需不断用水冲洗。一般采用的洗涤方法是低压喷水管水洗,这种洗涤方法的洗涤效果差、用水量大,有时还会造成钢网堵塞,严重时需停机检修。其原因是冲洗强度不够、布水不均。

某造纸厂将低压洗涤改为高压洗涤,原直径2~4 mm的喷水管孔眼改用直径1 mm的喷嘴,水压由0.1~0.4 MPa增至2~3 MPa,以增加水的射流强度,此外使喷嘴往复运动冲洗,以确保冲洗均匀,其结果是喷嘴数仅为喷水孔数的4%,但冲洗效率成倍提高,用水量下降至原洗涤方法的2%。

高压水洗方法也用于其他场合以提高洗涤效果,如洗车、加工件的除砂或除锈等。

(二)新型喷嘴水洗法

改善喷嘴的水力条件,也是提高洗涤效果的方法之一。

例如,某造纸厂将冲洗铜网的喷水孔(直径1.5 mm)改为扇形喷嘴,消除了喷水孔水力条件差、铜网被粗浆嵌缝、堵塞筛孔、"糊网"等现象,提高了洗涤效果和产品质量(纸张质地均匀),减少19%的冲洗水量。

在其他生产行业也有应用类似方法的许多例子,如农业灌溉、园林绿化中使用的各类新型喷嘴。

(三)喷淋洗涤法

目前,电镀件还多采用水洗槽洗涤工艺(包括上述逆流洗涤工艺)。近年来,已开始以喷淋洗涤代替水洗槽洗涤,这种洗涤方法,是使电镀件以一定移动速度通过喷洗槽,同时用以一定速度喷出的射流水喷射洗涤电镀件。一般多采取二、三级喷淋洗涤工艺,用过的水被收集到储水槽中并可以逆流洗涤方式回用。这种喷淋洗涤工艺的节水效果更好,节水率可达95%。例如,某厂电镀件清洗采用逆流间歇喷淋洗涤工艺(见图3-15)。其电镀件洗涤程序为:从电镀槽取出电镀件,在回收槽中回收电镀件带出的电镀液,在喷淋槽中进行喷淋洗涤,在冷水清洗槽中进行清洗,在热水烫干槽清洗烫干。洗涤水的流程是:用回收槽的水补充电镀槽中水的蒸发损失,以喷淋槽储水补充;用冷水清洗槽的水作喷淋水,热水烫干槽的水供冷水清洗槽使用。全部洗涤过程做到水量平衡并完全以蒸馏水作新水补充,节水率高达99.5%,本洗涤工艺可回收全部铬酐,不产生电镀废水。

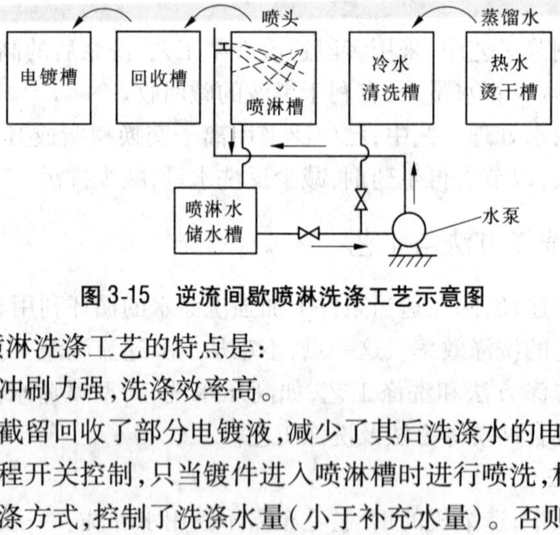

图3-15 逆流间歇喷淋洗涤工艺示意图

上述逆流间歇喷淋洗涤工艺的特点是:

(1)喷淋洗涤的冲刷力强,洗涤效率高。

(2)在回收槽中截留回收了部分电镀液,减少了其后洗涤水的电镀液浓度。

(3)喷水阀由行程开关控制,只当镀件进入喷淋槽时进行喷洗,杜绝了水的浪费。

(4)采用逆流洗涤方式,控制了洗涤水量(小于补充水量)。否则,可考虑气雾喷洗方法,以达到水量平衡。喷淋洗涤工艺目前已广泛用于车辆(汽车、列车)等的清洗。

(四)气雾喷洗法

气雾喷洗主要由特制的喷射器(见图3-16)产生的气雾喷洗待清洗的物件。其原理是:

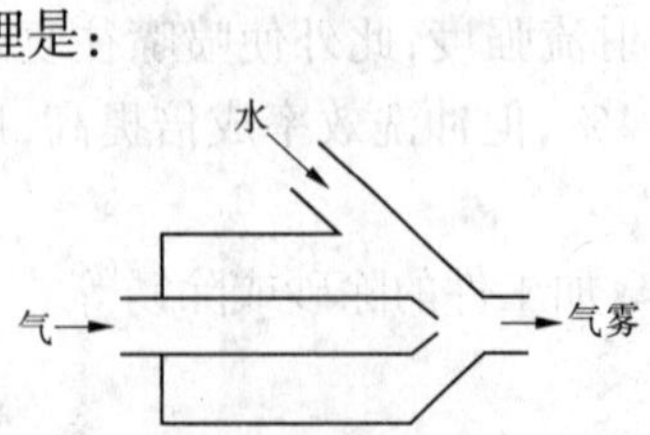

图3-16 气雾喷洗喷射器

压缩空气通过喷射器气嘴时产生的高速气流在喉管处形成负压,同时吸入清洗水,混合后的雾状气水流(气雾)以高速洗刷待清洗物件。用气雾喷洗的工艺流程与喷淋洗涤工艺相似,但洗涤效率高于喷淋洗涤工艺,更节省洗涤用水。例如,某企业采用气雾喷洗工艺进行镀件清洗,单位镀件表面积仅需新水量5 L/m^2,而另一企业采用喷淋洗涤工艺时单位镀件表面积需新水量10.5 L/m²。

(五)振荡水洗法

振荡水洗法是以机械振荡方法加强清洗物件与水的相对运动,以增大需清除物质的扩散系数,提高洗涤效果。振荡水洗法可用于一些特定情况,如织物洗涤等。

(六)气水冲洗法

与气雾喷洗法相似,气水冲洗是一部分空气代替水进行冲洗,以减少冲洗水量,但不形成雾状气水混合物,有时气、水可交替使用。水处理过滤装置采用气水反冲洗法就是气水冲洗法的典型例子,目前已被广泛应用,其节水效果可达30%~50%,冲洗效果良好。

水处理过滤装置冲洗的目的是在水、气的作用下使滤料层“膨胀”,同时使滤料颗粒互相碰撞摩擦,以去除被截留于滤料颗粒表面的杂质,恢复过滤装置的“截污”能力。显然,在这种情况下是可以用气水冲洗的。

由于我国绝大部分水处理系统都设有各种类型的过滤装置,其反冲洗水量占总处理水量的3%~5%,因此减少水处理系统的自用水量(包括反冲洗水量)是不容忽视的。

在类似条件下亦可考虑采用气水洗涤法。

(七)高效洗涤工艺

所谓高效洗涤工艺,是指由某种高效洗涤方法或一些旨在提高洗涤效果的措施构成的整套洗涤工序。上述逆流洗涤工艺以及由喷淋法构成的喷淋洗涤工艺,均属比较通用的高效洗涤工艺。此外,还有一些专门针对某一行业同产品生产过程紧密相关的其他高效洗涤工艺,下面结合具体产品的生产方法、生产工艺、生产设备或生产工艺用水方式进行讨论。

1. 高效转盘水洗工艺

高效转盘水洗工艺是合成脂肪酸生产中的氧化蜡水洗工艺,氧化蜡水洗的目的是去除其中的C_1~C_4水溶性酸。提高氧化蜡水洗效果的主要途径是增加两相接触面积。原洗涤工艺主要靠在瓷环填料塔中的静态沉降,洗涤时间长、效果差。新的水洗工艺是在专用的转盘塔中,于逆流水洗时由旋转转盘将分散相的蜡破碎成直径1.5 mm的蜡滴,以增加相间接触面积,提高水洗效率。这种洗涤工艺可节省70%~80%的洗涤水。

2. 高效印染洗涤工艺

高效印染洗涤工艺是由多种提高洗涤效果的方法和措施构成的专门工艺。这些方法、措施包括提高水温、延长织物与水的接触时间、机械振荡、浸轧、搓揉、逆流或喷射清洗等,由此形成多种成套专用洗涤设备,如回形穿布水洗机、振荡平洗机、染槽导辊水洗机和喷射水洗机等。

四、物料节水技术

(一)物料换热节水技术

1. 工艺特点

在石油、化工、制药及某些轻工业产品生产过程中,有许多反应过程是在温度较高的反应器中进行的。进入反应器的原料(进料)通常需要预热到一定温度后再进入反应器参加反应。反应生成物(出料)的温度较高,在离开反应器后需用水冷却到一定温度方可进入下一生产工序。这样,往往用以冷却出料的水量较大并有大量余热未予利用,造成水与热能的浪费。如果用温度较低的进料与温度较高的出料进行热交换,即可达到加热进料与冷却出料的双重目的。这种方式或类似热交换方式称为物料换热节水技术。

采用物料换热技术,可以完全或部分地解决进、出料之间的加热、冷却问题,可以相应地减少用以加热的能源消耗量、锅炉补给水量(如用蒸汽加热时)及冷却水量。

2. 应用实例

物料换热技术在一些工业生产中已得到较广泛应用,并取得较好的效果,例如,某厂生产维生素C的发酵连续消毒过程,原先是用蒸汽将培养基加热至130 ℃,维持5~8 min,用水冷却至50~60 ℃,在发酵罐内将培养基继续降温至30 ℃后采用物料换热技术,用加温后需降温的培养基与起初需加温的冷培养基进行热交换。这样既节省了蒸汽又节约了冷却水,年节约蒸汽量816.7 t,节水2.25万m^3。该工艺流程如图3-17所示。

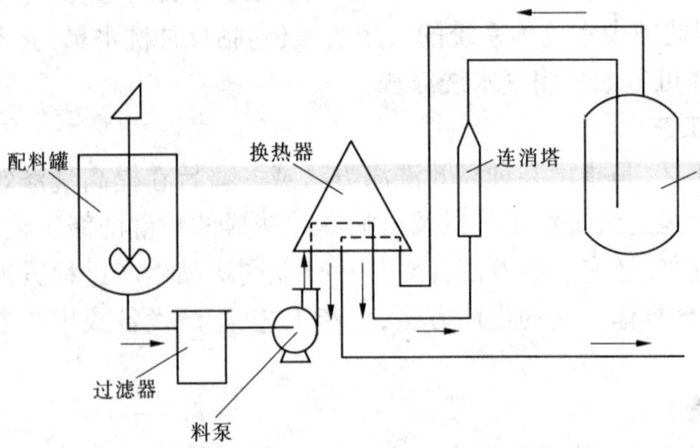

图3-17 某厂的物料换热工艺流程

又如,某厂以锅炉补充水(软化水)代替锅炉的煤气喷嘴、蒸汽取样器等所需的冷却水,不但减少了冷却水量,还使补给水水温比原先提高2~3 ℃;食品味精行业的连消发酵工艺中待冷却与待加温糖液之间的物料换热,等等。

(二)物料液态节水技术

工业品大多以固态成形进行出售或输送,作为原材料使用时需加热变成液态参加生产。这样由最初原材料到产品进行了重复的加热和冷却,造成了多次用水和能耗。如果根据生产需要将未冷却的原料以液态形成输送参加生产或成形加工。比如,冶金行业正在实施的钢水输送的热轧联铸,化工行业的碱、苯酐等产品的液态输送等,既省去了包装又节约了水源和能源,减少了热污染。该工艺节水项目必须统筹规划、科学安排才能有效实施,但大型联合生产企业由于该项工艺节水是降低成本的有效措施之一,有望实施。

五、余热利用节水技术

在工业生产中,由于水封或汽化冷却,产生了蒸汽或高温水,使水带有一定的热量。冬季部分可用于供热,如保温、采暖,但到夏季余热就无法充分利用,造成经济损失,如果将其科学利用,不仅余热得到利用,而且可以节水。

(一)利用吸热制冷机组实施工艺节水

在生产中,某些冷却过程由于循环水温一般为 28 ~ 32 ℃不能满足工艺要求,而必须使用小于 20 ℃的水来冷却达到工艺要求,如物料凝结或由气态变为液态和固态,从而造成直接取用新鲜水。虽然冷却后的水排入循环水系统,但由于其水量大于循环系统正常补水量,从而造成大量溢流废用水。

如果使用吸热制冷机组(见图 3-18),将工厂乏汽或高温水作为该机组的动力热源,便可制出 7 ~ 20 ℃的冷水,该水作为特殊工艺冷却用水并闭路循环使用,无需直接使用新鲜水,而吸热制冷机组的散热可用循环水冷却。这样必将产生明显的节水效果,提高了水的有效利用率。

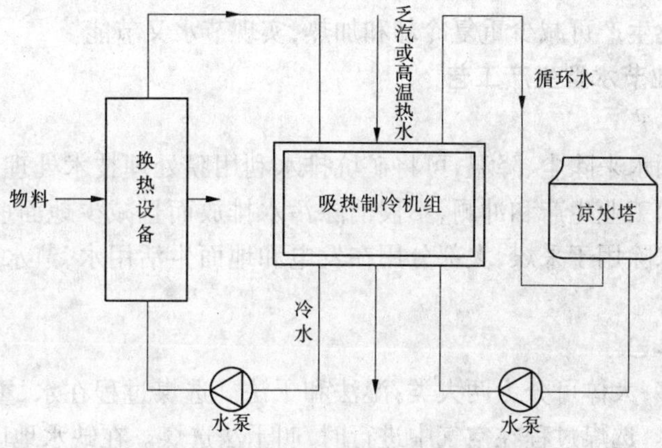

图 3-18　利用吸热制冷机组节水工艺

(二)乏汽喷射制冷节水工艺

乏汽喷射制冷就是利用水的物理性质使水在密闭的制冷发生器内,在真空的状态下进行绝热蒸发,带走水中的潜热,达到冷却目的。保持真空的动力来源于乏汽,只需要 0.03 MPa,通过喷嘴就可满足制冷需要。乏汽制冷可以把制冷水冷却到 0 ~ 15 ℃,温度可以自动调控,如此可在工业生产中节约大量新鲜水。可据各生产企业实际情况进行研究和改进。如某苯酐生产厂将氧化塔生产乏汽用于喷射制冷系统,将其制备的冷水用于精制车间的制冷器冷却使用,既可满足生产工艺冷却要求又可避免直接使用新鲜水,造成取水量增加的现象,见图 3-19。

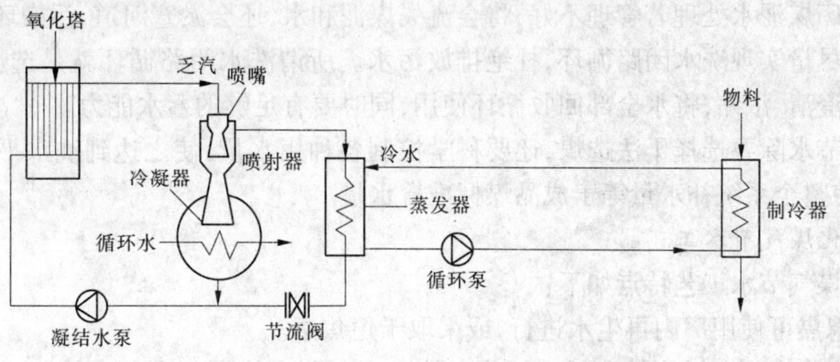

图 3-19　乏汽制冷节水工艺

六、节水型生产工艺

在工业生产中有许多生产方法或工艺具有节水作用，从节约用水角度可称为节水型生产工艺技术。节水型生产工艺技术不同于逆流洗涤工艺节水技术，以及其他特效洗涤方法与洗涤工艺、物料换热节水技术之处，在于其节水效果的产生更侧重于生产方法或工艺的变革，而不是依靠生产工艺用水方式的变更，但两者同属工艺节水范畴。

（一）钢铁冶炼行业节水型生产工艺

采用转炉炼钢工艺可比平炉炼钢工艺减少用水量90%。在轧钢生产中采用中性电解除磷法，使钢材表面的氧化铁皮在电流作用下经反复氧化还原逐渐溶解、消除，不但节水还可消除因酸洗造成的酸雾和酸水污染。采用汽化冷却代替水，可节水、节能。采用钢水液态输送一体化生产可减少重复冷却和加热，实现节水又节能。

（二）煤炭行业节水型生产工艺

1. 采煤节水工艺

机采必须使用水来除尘、降温，可将矿坑排水利用膜处理技术处理回用，或将矿坑排水处理后用于地面工业生产和冲厕，不仅消除污水排放而且减少地面取用新水量。太原东山煤矿矿坑排水除用于采煤，大部分用在发电和地面生活用水，节水量十分可观，每日达5 000 m^3。

2. 选煤节水工艺

选煤方法很多，大体可分为两大类：湿法和干法。选煤过程在水、重液或悬浮液中进行时，叫湿法选煤。选煤过程在空气中进行时，叫干法选煤。在缺水地区应选用干法。

具体的选煤方法可以分为以下几种：

（1）重力选煤。主要是依据煤和矸石的密度差别，将煤与矸石分选的方法，重力选煤又分跳汰选、重介质选、流槽选、斜槽选和摇床选等。

（2）浮游选煤（又叫浮选）。主要根据煤和矸石表面润湿性的差别，分选细粒煤的主要方法。

（3）特殊选煤。主要是利用煤与矸石的导电率、导磁率、摩擦系数、射线穿透能力等的不同，把煤和矸石分开。它包括静电选、磁选、摩擦选、放射性同位素选和X射线选等。

我国选煤厂中采用最广泛的选煤方法是跳汰选，其次是重介质选和浮选，其他方法均用得较少。

选煤厂煤泥水处理若管理不好，将会流失煤泥和水，还会淤塞河道，污染环境。为此，选煤厂要尽量实现洗水闭路循环，杜绝排放污水。所谓洗水闭路循环就是选煤厂煤泥水经过充分澄清、浓缩，将水全部回收循环使用，同时要有足够的蓄水能力。

选煤节水除要选择干法选煤，还要科学控制各种用水量，使之达到洗水平衡，真正零排放，即使整个系统补水量等于成品煤标准含水量。

3. 焦化煤气节水工艺

焦化煤气节水工艺特点如下：

（1）熄焦可使用厂内再生水进行，或采取干熄焦法。

（2）焦化生产车间冷却水可采用独立的冷水制取系统循环利用，以减少新鲜低温水的抽取量。

(三)电力行业节水型生产工艺

电力行业是城市用水老大,万元产值用水量居工业行业之首,发电节水举足轻重。

1. 燃气轮机发电机组节水工艺

燃气轮机发电几乎会完全改变目前广泛采用的汽轮机发电生产工艺,由于燃气轮机是由燃烧产生的高温高压燃气推动透平并带动发电机发电,直接实现化学能—机械能—电能的转换,因而不需汽轮机发电机组所需的锅炉用水、冷凝器冷却用水、冲灰水等。燃气轮机虽具有一系列优点,但单机组容量有限,其热效率尚不及高参数的汽轮发电机组,机组的高温组件寿命较短,不能利用固体燃料。

2. 核能利用发电节水工艺

核能发电用水由于核转化为热能无需烧煤,整个系统密封进行,所以可以省去除尘、出渣、冲灰等工艺用水。同时,选用子式冷却塔和利用海水,是资源利用的发展方向。

3. 燃煤发电厂除尘冲灰节水

(1)实施干式除尘,采用静电除尘,增加自动回收干粉系统,形成二条龙生产线,可用于筑路、制砖、保湿材料,发展干灰综合利用,不仅可以节约国土资源,而且可大大节省用水。

(2)采用节水型火电厂最新的冲灰系统(见图3-20),其特点是:灰渣分除,采用新型浓缩输灰泵(灰水比控制在1:1~1:3),灰浆在浓缩池内澄清后,冲灰水可重复利用。

(3)对稀浆输灰方式的冲灰水,可采用澄清法或渗漏法从灰场中回收,及真空短路法截流灰水以减少对地下的扩散渗漏。铺设新型耐磨抗腐输灰管和回水双管路进行远距离大循环用水,并从保护地下水资源的角度研究回水方案。

(4)采用间断式除灰渣方式,补水可节水50%。

(5)实现污水回用零排放方案,改用劣质水作为冲灰水,以减少新鲜水。

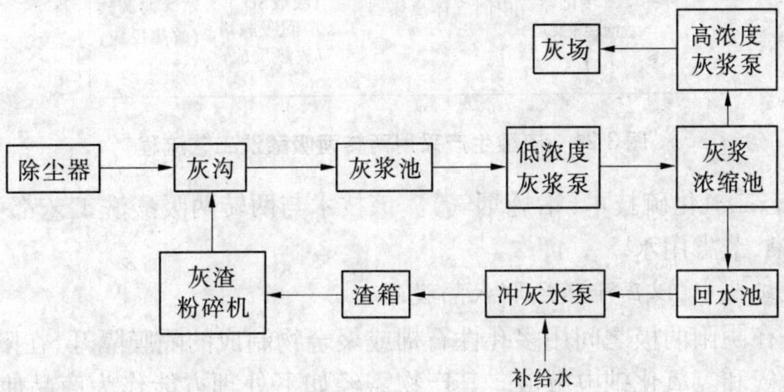

图3-20 锅炉节水型除灰系统新工艺流程

4. 汽轮机发电机组空冷技术应用

汽轮机组循环冷却水耗水量占全厂总耗水量的70%以上,是最有节水潜力的系统。部分汽轮机组的凝汽器冷却循环水是敞开式凉水系统,空气与水直接对流,蒸发损失较大。空冷系统是循环水内部循环冷却凝汽器,而外部被大型空冷塔对流冷却,当汽轮机采用空冷系统时,耗水量仅为传统蒸发式冷却水塔耗水量的1/3。空冷技术的应用大大减少了火电厂对水源的依赖程度，为干旱缺水、少水而煤炭资源丰富的地区建设大型坑口电厂开辟了新天地。我国太原、大同等地均采用了空冷机组，几年来运行节水效果十分显著，其发电容量增加而总取水量却降低。但它存在着不足：①基建投资大，是常规冷却水塔水汽系统投资的 2～3 倍；②运行费用高，较常规水冷系统汽轮机组年平均每发 1 kWh 电，要多耗标准煤 10 g 左右，但它可以从节水费用中得到补偿。

（四）化工系统节水型生产工艺

1. 硫酸制造节水工艺

（1）两转两吸酸洗工艺（硫铁矿）。在图 3-21 所示的生产流程中，被干燥加热的 SO_2 气体经转化器进行第一次转化，生成的 SO_3 气体再次被加热经转化器进行第二次转化，最后由第二吸收塔吸收生成浓硫酸。这种生产工艺被称为两转两吸酸洗流程，具有工艺先进、转化效率高、用水少、环境污染轻等特点。

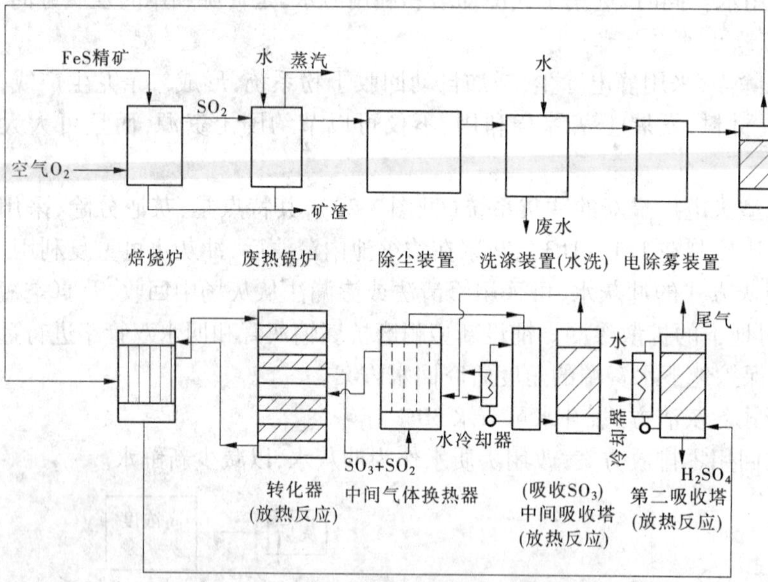

图 3-21　硫酸生产采用两转两吸酸洗工艺流程

（2）非稳态二氧化硫技术（冶炼烟气）。该技术与两转两吸酸洗工艺都可提高原料转化率，减少污染，节省用水。

2. 在氯碱工业中，以离子膜法取代隔膜法

隔膜法是在阴阳两极之间用多孔性石棉或聚合物制成的隔膜隔开，在阳极生成氯气，在阴极生成氢气和氢氧化钠电解液。其产物需经如下处理方能作为商品使用：电解液需去除残留的氯化钠并蒸发浓缩进一步制成固体烧碱，氯气需洗涤、干燥，氢气需去除氯化铵、氯、二氧化碳等杂质并干燥。离子膜法是以阳离子膜隔开阴阳极，其特点是耐腐蚀，可抵制阴离子向阳极迁移，但阳离子透过性好、电阻小，故可从阴极室获得高纯度的烧碱溶液和氢气，其耗水量小。

（五）节水型水泥生产工艺

水泥生产有湿法、干法和半干法三种工艺。湿法生产工艺一般原料用水量为原料的

32% ~40%,半干法生产工艺原料用水量为原料的12% ~15%,而干法生产工艺原料不用加水。太原水泥厂采用了干法生产工艺,其运行效果良好,节水显著,所以干法生产工艺是水泥生产的发展方向。

(六)节水型印染生产工艺

1. 低给液染整

目前,应用的低给液染整工艺有循环带转移给液法和"QS"法(吸墨水纸原理)。我国上海等地厂家应用该项技术表明,低给液染整工艺可降低给液率15% ~40%,不但提高生产率25%,还相应地有节水、节能作用。

2. 冷轧堆工艺

采用冷轧堆工艺进行漂白比蒸汽漂白(使用双氧水)节约1/3的能源。冷轧堆工艺用于活性染料染色和直接铜盐染料染色,可获得渗透性良好、布面均匀的染色效果,与轧染相比可省去蒸汽加热工序,节省能源和染料,也相应地减少了生产用水量。

冷轧堆工艺适用于小批量多品种生产。

3. 一浴法染色

采用一浴法染色减少不必要的水洗,且有产量高、省工、节水、节能等特点。如腈纶染色时,染色和柔软处理可以同时进行。一浴法用染料有多种混合染料。为简化染料品种,单一染料的开发受到关注,单一染料可以同时染着两种纤维,因而更为节水。

4. 泡沫染整

泡沫染整技术是一种用空气代替水作为稀释介质的染整工艺,可以节约用水50% ~60%。它同时可降低织物的吸水率,从而可减少织物烘干过程的能耗和相应的锅炉补给水(如用蒸汽)。泡沫染整主要是为节省染料而开发的一项新技术。

5. 泡沫上浆

泡沫的比表面积很大,可将少量高浓度浆液均匀地涂敷到较大面积的织物上去。采用泡沫上浆技术可节水50%左右。

6. 微波染色

染织物浸过染液后,经微波照射可使染织物上的水分子产生偶极旋转,分子间产生摩擦,使纤维内部温度迅速升高,染料分子聚合体迅速扩散为单分子,同时纤维的非晶体区有所松动,使染料分子迅速地渗透到纤维中去完成染色过程。微波染色的用水量仅为其他染色方法的3% ~20%。这种方法适用于小批量多品种生产过程。

7. 高能射线染色

高能射线染色也可节能、节水。

(七)节水型制革生产工艺

1. 转鼓快浸工艺

传统的皮革浸水多在浸水池中进行,因要经常翻皮,故时间长、用水量大、劳动强度高。转鼓快浸工艺应用浸水促进剂,通过转鼓的转动作用,可大大缩短水浸时间,节约用水40%以上。

2. 酶脱毛工艺

酶脱毛工艺是利用酶的催化作用削弱毛根与胶原纤维的结合,使毛脱落,并可使胶原松散便于鞣制。它与传统灰碱法脱毛工艺相比，用水量小，所产生废水的污染程度也大为减轻。因此，酶脱毛工艺发展很快，目前主要有加温有浴、常温无浴和无碱堆置等方法。

3. 无浴鞣制工艺

鞣制是制革生产的主要工序之一。轻革无浴鞣制工艺与老工艺相比，可减少用水量80%以上，废液中的铬减少约95%。重革无浴鞣制工艺可节约用水70%左右，节约栲胶10%、红矾30%，减轻劳动强度。

4. 常温小浴染色工艺

以往皮革染色加油，通常是在60 ℃左右的大量浴液中进行，用水量大。常温小浴染色新工艺，是在32 ℃的水中添加1%渗透剂的条件下染色加油，这种方法可节水80%左右。

(八)食品饮料行业生产工艺

1. 节水型啤酒生产工艺

目前，国内外啤酒生产工艺基本相似，生产流程大体如图3-22所示。

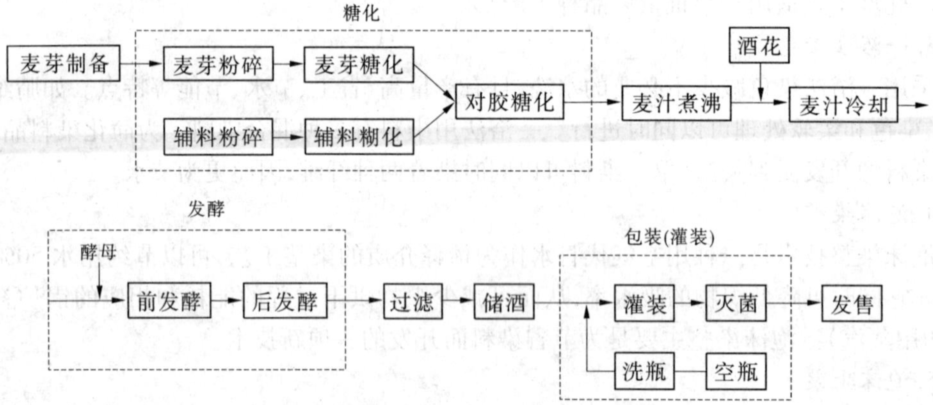

图3-22　啤酒生产工艺流程

据分析，通常在啤酒生产过程中生产工艺用水量仅次于冷却用水量，占总用水量的10%～30%，洗涤用水量居第三位。值得注意的是，一些正在开发、推广应用的啤酒生产新技术，如各种麦汁制备新技术、麦汁冷却新技术、连续发酵(单罐发酵)工艺、露天大罐发酵工艺，以及新过滤包装工艺设备，从节约用水角度看几乎都属节水型生产工艺。其中，麦汁冷却新技术可大大减少冷却水量，其余各项新工艺则可减少生产工艺用水量或洗涤用水量。例如，仅单罐发酵工艺即可减少约50%的洗涤用水量。

其他酿酒工艺节水情况与节水型啤酒生产工艺相似。此外，在酿酒工艺方面，醇化酶的研究开发将会从根本上改变酿酒生产工艺，如这种生产工艺得以实施其节水效果是明显的。

2. 节水型味精生产工艺

在味精生产行业，采用一步冷冻法提取谷氨酸比采用锌盐法、等电离子交换法分别节水约20%、50%。

(九)节水型造纸生产工艺

我国造纸工业用水约占工业总用水量的10%左右，属用水量大、排污量大和污染严重的工业行业。造纸生产分制浆和造纸两部分，制浆用水量占造纸总用水量的一半以上。制浆的方法很多,大体可分为化学法、机械法和化学－机械法三类,并分别具有不同的特点。

盘磨机械制浆是近些年来发展起来的一种新工艺。它是用盘磨机把木片直接磨制成浆的制浆方法,又分为普通木片磨浆、热磨木片磨浆和化学机械制浆等。这种制浆方法比化学制浆的单位用水量小,两种方法用水量分别为20～50 m^3/t 和200～300 m^3/t,盘磨机械制浆可节水80%～90%。此外,此方法还具有纸浆得率高、省料、成本低、原料适用性广和污染较轻等优点。典型的普通木片磨浆生产流程如图3-23所示。

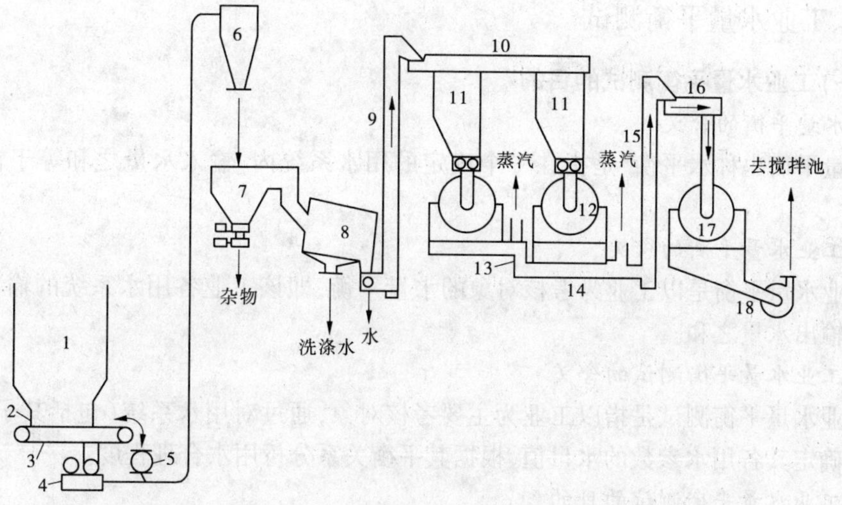

1—木片仓;2—卸料装置;3—皮带运输机;4—鼓风机;5—旋转阀;6—旋风分离器;
7—石头和金属捕集器;8—脱水机;9、15—垂直螺旋运输机;10—分配输送机;11—振动木片仓;
12—第一段磨浆机;13、14—浆料运输机;16—进料螺旋;17—第二段磨浆机;18—浆泵

图3-23 普通木片磨浆工艺流程

热磨木片磨浆生产流程(见图3-24)是在普通木片磨浆生产流程之前增加了一道

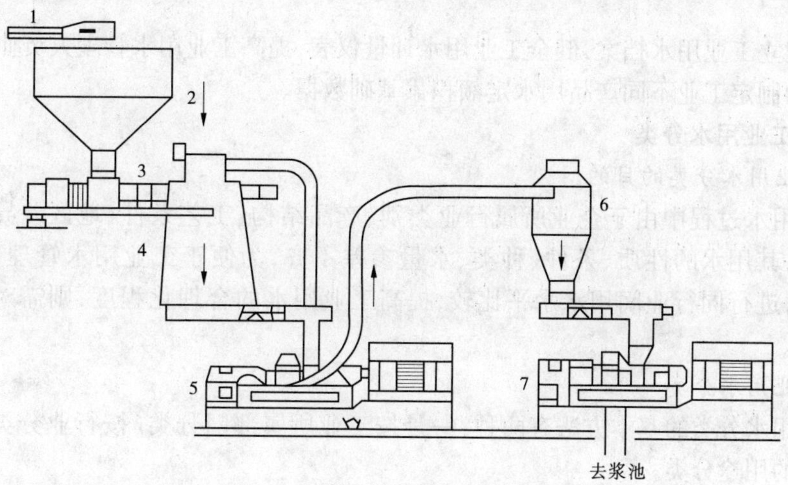

1—从木片洗涤器来的木片;2—木片仓;3—螺旋给料器;4—预热器;5—压力盘磨机;
6—浆汽分离器;7—第二段盘磨

图3-24 热磨木片磨浆工艺流程

预热工序，以提高木浆质量、减少电耗。它是盘磨机械制浆的主要生产方法，发展前景良好。

抄纸时，应用盘磨机械制浆可减少化学浆的配比，相应地减少造纸生产的总用水量。

第四节　工业水平衡测试及管理技术

一、工业水量平衡测试

（一）工业水量平衡测试的目的

1. 水量平衡的含义

水量平衡也称水平衡，是指在一个确定的用水系统内，输入水量之和等于输出水量之和。

2. 工业水量平衡的含义

工业水量平衡是以工业为考核对象的水量平衡，即该工业各用水系统的输入水量之和等于输出水量之和。

3. 工业水量平衡测试的含义

工业水量平衡测试是指以工业为主要考核对象，通过对用水系统（包括其子系统）实际测试确定其各用水参数的水量值，根据其平衡关系分析用水合理程度。

4. 工业水量平衡测试的目的

工业水量平衡测试是工业节约用水和合理用水，强化用水科学管理的重要基础工作之一，做好工业水平衡测试有以下 4 个方面的目的：

（1）掌握工业用水现状，以实测数据为基础，确定企业用水水量之间的定量关系。

（2）进行工业用水合理化水平分析，挖掘节水潜力，制定合理的技术、管理措施和用水规划。

（3）建立工业用水档案，健全工业用水计量仪表，提高工业用水管理人员业务素质。

（4）为制定工业不同产品用水定额积累基础数据。

（二）工业用水分类

1. 工业用水分类的目的

工业用水过程中由于企业所属行业类别、产品结构、工艺条件、地区差异等诸多因素的不同，其用水的性质、条件、种类、水量参差不齐，为便于工业用水管理，分析工业用水规律，进行同行业间用水水平比较，提高工业用水的合理化程度，则需对工业用水进行分类。

2. 工业用水分类

工业用水分类的基本方法有两种：一是按工业所属部门分类（按行业分类），二是按工业用水的用途分类。

（1）按工业所属部门分类（按行业分类）。国家标准《国民经济行业分类和代码》（GB 4754—84）中将国民经济划分为 13 个行业，其中工业行业又细分为 40 类。

（2）按工业用水的用途分类。国家标准《评价企业合理用水技术通则》（GB 7119—93）

和部颁标准《工业用水分类及定义》(CF 19—87)将企业生产过程的总用水量分为主要生产用水、辅助生产用水和附属生产用水 3 大类,见表 3-8。

表 3-8　工业用水按用途分类

序号	类别	内容
1	主要生产用水	间接冷却水、工艺用水(产品用水、洗涤用水、直接冷却水、其他用水)、锅炉用水(锅炉给水、锅炉水处理用水)
2	辅助生产用水	机修用水、运输用水、空压站用水、厂内基建用水
3	附属生产用水	生产科室用水、绿化用水、食堂用水、浴室用水、保健用水、厕所用水、其他用水

(三)工业用水量参数及各水量之间的关系

1. 工业用水量参数

工业用水量参数是指水平衡测试中需实际测试的各类水量值,包括总用水量、新水量、耗水量、漏溢水量、排水量、循环用水量、串联用水量、重复利用水量(见表 3-9)。工业用水量参数的确定是水量平衡测试的关键环节。

表 3-9　工业用水量参数

序号	名称	符号	含义
1	总用水量	V_t	指新水量与重复利用水量之和,重复利用水量应符合国家标准
2	新水量	V_f	指取自任何水源(取海水者应注明),被第一次利用的水量
3	耗水量	V_{co}	指在确定的系统内,生产过程中进入产品、蒸发、飞溅、携带及生活饮用等所消耗的水量
4	漏溢水量	V_i	指在确定的系统内,设备、管网、阀门、水箱、水池等用水与储水设施漏失或溢出的水量
5	排水量	V_d	指在确定的系统内,排出系统外的水量
6	循环用水量	V_{cy}	指在确定的系统内,生产过程中已用过的水,无需处理或经过处理再用于系统代替新水的水量
7	串联用水量	V_s	指在确定的系统内,生产过程中的排水不经处理或经处理后,被另一个系统利用的水量
8	重复利用水量	V_r	指在确定的系统内,循环用水量与串联用水量之和

2. 各水量之间的关系

上述各水量之间的关系可以用工业水平衡图(见图 3-25)及平衡方程式表示。图 3-25所示系统内，各输入水量之和为

$$V_{cy}+V_f+V_s=V_t \tag{3-13}$$

各输出水量之和为

$$V_{cy}+V_{co}+V_d+V_i=V_t \tag{3-14}$$

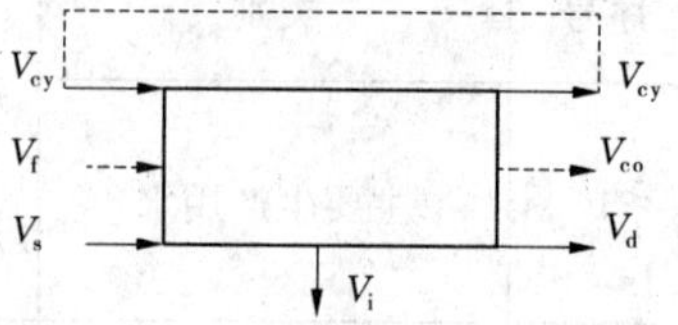

图 3-25　工业水量平衡示意图

(四)水量测定方法

工业水平衡测试中水量测定的方法一般采用仪表计量法、堰测法和容积法。

1. 仪表计量法

1)水表

水表计量是水量平衡测试的主要方法，目前广泛使用的是流速式水表。其类型按叶轮构造不同分为旋翼式和螺翼式两种，其中螺翼式又分为水平螺翼式和垂直螺翼式；按计数机件所处状态不同又分干式和湿式两种(其中垂直螺翼式水表只有干式)。流速式水表如图 3-26 所示。

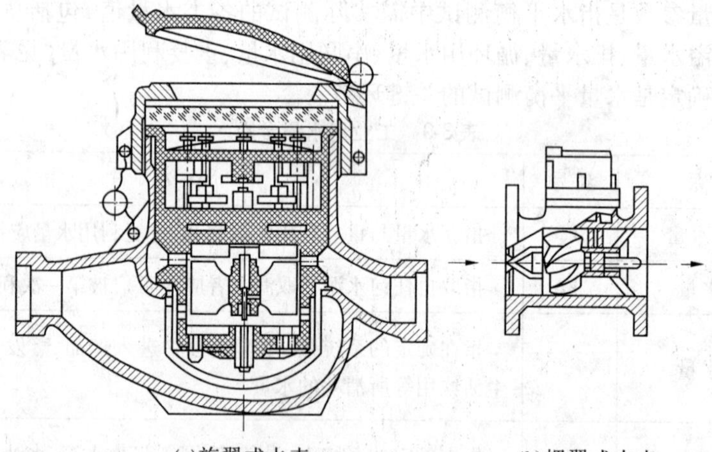
(a)旋翼式水表　　(b)螺翼式水表

图 3-26　流速式水表

水表性能参数有最大流量、额定流量、最小流量和起步流量。最大流量为水表在短时间内(每昼夜不超过 1 h)超负荷使用的流量上限值。额定流量为水表长期正常运转流量。最小流量为水表开始准确指示的流量值，为水表的下限流量。起步流量也称灵敏度，指水表能连续记录(开始运转)的流量值。

旋翼式水表的叶轮转轴与水流方向垂直，阻力较大，起步流量和计量范围较小，多为小口径水表(DN15～150)，适宜测量较小流量；螺翼式水表的翼轮转轴与水流方向平行，阻力较小，起步流量和计量范围比旋翼式水表大，适宜于大流量的大口径水表(DN80～400)。

干式水表的计数机件用金属圆盘与水隔开，湿式水表的计数机件和表盘浸没在水中，机件较简单，计量较准确，阻力比干式水表小，使用比较广泛，但只能用于不含杂质的清水横管上。

水表选择是按通过水表的设计流量以不超过水表的额定流量来确定水表直径，即选择水表时要使水表口径与管道口径一致，水表额定流量与管道中的工作流量相近，管道工作压力要小于水表的允许压力。

水表安装时，旋翼式水表一般需水平安装，螺翼式水表可以水平、垂直或倾斜安装。表前表后均应安装阀门，不允许断水拆换水表的管段，应设旁通管，同时安装地点要考虑便于拆卸和抄表。

2）压差式流量计

目前，水量测定常用的孔板、喷嘴、文丘里管、毕托管、流量计等均属于压差式流量计。其工作原理是通过孔板、喷嘴、文丘里管等节流装置不同断面的水压差或测压管（毕托管）前后的水压差与流量的平方成正比关系来计量流量。

带有孔板、喷嘴、文丘里管等节流装置的压差式流量计，分别适合测量 DN50 ~ 600、DN50 ~ 325、DN200 ~ 1 000 的管段，这类流量计结构简单，节流装置已形成标准化、系列化，计量精度较高，但使用时需固定安装于待测定流量的管段，使用管理不便。毕托管流量计适合测量 DN200 ~ 1 000 的管段，其构造简单，水头损失极小，使用时不需固定在管道上，可实现不停水安装，其缺点是测量精度偏低。

3）其他流量计

在水量测定时可使用的流量计还有转子流量计、电磁流量计和超声波流量计等。

（1）转子流量计。可用于测量清洁非混浊液体等单相非脉动的流体流量，适用范围为 DN15 ~ 100 的管段，其具有构造简单、维修方便、价格低等优点。

（2）电磁流量计。传感器内无活动部件，无水头损失，计量精度高，灵敏度高，适用范围广，防潮防水性能好，适宜地下或潮湿环境安装，可安装在水平、垂直或倾斜管道上，安装方式为壁挂式或柱装式。

（3）超声波流量计。适用于任何口径的管道，可应用于钢管、铸铁管、塑料管、钢筋混凝土管等不同管材的管道，适合各类污（废）水的水量测试，其最大的优点在于流量计不与流体接触，使用时探头可安装于管道外壁，十分方便。

2. 堰测法

堰测法是采用薄壁式量水堰来测定明渠水流量的方法。根据计量堰溢流口的形状不同，通常分为三角堰、梯形堰和矩形堰。此种测定方法，对水质无特殊要求，但测量精度较低。

影响量水堰水流的因素有：水流溢过堰顶的宽度、堰上游水位在堰顶上最大的超高 H（水头）、堰顶厚度 δ、堰顶形状（应光洁并呈斜刃状）、水流行进流速 v_0（v_0 应小于0.5 m/s）等（见图3-27）。

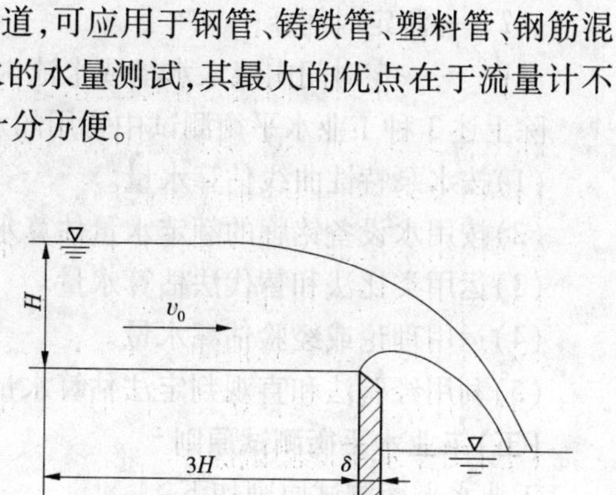

图3-27　薄壁式量水堰

各类计量堰的流量计算见表3-10。

表3-10　各类计量堰流量计算

名称	图示	计算公式	符号含义
三角堰	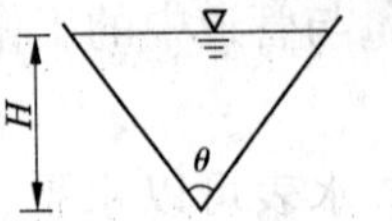	$\theta=90°$时 $Q=1.343H^{2.47}$	Q:过堰流量,m^3/s H:堰顶水头,m
梯形堰	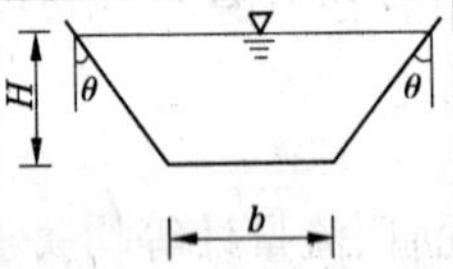	$\theta=14°$,$b\geqslant 3H$时 $Q=1.86H^{3/2}$	Q:过堰流量,m^3/s b:堰口底宽,m H:堰顶水头,m
矩形堰	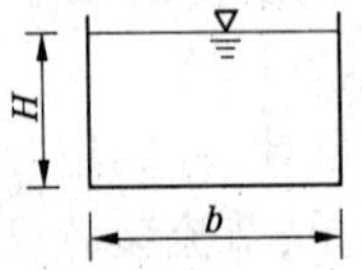	$B=b$且$b>3H$时 $Q=0.42\sqrt{2g}\,bH^{3/2}$ $=1.86bH^{3/2}$	Q:过堰流量,m^3/s H:堰顶水头,m B:上游渠道宽度,m b:堰口底宽,m

3. 容积法

容积法是利用已知容积的水槽或水池,在一定时间内测得流入的液体的体积,通过计算得到需计量的水量。

容积法具有操作简便、计量较准确、对待测定水质无特殊要求等优点,可适用于难以用仪表测定水量的情况。

容积法测定水量的计算公式如下

$$Q=V/T \tag{3-15}$$

式中　Q——流量,m^3/s;

T——测定时间,s;

V——一定时间内流入水槽或水池内的液体体积,m^3。

除上述3种工业水平衡测试中常用的水量测定方法,可用于测定水量的方法还有:

(1)按水泵特性曲线估算水量。

(2)按用水设备铭牌的额定水量估算水量。

(3)运用类比法和替代法估算水量。

(4)运用理论或经验估算水量。

(5)利用经验法和直观判定法估算水量。

(五)工业水平衡测试原则

工业水平衡测试原则如下:

(1)工业水平衡测试工作应在当地节水行政主管部门的监督下定期进行,以作为评价工业合理用水的考核依据之一。

(2)工业水平衡测试必须依照有关国家标准进行:《企业水平衡与测试通则》

(GB/T 12452—90),《评价企业合理用水技术通则》(GB/T 7119—93)。

(3)水平衡测试中所用水表等各类计量仪表,在安装使用前须经有关主管部门进行校验,以保证所测数据的准确性。《评价企业合理用水技术通则》(GB/T 7119—93)规定,水表精确度应不低于±0.25%。

(4)水量计量仪表的配置,要保证厂、车间、用水设备三级水表计量率、装表率、完好率达到有关要求。《评价企业合理用水技术通则》(GB/T 7119—93)中规定:企业、车间用水计量率应达到100%,设备用水计量率不低于90%。

(5)水量测试时,必须在有代表性或正常工作情况下进行,以使被测数据准确真实地反映用水状况。

(6)测试过程中,所得数据应全部填制于水平衡测试表中,不允许漏项,待测试结束后进行整理汇总。

(六)工业水平衡测试的程序

(1)成立负责水平衡测试的专门机构。如图3-28所示。这一机构成立的目的在于对水平衡测试工作中所涉及的生产、技术、管理等各方面,有一个统一、协调的领导,以确保测试工作的顺利开展。

(2)对水平衡测试工作的相关人员进行岗位技术培训,其目的在于使其掌握水平衡测试的意义、原则以及相关的标准、规范、方法等。

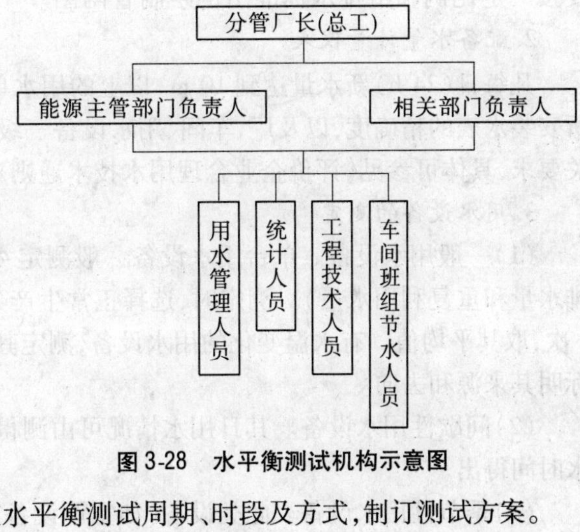

图3-28 水平衡测试机构示意图

(3)确定水平衡测试内容。

(4)划分用水单元,明确测点,确定水平衡测试周期、时段及方式,制订测试方案。

(5)选定测试仪表并安装检测。

(6)检测漏溢水量,即找出有泄漏的给水管段、用水设备等,并采取相应措施解决泄漏问题,原则上检测延续时间应不小于2 h。

(7)进行实测。①按用水单元自下而上测试其水量参数(新水量、重复利用水量、耗水量、排水量)并按要求测定水质参数和水温参数。②根据实测数据绘出相应水平衡图。③以各测试单元为基础,分析整理实测数据,绘制工业水平衡图。④将上述实测数据进行汇总。

(8)进行合理化用水分析。

(9)制定合理化用水规划。在上述测试和分析工作的基础上,根据企业实际情况,制定合理化用水规划。其目的是通过改进生产工艺或提高企业重复利用水量来降低取水量。

(10)编制水平衡测试报告。内容参见"中华人民共和国城乡建设环境保护部标准CJ 20—87"。

（七）工业水平衡测试的内容

1. 调查、统计

调查、统计工业用水基本情况，包括工业基本概况、用水水源情况及厂区给排水管网情况，并汇总数据。

（1）工业基本概况。主要包括生产情况（如生产工艺、生产规模、生产类型、工艺技术改造及发展方向等）、生产用水情况（如历年的生产工艺及设备的用水数据资料、产品的用水定额情况等）。

（2）工业用水水源情况。即要查清各类水源（地表水、地下水、海水、自来水、自备井）的取水量、取水形式、进水管管径、水压、水量和水质等各种技术参数值。

（3）厂区给排水管网情况。即查清厂区给排水管网的管径、走向、位置等，对已有的厂区给排水管网图根据当前实际情况进行修改、复核，对没有厂区给排水管网图的，要按一定比例和给排水标准图例绘制管网图。

2. 配备水量计量仪表

凡每日（24 h）新水量达到 10 m^3 以上的用水单元（车间、工段、设备）均应安装水表。所安装水表的精确度，以及厂、车间、用水设备三级水表计量率、装表率、完好率须达到有关要求，具体可参见《评价企业合理用水技术通则》（GB/T 7119—93）中的有关规定。

3. 用水设备的测定

（1）一般用水设备。单台用水设备一般测定 4 个基本用水参数（即新水量、耗水量、排水量和重复利用水量）。测定时，选择正常生产条件下具有代表性工况进行，连续测定 3 次，取其平均值。有水温变化的用水设备，测定其进出口水温。所测新水量和排水量要标明其来源和去向。

（2）间歇性用水设备。其日用水情况可由测得的单位时间用水参数乘以每日实际用水时间得出。

（3）季节性用水设备。此类设备（如空调设备、采暖锅炉等）的测定需在用水季节分别进行。

4. 主要工业用水指标测定

主要工业用水指标测定方法见表 3-11。

表 3-11　主要工业用水指标测定方法

序号	测定项目	测定方法	备注
1	新水量	①水表计量 ②容积法	
2	重复利用水量	①水表计量 ②水泵额定流量法： $V_r = Q_{泵} \times T$	$Q_{泵}$——水泵额定流量 T——实际开泵时间

续表 3-11

序号	测定项目		测定方法	备注
3	耗水量	一般用水设备	$V_{eo}=V_f-V_d$	V_f——新水量 V_d——排水量
		间接冷却循环水系统	$V_{co}=F+G$ 其中 $F=Y_{冷}\times K$ $G=C_{冷}\times S\times\Delta t(\%)$	F——吹散水量 G——蒸发损失水量 $Y_{冷}$——冷却水总用量 $C_{冷}$——间接冷却水循环量 K——吹散损失系数 S——蒸发损失系数 Δt——冷却水进出水温差
4	排水量		①水表计量 ②容积法	
5	蒸汽冷凝水回用量		水表计量	
6	锅炉用水排污率		$P=\frac{V_p}{D}$	V_p——锅炉排污水量 D——锅炉蒸发量

注:表中的 K 和 S 的取值见表 3-12 和表 3-13。

表 3-12　吹散损失系数 K 的取值

冷却构筑物类型	喷水池	开放喷水式冷却塔	机械通风式冷却塔	风筒式冷却塔
K 值	1.5% ~3.5%	1.5% ~2%	0.2% ~0.5%	0.5% ~1.0%

表 3-13　蒸发损失系数 S 的取值

序号	类型	气温(℃)								
		-10	-5	0	5	10	15	20	25	30
1	冷却池	0.06	0.07	0.08	0.09	0.095	0.10	0.11	0.12	0.13
2	喷水池冷却塔	0.08	0.09	0.10	0.11	0.12	0.13	0.14	0.15	0.16

(八)工业水平衡测试方案的制订

1. 用水单元的划分和测点的选择

工业水平衡测试中,测点的选择是准确测试的关键,合理划分用水单元,是测点选定的基础。

(1)用水单元的划分。根据研究与测试的对象不同,用水单元的划分也不相同,一个用水单元可以是单台用水设备、单个车间、一个用水系统或一个企业。一个用水单元的工业用水情况可通过绘制水平衡图来简便、准确、形象地表示出来,该水平衡图中各种水量应满足图3-25所示的水平衡方程式。

(2)测点的选择。在用水单元水平衡图所示各种水量的基础上可进行测点的选择,然后在该点上安装配备计量仪表进行测试。对不同的用水单元,其测点的选择是不同的,需根据实际情况分析确定。

2. 水平衡测试周期和时段的选择

工业水平衡测试周期和时段的选择主要取决于生产类型及其他条件(见表3-14)。

表3-14 水平衡测试周期和时段的选择

序号	生产类型	含义	测试周期	测试时段
1	连续均衡型	该生产类型在生产过程中生产线上的物流基本上是均匀的、稳定的,在前后工序之间也是一致的,如火力发电厂、石油化工厂、纺织厂等	①无生产或非生产因素影响,测试周期较短 ②有某些生产或非生产因素影响,测试周期较长	取正常生产条件下具有代表性的时段(每个时段水量测定次数不少于3次)
2	连续批量型	该生产类型在生产过程中生产线上的物流与批量投料有关,是不均匀稳定的,前后也不一致,但生产是连续进行的,如金属冶炼厂等	测试周期可选择一个生产年度	选择测试时段时的原则要求:①能反映正常生产条件下的实际用水情况;②要便于测定计算
3	非连续批量型	该生产类型的物流情况与连续批量型类似,但生产是间断进行的,如小型轻工企业等	测试周期可选择一个批量生产周期	选择测试时段时的原则要求:①能反映正常生产条件下的实际用水情况;②要便于测定计算

注:水平衡测试周期是指为建立一个完整的、具有代表性的水量平衡图而划定的时间范围,一般与工业生产周期相协调。水平衡测试时段是指为测定用水系统的一组或数组有效水量值所需的时间。一般水平衡测试周期包含若干具有代表性的水量平衡测试时段。

3. 水平衡测试方式

水平衡测试方式见表3-15。

表 3-15　水平衡测试方式

序号	生产类型	含义	适用条件	特点
1	一次平衡测试	是指对工业所有用水系统的水量测定工作均在“瞬时”同步进行,并获得水量平衡的一种方式	适用于用水系统简单、用水过程稳定的情况	测试时间短,便于组织,取得成果较快,对测试人员素质测试准备和组织工作要求较高,瞬时同步难以达到
2	逐级平衡测试	是按工业水量平衡测试单元,自下而上,从局部到总体逐级进行水量平衡的一种方式	适用于可逐层分解的用水系统且易于选取具有代表性测试时段的工业	易于取得逐级水量平衡成果,测试周期较长
3	综合平衡测试	是指在较长的水量平衡测试周期内,在正常生产条件下每隔一定时间,分别进行水量测定,并综合历次测试数据以取得水量总体平衡图的一种方式	适用于连续批量型或非连续批量型生产情况	可在日常管理中进行,可充分利用日常统计数据,可简化测试组织,所测数据稳定可靠,测试周期较长,测定数据较多,统计分析较复杂

4. 水平衡测试方案的制订

水平衡测试方案主要由以下 5 个方面组成:

(1)调查用水情况,绘制用水单元水平衡图。用水情况包括各用水设备、用水系统的用水种类;各种用水的供排水管径;各种水的水质情况;计量仪表的安装情况;用水方式;冷却水的进出温度;各用水设备、用水系统间的用水关系。绘制单元水平衡图一般以单台设备、单一用水系统为一个用水单元绘制,图中应反映出各类水量、用水方式、同其他用水单元的关系、同水源的关系。

(2)确定测点,选择测试方法。

(3)确定测试周期和时段。

(4)固定测试人员。

(5)汇总各项测试数据。

(九)工业合理化用水分析

合理化用水分析是工业水平衡测试的最终目的。通过合理化分析,可以找出工业用水的不足和节水潜力,确定相应的节水技术措施和管理措施。

1. 工业水平衡图的绘制

工业水平衡图是由若干个用水单元水平衡图依据其相互间的用水关系组合而成的水

量平衡示意图。它是分析工业节水潜力与评价企业用水水平的重要依据。

工业水平衡图的绘制要求：

(1)要有统一的图例。

(2)图中要清楚反映各类用水情况(包括水源情况、用水种类、各类水量、各用水单元的用水方式等)。

(3)每个用水单元的各水量之间必须保持平衡。

2. 工业用水考核指标计算

工业用水考核指标计算见表3-16。

表3-16 工业用水考核指标计算

序号	指标名称	符号	单位	含义	计算公式
1	工业用水总量	Y	万m^3	一定计算其内，乡及其以上工矿企业在生产过程中的生产用水(工艺用水、冷却用水、锅炉用水等)和厂内生活用水之和	Y=自来水取水量+自备水取水量+工业用水重复利用量
2	工业用水重复利用率	R	%	指工业重复用水量(C)与工业总用水量(Y)之比，工业重复用水量指企业内生产及生活用水中，循环利用水量和直接或处理后再利用水量的总和	$R=\frac{C}{Y}\times100\%$
3	万元工业产值用水量	$W_{工业用}$	m^3/万元	产生每万元工业产值(增加值)所用的新鲜水量及重复利用量之和(报告期一般为1 a)	$W_{工业用}$=报告期工业用水总量/报告期工业总产值(增加值)
4	用水工业单位产品用水量	V	m^3/单位产品	一定计量时间(a)内，用水工业生产单位产品需要的用水量(包括企业内职工的生活总用水量)	V=工业企业生产与生活的总用水量/产品总量
5	间接冷却水循环率	$R_{冷}$	%	一定计量时间内，工业生产用的间接冷却水循环量($C_{冷}$)与冷却水总用量($Y_{冷}$)之比	$R_{冷}=\frac{C_{冷}}{Y_{冷}}\times100\%$
6	工艺用水回用率	$R_{工}$	%	一定计量时间内，工业生产中，工艺用水的回收利用量($C_{工}$)与工艺水总用量($Y_{工}$)之比	$R_{工}=\frac{C_{工}}{Y_{工}}\times100\%$

续表 3-16

序号	指标名称	符号	单位	含义	计算公式
7	蒸汽冷凝水回用率	$R_{凝}$	%	一定计量时间内，工业生产的锅炉蒸汽冷凝水回用量（$C_{凝}$）与锅炉蒸汽发气量（Z）之比	$R_{凝}=\frac{C_{凝}}{Z}\times100\%$
8	生活用水总量	$Y_{生活}$	万 m^3	一定计算期间，地区用水总量中用于居民生活的水量，具体为居民居住用水及城市公共设施用水的总和	$Y_{生活}$ = 居民居住用水 + 城市公共设施用水

3. 工业合理化用水分析

工业合理化用水分析见表 3-17。

表 3-17　工业合理化用水分析

序号	分析项目	分析内容
1	用水考核指标分析	1. 本工业历年用水比较分析 2. 同省内随行业先进指标比较 3. 同国内同行业先进指标比较
2	生产状况分析	1. 设计生产能力与实际生产负荷的差距情况 2. 辅助生产单位的专业化生产状况
3	用水管理分析	1. 规章、制度制定、执行情况 2. 定额管理、指标考核情况 3. 管理机构现状
4	用水设备分析	1. 用水设备的先进性比较 2. 设备运转情况
5	用水状况分析	1. 水温、水质分析 2. 消耗水分析 3. 排水分析
6	节水潜力分析	1. 有效利用量分析 2. 损失量分析

二、用水定额的制定与管理

用水定额的制定和管理是城市用水科学管理的一项重要基础性工作。随着国民经济的持续稳定发展，用水需求不断加大，为解决好城市近期、中期和长期的用水供需矛盾，使城市用水更加客观、直接和具有预见性，实现用水的科学管理，就必须以科学的用水量为依据，即对较大用水户和重要工业制定用水定额，以此作为考核和衡量用水（节水）的标准，为此制定和完善合理的城市用水定额必须引起足够重视。

（一）用水定额概述

用水定额是指从事某种生产活动时用水量大小的一种数量标准，也即指在一定的生产技术和管理条件下，生产单位产品或创造单位产值所规定的合理用水量标准。

1. 用水定额的特点

用水定额是定额中的一种，它和其他定额一样具有如下特点：

（1）科学性体现在两个方面。第一，用水定额要与生产力发展水平相适应，要合理准确地反映生产过程中用水量标准。第二，用水定额管理的理论、方法、手段上必须科学化，以适应现代社会的发展要求。

（2）多样性。这是由工业产品生产特点决定的。工业产品的生产是一有机的实体系统，其具有多种类、多层次的特点，这就决定了以生产产品为服务对象的用水定额，具有多种类、多层次。

（3）统一性。用水定额的统一性，按照定额制定的部门和适用范围，有全国统一定额、地方统一定额和行业（部门）统一定额等。另外，从定额的制定颁布和贯彻使用来看，具有统一的程序、统一的原则、统一的要求和统一的用途。

（4）权威性和强制性。是指定额通过一定的程序，由相应的授权单位审批颁布并通过强制性手段来加以执行。

（5）稳定性和时效性。

2. 用水定额的作用

（1）为供水节水规划的制定提供可靠依据。随着城市经济的持续发展，水资源供需矛盾日益突出。用水定额的制定，对预测用水量增长，做好城市供水规划提供可靠的依据。

（2）实现用水科学管理的基础。工业产品在生产过程中，用水的合理性是实现用水科学管理的客观要求。为使产品用水量的大小符合客观实际，必须制定用水定额，以定额为依据，合理编制用水计划，实现用水的科学管理。

（3）考核和衡量工业节水水平的重要尺度。用水定额的贯彻实施，可以使各用水企业之间、企业内部各用水车间之间、班组之间、员工之间在用水（节水）方面具有可比性，增强节水竞争意识，从而进一步促进科学管理和节水技术的改进，使工业节水水平有一个衡量的尺度。

（二）用水定额分类

工业产品在生产过程中，用水定额反映用水量标准以及生产和用水之间的内在联系，但是不同生产单元在用水结构、用水方式、性质、量值上存在差异，为此从不同角度出发，将用水定额划分为4类，见表3-18。

表 3-18　用水定额的分类

分类标准	类型	含义
用水性质	取水定额	产品生产过程中取用来自各种水源的水量多少的标准，反映产品生产使用新鲜水的程度和水平，是用水定额的主体
	耗水定额	产品生产过程中消耗水量大小的标准，反映产品生产过程中消耗水的程度和水平
	排水定额	产品生产过程中排放水量多少的指标，反映产品生产排放水的程度和水平
产品形态	产品用水定额	产品生产过程中从原料开始直至最终产品所使用的水量标准
	半成品用水定额	产品生产过程中从原料开始直至半成品所使用的水量标准
	原料产品用水定额	产品生产过程中形成的原料产品所使用的水量标准
产品生产单元	工序用水定额	产品生产过程中某一工序用水的水量标准
	设备用水定额	产品生产过程中某一设备用水的水量标准
	车间用水定额	产品生产过程中某一车间用水的水量标准，一般只作为企业内部计划和考核用水情况的依据
定额本身用途	企业用水定额	产品生产过程中执行的现行用水量标准，用于企业内部分解下达用水计划指标和考核用水情况，并作为奖惩的依据
	设计用水定额	进行新建工厂和初建工厂设计时所使用的水量标准
	计划用水定额	编制某一时段内用水计划时所使用的水量标准

（三）用水定额表达方式

用水定额一般可用单位产品取水量、万元产值取水量和职工人均日生活取水量 3 种方式表达，见表 3-19。

表 3-19　用水定额表达方式

表达方式	含义及表达式	特点及适用范围
单位产品取水量 V	每生产单位产品需要的水量，单位为 m^3/单位产品，表达式为 V = 年取水量 Q/年产量	是考核工业用水水平的较合理、较科学的指标之一，是制定用水定额的常用表达方式，适用范围广，可比性强
万元产值取水量 W	每生产 1 万元产值的产品需要的取水量，单位为 m^3/万元，表达式为 W = 年取水量 Q/年产值	是综合性指标，可客观反映工业用水水平，纵向对比性强，但横向可比性差
职工人均日生活取水量 $Q_{生}$	每个职工平均每天用于生活的取水量，单位为 L/(人·天)，表达式为 $Q_{生}$ = 年生活取水量 Q/(职工人数×年生产天数)	可作为企业内部考核指标，相对地反映生产和生活用水的组成情况

注：取水量 Q 包括生产取水量、辅助生产取水量和附属生产取水量。职工人均日生活取水量 $Q_{生}$ 包括厂区内和车间职工生活用水及其他用水。

（四）制定用水定额的原则

（1）在保证工业生产正常运转前提下，严格执行国家及地方颁布的有关用水标准。

（2）保证用水定额的先进性、合理性和可行性。定额水平的高低是用水定额的核心。在制定用水定额工作中，只有坚持用水定额的先进性、合理性和可行性原则，才能促进工业企业的用水（节水）管理和节水新工艺、新技术的开发利用，降低生产过程的用水量，使用水定额目标管理得以贯彻落实。

（3）要有合理科学的技术依据。制定用水定额的目的是确定产品生产过程中用水量的标准，而要使用水量标准具有合理性和科学性，就必须取得确定用水定额所需的与生产和用水有关的技术依据（如工业水平衡测试、生产工艺水平等相关技术资料），使用水定额的制定建立在合理科学的技术依据的基础上。

（4）用水定额水平要与先进的节水新工艺、新设备和新技术相适应。工业生产过程中的用水量标准与生产工艺、设备和技术有直接关系，通过工艺改进、设备改造和依靠先进的科学技术，可以使工业生产用水水平有显著提高。为此，制定用水定额要充分考虑新工艺、新设备和新技术所产生的单位产品用水量降低这一节水效果，使用水定额水平达到先进性要求。

（5）坚持定额的共性和个性关系的原则。用水定额属能源定额范畴，它的制定符合能源制定的共性特点，但工业生产过程中的用水状况具有其自身特点所决定的特殊性。为此，在制定用水定额工作中，必须以定额的共性为基础，同时又要兼顾用水定额的个性问题，避免产生脱离实际的用水定额。

（6）合理确定与划分制定用水定额的产品。工业用水定额即产品用水定额。工业产品的品种、型号、规格相当繁杂，不可能也没有必要制定每个产品的用水定额。制定用水定额时，应依照“先重点、后一般”和分期分批的原则，考虑用水量和产值因素确定代表性产品，恰当合理地划分制定用水定额的产品，使用水定额的制定既合理又简单实用。

（五）制定用水定额的基本方法

制定用水定额的基本方法，是保证用水定额的先进性、科学性、合理性和可行性的关键手段，目前常用的制定用水定额的基本方法有经验法、统计分析法、技术测定法、理论计算法和类比法。

1. 经验法

经验法也称直观判断法，是指由有关专家依据经验并综合相关的信息、资料和数据，通过对用水过程的分析、讨论和比较，制定用水定额的方法。

经验法的主要优点是简便易行，时间和资金的投入较少，定额调整方便。缺点是易受主观因素影响，技术依据不足，导致结果不够准确。此法适用于用水资料缺乏时用水定额的制定，也可作为其他制定用水定额方法的补充手段。

2. 统计分析法

统计分析法是指将以往同类产品的用水定额和相关的用水统计资料与当前生产的具体情况相结合，经过分析研究制定用水定额的方法。具体应用统计分析法时，可采用二次平均法和统计趋势分析法。

1）二次平均法

统计分析步骤如下：

第一步，去掉不合理统计数据。由于生产过程中偶然因素或统计数据准确性的影响，统计资料中会出现不合理数据（偏高或偏低），这些数据不反映过去客观事实，必须从统计资料中去除。

第二步，计算所测数据的平均值，可按下式计算

$$\overline{V} = \frac{1}{n}\sum_{i=1}^{n} V_i \tag{3-16}$$

式中 $\overline{V}$——所测数据的平均值；

V_i——第 i 个测试数据值（如实际产品用水定额）；

n——统计时段内测试数据个数。

第三步，计算第二次平均值，可按下式计算

$$\overline{V}' = \frac{1}{k}\sum_{j=1}^{k} V_j \tag{3-17}$$

式中 V_j——测试数据中小于平均值 $\overline{V}$ 的数据值，$j=1,2,\cdots,k$；

k——测试数据中小于平均值 $\overline{V}$ 的数据个数；

$\overline{V}'$——小于平均值 $\overline{V}$ 的各数据的平均值。

则第二次平均值为

$$\overline{V}_2 = (\overline{V} + \overline{V}')/2 \tag{3-18}$$

如果计算所得 $\overline{V}_2$ 值不能达到先进定额水平要求，则按第三步求第三次、第四次……第 M 次平均值，直至使 $\overline{V}_M$ 值满足要求为止。

2）统计趋势分析法

统计趋势分析法是根据过去所掌握的大量统计资料，定量预测分析单位产品用水量变化规律和发展趋势，以此来确定产品用水定额的方法。其方法步骤如下：

（1）收集整理过去若干年产品用水资料，通过分析去除不合理数据。

（2）通过统计分析，取得该产品预测数学模型或曲线，即得到平均单位产品水量与时间的函数关系。

（3）据函数关系求得设定年限内单位产品用水量平均值 $\overline{V}$。

（4）分析判定 $\overline{V}$ 值是否满足定额的先进水平要求。

以上介绍的两种统计分析法在实际应用中的主要优点是准确性高，工作量小，取得分析结果速度快，受主观因素影响小；缺点是需要大量统计资料，分析结果受统计资料准确性影响大。

3. 技术测定法

技术测定法是指在一定的生产技术和用水条件下，通过对某种产品的生产过程用水量和产品产量进行实测和理论计算，并考虑各种影响因素加以修正，从而确定用水定额的方法。

技术测定的一般程序如下：

（1）测定时段内生产技术和管理应处于正常条件下。

(2)选择有代表性的生产时段进行测定，即要考虑产品生产的复杂性和影响用水的季节变化等因素。

(3)确定测定次数进行水平衡测试，以获取制定定额所需各类用水数据。

(4)对水平衡测试阶段内的产品产量进行统计计算。

(5)计算第 i 次测定的单位产品用水量 V_i，公式为

$$V_i = \frac{W_i}{m_i} \tag{3-19}$$

式中 V_i——第 i 次测定的单位产品用水量，m^3/单位产品；

W_i——第 i 次测定的用水量值，m^3；

m_i——与 W_i 对应的产品数量。

(6)据 V_i 值按式(3-16)计算其平均值 $\overline{V}$。

(7)分析各类影响因素，对 $\overline{V}$ 值进行修正，最终确定该类产品的用水定额。

技术测定法适用于生产过程稳定、产品数量和其用水量对应性强的情况。此法的优点是准确性高、科学性强，缺点是测定量大，工作较烦琐。

4. 其他方法

(1)理论计算法。即根据产品生产过程的用水技术(设计和操作)要求和单台设备(包括附属设备)的设计水量，用理论公式计算生产单位产品用水量，从而制定用水定额的方法。

(2)类比法(典型定额法)。即以已实施的典型用水定额项目为基准，通过分析比较(可采用经验法、技术测定法、理论计算法、统计分析法或曲线图示法)，确定出与之相同或相似的项目的用水定额方法。

在制定用水定额的实际工作中，一般是以上几种方法的综合运用，即在确定一种最佳方法的同时，以其他方法作为计算或检验定额水平的辅助手段。在实际运用时，要注意各类方法的适用条件，以保证用水定额的真实性和可行性。

(六)制定用水定额的程序

(1)设立专门机构。用水定额的制定，应按照统一领导、分级管理的原则，依据一定的程序，建立用水定额制定的分组组织机构(如以市为单位的用水定额制定的组织机构，一般设立市、各主管局(委、办、公司)、各用水单位三级)。

(2)调查收集资料。①了解和调查其他地区用水定额制定的经验和方法；②收集有关用水定额资料；③通过调研掌握有代表性的用水单位近年来生产及用水情况。

(3)编制技术文件，以统一用水定额制定的标准和方法。

(4)对用水定额的编制人员进行培训。

(5)确定与划分制定用水定额的各类产品。

(6)健全和完善计量手段，以得到全面准确的实测数据。

(7)对产品的用水量和产量进行统计、实测和计算。

(8)制定种类产品的用水定额并评判用水定额水平及发展趋势。

(9)对所制定的用水定额进行审查、审批，使之具有法律效力和可实施性。审查、审批部门包括节水管理部门、工业主管部门和技术监督部门等。

（七）影响用水定额的各种因素

影响用水定额的因素很多，作用的方式和影响的程度也各有不同，通过分析各种影响因素，并加以正确处理才能制定科学合理的用水定额。各种影响因素如下：

（1）专业化程度不同的影响。同一产品，在同等规模、同样技术管理条件下，专业化程度不同，用水定额的差别则不同。一般是专业化程度高的企业用水定额较低，反之较高。

（2）生产工艺、生产设备不同的影响。产品相同，生产规模相当，则生产工艺、生产设备先进的工业用水量较低。

（3）生产规模不同的影响。同一产品，在同等生产条件下，生产规模不同，其用水定额不同，一般规模越大，其用水定额越低。

（4）生产工序的结构不同的影响。生产同一产品，其生产工序可以是半成品加工，也可以是从原料到成品。这样，生产工序的结构不同会影响用水定额的大小。

（5）原料不同的影响。生产同一产品所用原料不同，对用水定额影响较大，如生产淀粉，其原料有薯类、玉米、小麦，使用不同的原料，其用水定额的大小不同。

（6）用水水平不同的影响。用水水平一般表现为取、用水条件的好坏，重复用水水平的高低，用水工艺、用水设备是否先进、节水等。上述因素的差异会造成用水定额的不一致。

（7）其他影响因素。其他因素包括气温、季节、水价、用水管理水平、水质和供水方式等，上述因素会造成生产过程中用水量大小不同，同时影响用水定额的大小。

（八）用水定额管理

用水定额管理具有很强的行政和技术管理职能，是体现用水科学管理的必要手段。用水定额管理的工作十分复杂，为实施合理、高效的用水定额管理，必须坚持统一领导、分级管理的原则。

用水定额管理工作的实效主要体现在用水定额的贯彻实施和用水定额的及时修订两大环节上。

1. 用水定额的贯彻实施

用水定额的贯彻实施是制定用水定额的根本目的，即通过以用水定额为主建立一套节约用水考核指标体系（编制、下达和考核用水计划）来实现用水（节水）的科学化管理。

2. 用水定额的修订

用水定额的修订一般有定期修订和不定期修订两种。

（1）定期修订。是指在生产工艺和技术水平以及生产用水水平提高的前提下，原有用水定额水平已不适应新的生产和用水状况而进行的修订。该项工作包括对不完善用水定额的修改和充实。定期修订的年限一般采用 3 年制。

（2）不定期修订。是指在采用新的节水生产工艺（设备）及实施节水技术改造项目后，生产用水水平有了较大提高的前提下，原有的用水定额水平已明显落后，为此而及时进行的用水定额的修订。

三、工业用水定额的制定

工业用水定额是指在一定的生产技术和管理条件下,结合当地水资源实情,生产单位产品或创造单位产值所要求(规定)的用水量,它是用水的标准,即都是产品生产过程中用水多寡程度的水量标准,反映的都是生产和用水之间的关系,单位为 m^3/单位产品或 m^3/万元。科学合理的用水定额在制定用水计划、编制节水规划、实行科学的定额管理等方面有着重要的作用。工业用水定额主要有三种表现形式:单位产品新水量、单位产值新水量、企业内职工人均生活日均新水量。

(一)工业企业产品用水定额的确定方法

1. 确定制定对象

一个企业生产两种以上产品时,确定制定定额品种的原则为以下几点:

(1)依用水量和产值为主导因素,确定需制定定额的产品。确定制定产品定额的产品品种是否齐全,关系到用水定额使用范围的大小,列出的产品要有代表性,要代表企业主要经营方向。

(2)恰当划分归类,确定代表性产品。对于需要制定定额的产品,如若干个小产品之间用水水平或产品规格相近,可以综合为一个代表性产品。

2. 基础测试,统计工作

1)实测值

实测值由新水量与产量的实际值相比而得到。用实测方法摸清产品取水的空间分布和时间分布,从中解析水量与产品的相关对应问题,将测得的各项水量数值,直接归纳到相应的产品名下对号入座,或者合理分摊到各种产品项目中。对生产单一产品、用水时间分布稳定的可进行实测,直接采用统计值;统计资料不完善或生产两种以上产品,主要产品用水量无法分摊的,原则上都要进行实测。

由于产品取水量在时间上的波动,实测期间的选择要尽力接近全年的平均状态(包括产品和各类新水量均处于中间状态)。如果波动较大,应分段测试。在计算取水比值以前,应将时间单位换算为"年",换算时,首先求得测试期间的日新水量,然后按本项目用水在全年中的取水天数换算成年新水量。

2)产品新水量统计值

逐月统计主要是考察产品取水水平在一年中的波动情况,统计期间可以跨年度。个别产品在某月偶然停产,可借用前一年的同期资料,一般依据实测工作开展时邻近一年内的统计值。

由于统计数据比较粗略,不可能像实测一样对时空分布状况作详细了解,为了既简明易行,又依据充分,按月统计时可参考实测数据,参考方法如下:

(1)新水量完全用统计值,只是划归分摊方法参照实测时设计的思路和比例。

(2)部分借用实测值,有的取水(如工艺用水)比较稳定可以借用实测数据。

3)分析计算

制定企业工业产品用水定额,主要是科学合理确定工业产品的用水量。用数理统计原理,归纳出企业产品用水定额的计算公式为

$$V_{企} = V_{测}/2 + V_{3月}/12 + 5V_{9月}/12 \tag{3-20}$$

式中 $V_{企}$——企业产品新水量,m^3;

$V_{测}$——实测值,m^3;

$V_{3月}$——与实测同期邻近的3个月统计值平均数,m^3;

$V_{9月}$——其余9个月的统计值平均数,m^3。

对于不是全年生产的产品(以8个月生产为例),公式改写为

$$V_{企} = V_{测}/2 + V_{3月}/8 + 3V_{5月}/8 \tag{3-21}$$

按上述方法算出的数据是各单位自定本企业产品用水定额的基数,再结合相关因素分析调整,以确定本企业用水定额上报。

通过测试、统计、比较分析等手段,对生产单位产品内在规律进行研究,掌握其最佳用水量,并参照历年考核情况和国内外同行业、同类产品的用水情况,考虑到目前总体水平和今后一段时间内实施的稳定性,经过平衡、优选和论证而确定单位产品用水量,这就是工业用水定额的编制过程。

(二)城市(区域)工业产品用水定额的确定方法

城市(区域)在制定工业用水定额时,由于受到多方面复杂因素影响,难以采用一种统一的制定方法。除水平衡测试法,还常采用经验法、统计分析法、类比法等。可以根据用水资料的完整程度、统计序列的长短,具体问题具体分析,采用一种方法制定后,再用其他方法进行校核。

1. 有关部门资料的收集

(1)企业水平衡测试报告。企业水平衡测试是一项规范性很强的工作,资料翔实、数据准确,是完成用水定额制定工作的重要参考资料,对全省已完成水平衡测试的企业应建档。企业水平衡测试结果是制定用水定额非常重要的科学依据。

(2)本省各市县现有用水定额(标准)。部分地区已完成用水定额的制定工作,现要求这些地区应将现行用水定额上报备案,对近五年以前制定的用水定额地方有关部门应进行修订(根据水利部有关要求"每五年滚动一次,对定额进行调整")。

(3)外省(市)用水定额。部分地区已完成用水定额制定工作,并已颁布实施,其经验成果、方式方法值得在工作中加以学习借鉴。特别是临近地区的情况有许多相似之处,可供在制定相同定额(限额)时参考比较。

(4)其他部门的有关研究结果。工业用水的管理部门(特别在城市地区)传统上是城建部门,近年经贸委的资源管理部门也积极参与其事,由于部门行业的优势,他们在资料积累、工作经验等方面确实走在前面,有许多很好的研究成果可以借鉴。

(5)主要用水工业产品名录。用水限额涵盖的工业产品品种应包括工业主要的用水行业的基本产品,以及在全国和当地占据突出地位的重要产品。

(6)主要用水行业重点企业调查。为深入细致地开展工作,保证定额制定的准确可靠,有必要选择一些企业进行重点调查,进一步完善基础资料。

2. 合理制定产品用水定额

由省、市、县(市)水行政主管部门将企业上报的"企业产品用水定额"资料归类、整理、汇总,审查各单位用水定额编制的基础资料,参考国内外有关资料,采用统计分析法

（二次平均法、概率测算法）、类比法（有条件的产品采用统计趋势分析法）进行调整、修改、平衡、优选，提出各市、县（市）产品用水定额意见。

3. 评审核定、批准颁布

经有关部门、专家共同审定后报批，经政府有关部门批准后颁布执行。

思考与练习

1. 我国工业用水主要包括哪几类？其中用水量最大的是哪类？
2. 工业冷却用水的类型主要有哪些？
3. 冷却用水的节水途径有哪些？主要途径是什么？
4. 常用的冷却构筑物有哪些？其具有哪些特点？
5. 干式与湿式冷却塔的主要区别与联系是什么？
6. 简要叙述常见冷却塔的组成和作用。
7. 何谓生产工艺节水？具体包括哪些？
8. 何谓工业水平衡？如何测试工业水平衡？
9. 试述工业水平衡测试的意义。
10. 你认为工业节水技术的发展趋势是什么？为什么？

第四章　城市生活节水技术

第一节　节水型器具设备

一、节水器具设备的含义与要求

(一)节水器具设备的含义

节水型器具设备是指与同类器具与设备相比具有显著节水功能的用水器具设备或其他检测控制装置,即:一是在较长时间内免除维修,不发生跑、冒、滴、漏的无用耗水现象;二是设计先进合理,制造精良,使用方便,比传统用水器具设备的耗水量明显减少。在城市节水中,主要通过给水器具设备的使用来完成。因此,节水器具设备的开发、推广和管理对于节约用水的工作是十分重要的。节水型器具及设备种类很多,主要包括龙头阀门类,淋浴器类,卫生洁具类,水位、水压控制类以及节水装置设备类等。

(二)节水器具设备的节水方法

其节水方法主要是:

(1)限定水量,如限量水表。

(2)限定(水箱、水池)水位或水位适时传感、显示,如水位自动控制装置、水位报警器。

(3)防漏,如低位水箱的各类型防漏阀。

(4)限制水流量或减压,如各类型限流、节流装置,减压阀。

(5)限时,如各类型延时自闭阀。

(6)定时控制,如定时冲洗装置。

(7)改进操作或提高操作控制的灵敏性,前者如冷热水混合器,后者如自动水龙头、电磁式淋浴节水装置。

(8)提高用水效率。

(9)适时调节供水水压或流量,如水泵机组调速给水设备。

上述方法几乎都是以避免水量浪费为特征的。

(三)节水器具设备的基本条件

鉴于同一类节水器具和设备往往可采取不同的方法,以致某些常用节水器具和设备的种类繁多,效果不一。鉴别或选择时,应依据其作用原理,着重考察是否满足下列基本条件:

(1)实际节水效果好。

(2)安装调试和操作使用方便。

(3)结构简单,经久耐用。

(4)经济合理。

任何一种好的节水器具和设备都应比较圆满地体现以上几项要求,否则就没有生命力,难以推广应用。

二、节水型水龙头与阀门

(一)节水型水龙头(水嘴)

1. 陶瓷片密封系列水嘴

国家要求,自 2000 年 1 月 1 日起禁止使用螺旋升降式铸铁水嘴,积极采用陶瓷片密封水嘴(见图 4-1)。该水嘴是用优质黄铜作为体材,选用精密陶瓷磨片为密封元件,90°开关,具有密封性能好、耐磨、耐腐蚀、开关快速、无锈水和水锤声、运行 30 万次无漏水的特点,用水时间短,不漏水。

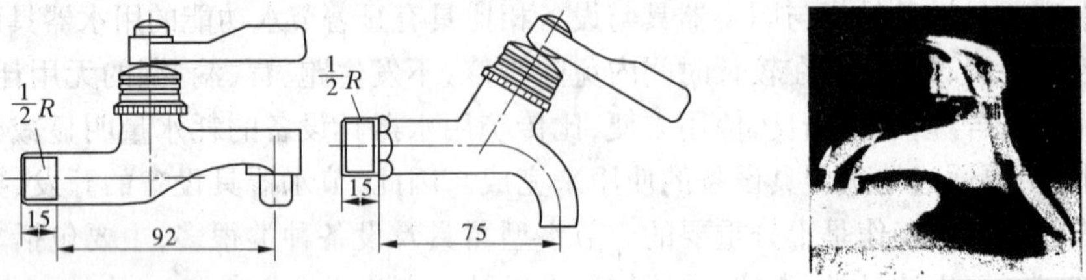

图 4-1　陶瓷片密封水嘴　(单位:mm)

2. 感应式水龙头

全自动感应式水龙头是采用红外线感应原理或电容感应效应及相应的控制电路执行机构(如电磁阀开关)的连续作用设计制造而成。它适用于医院或其他特定场所以避免交叉感染或污染,有交直流两种供电方式。感应式水龙头有龙头过滤网,感应距离可自动调节,具有自动出水及关水功能,清洁卫生,用水节约。

3. 延时自闭水龙头

延时自闭水龙头(见图 4-2),有用于陶瓷洗面盆立式安装的,有类似普通龙头横式安装的,它多数是直动式水阻尼结构,靠弹簧张力封闭阀口。

图 4-2　延时自闭水龙头

使用时,按下按钮,弹簧被压缩,阀口开启,水流出。手离按钮,阻尼结构使弹簧缓慢释放,延时数秒,然后自动关闭。有的增加连续放水功能,按下按钮向右旋,锁住按钮,持续放水,与普通龙头相同。旋回按钮,延时数秒,水流停止。延时自闭水龙头适用于公共建筑与公共场所,有时也可用于家庭。最大优点是可以减少水的浪费,据估计其节水效果约 30%,但要求较大的可靠性,需加强管理。

4. 磁控水龙头

磁控水龙头(见图 4-3)是以 ABS 塑料为主材并由包有永久高效磁铁的阀芯和耐水胶圈为配套件制作而成。其工作原理是利用磁铁本身具有的吸引力和排斥力启闭水龙头,控制龙头是靠磁力传递,全部开关动作为全封闭控制。具有耐腐蚀、密封好、水流清洁卫生、节能和磁化水功能。启闭快捷,轻便,控制块可固定在龙头上或另外携带,对控制外来用水有很好的作用,从而克服了传统龙头因机械转动而造成的跑、冒、滴、漏现象。

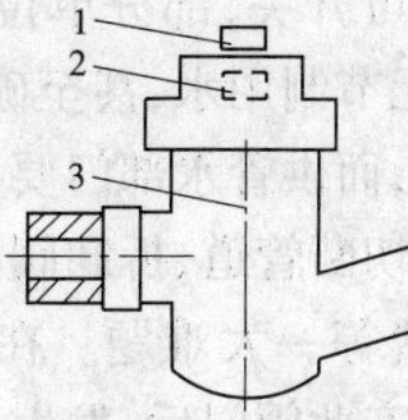

1—控制磁铁;2—同心磁铁;3—阀体

图 4-3　磁控水龙头

(二)节水型阀门

1. 延时自闭冲洗阀

延时自闭式便池冲洗阀是一种理想新型便池冲洗洁具,是利用阀体内活塞两端的压差和阻尼进行自动关闭的,该阀具有延时冲洗和自动关闭功能,具有节约空间、节约用水、容易安装、操作简单省力并带有防污器、能防止水源污染等优点,但需有一定的正常水压。

2. 无压自闭阀

无压自闭阀(见图 4-4)是一种由自动控制和人工控制相结合的两用阀,其工作原理是在管路“停水”时,靠阀瓣或活塞的自重或弹簧,复位关闭水流通道,管路“来水”时由于水压作用水流通道被阀瓣或活塞压得更加紧密,故不致漏水。如需重新开启阀,则需要靠外力提升推动阀或活塞打开通道,这时作用于阀瓣或活塞上下侧的力在水流作用下应处于平衡状态。无压自闭阀是一种理想的节水节能产品,适用水压不稳或定时供水的地区。

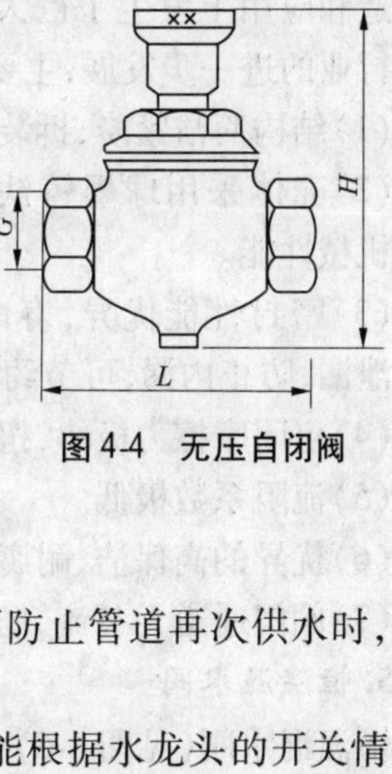

图 4-4　无压自闭阀

主要功能特点是:

(1)停水自闭功能。当管道停水时,节水阀自动关闭,可防止管道再次供水时,水龙头未关闭而造成的水患及水资源浪费。

(2)自动判断功能。当管道停水后再次供水时,节水阀能根据水龙头的开关情况判断是否供水。如果水龙头处于关闭状态,则节水阀自动开通,将水送至水龙头;如果水龙头处于开启状态,则节水阀自动关闭,停止供水。

(3)操作简单方便。该节水阀操作手柄为提压式,只需提起或压下,即可切断水源或开通水源,既省时又省力。

(4)使用寿命长。

(5)显示管道是否再次开水,延长水龙头寿命。

3. 表前专用控制阀

表前专用控制阀(见图 4-5)主要适用于城镇或大型企业供水部门对单位或居民用水实施有效控制,达到方便管理、节约用水的目的。其主要特点是:在不改变国家标准阀门安装口径和性能规范条件下,通过改变上体结构,采用特殊生产工艺,使之达到普通工具打不开,而必须由供水管水部门专管的“调控器”方能启闭的效果,从而解决了长期以来,阀门人人皆可开关，部分单位、个人偷漏水、拒交水费、无节制用水，甚至破坏水表和影响管道安全等，而供管水部门要么束手无策，要么兴师动众切断管道、拆卸阀门，造成大量人力、物力浪费等一大难题。在单位或居民计量水表前增安此阀门后，发生上述情况，管理人员只须用“调控器”轻轻一拨，即可达到关闭减压或限制用水的目的。

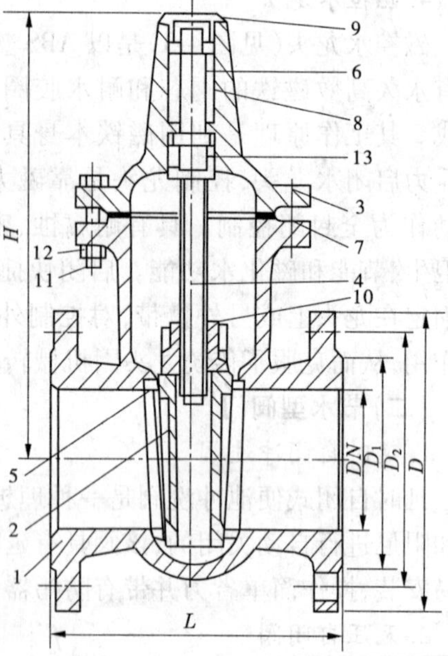

1—阀体；2—闸板；3—阀盖；4—阀杆；5—密封环；6—压套；7—垫田；8—填料；9—阀承盏；10—螺母；11—螺栓；12—螺母；13—止动圈

图 4-5　**表前专用控制阀**

4. EKB 软密封闸阀

EKB（环氧树脂粉末静电涂装）是指环氧树脂粉末在高温及静电的作用下，经特殊处理在金属表面形成保护层，它与普通家电的喷塑及轿车的烤漆有着本质的区别，EKB 材料工艺与橡胶包覆技术的发展，使阀门在设计制造和应用上发生了巨大的变革，推动了阀门行业的进一步发展，主要性能特点是：

（1）结构简洁紧凑，拆装方便。

（2）壳体采用球墨铸铁，大大提高了产品的机械性能。

（3）密封性能优异，寿命长、免维护，保证零泄漏，防止内漏，可节约用水。

（4）启闭摩擦力极小，扭矩低。

（5）流阻系数极低。

（6）优异的高保洁、耐腐蚀性能，根据使用要求，阀门可内衬搪瓷。

（7）阀门通道无节流，畅通无阻，不留锈蚀及杂物。

5. 恒温混水阀

恒温混水阀（见图 4-6）主要用于机关、团体、旅馆以及社会上的公共浴室中，是为单管淋浴器提供恒温热水的一种装置，也可以用于洗涤、印染、化工等行业中需要恒温热水的场合。

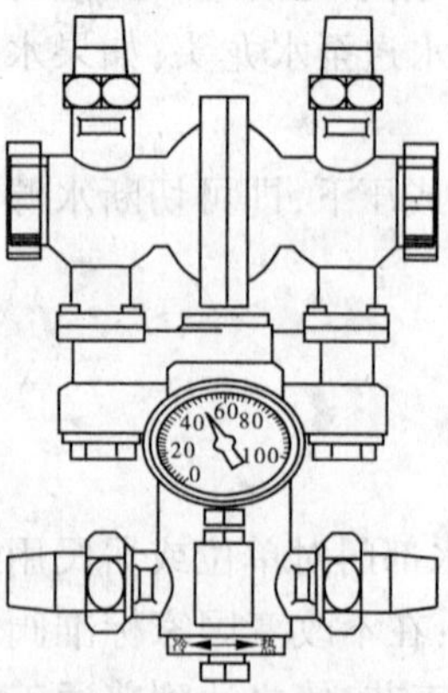

图 4-6　**恒温混水阀**

恒温混水阀与单管淋浴器配合使用，可比门式双调节淋浴器节约用水 30% ~50% 以上。该阀为自力式工作方式，即依靠流经阀内液体的压力、温度驱动混水阀自动工作，将进入水阀的冷、热水调整成规定温度的水。它不需要外接电源，因此它是一种节水节能的产品。这种混水阀只能用于热水与冷水的混合，而不能用于蒸汽与冷水的混合。

一台恒温混水阀根据输入水源压力的大小能同时带动数套至数十套淋浴器同时工作。

恒温混水阀的特点：

(1)恒温精度高，避免了洗浴时忽冷忽热的现象。

(2)有防烫伤、防冷激的功能。当由于某种原因，冷水或热水中有一路突然停水时，混水阀可自动关闭，防止烫伤、冷激事故的发生。

(3)体积小，安装方便，节省投资。可将混水阀直接安装在墙面上，占空间小，是使用混水箱投资的1/10到1/5。

(4)输出水温能在一定范围内设定，当季节、气候变化时，水温可人为调整。

(三)节水型淋浴器具

淋浴器具是各种浴室的主要淋浴设施。浴室的年耗水量很大，据不完全统计约占生活用水量的1/3。过去建立的淋浴设施多采用单手轮或双手轮调节给水，而洗浴又是一种断续的用水方式，用手轮调节水温比较麻烦，一旦打开淋浴开关后(调好水温)，人们不愿频繁地开关操作，这样造成无效给水时间长，既浪费了水，又浪费大量能源。为了改变这一浪费现象，最有效的方法是采用非手控给水，例如脚踏式淋浴阀，电控、光控、超声控制等多种淋浴阀。

对各种淋浴阀的共同要求如下：

(1)耐压强度，应能承受0.9 MPa水压无损坏。

(2)密封性能，在通入0.6 MPa压力水时(逆水流密封的产品按其规定的最高适用压力值的1.1倍)，出水口及阀杆密封处不准渗漏；顺水流密封入水口的淋浴阀，阀杆密封处应能耐1 MPa的压力水不渗漏。

(3)不得使用混有石棉或有其他有害添加物的材料做密封件及涂装。

(4)淋浴阀与人体接触部位应光滑、圆顺，不能对人体造成伤害。

(5)同一厂生产的同一型号产品的零部件应能互换。

(6)阀门密封面表面粗糙度不得大于Ra3.2 μm，阀杆滑动密封处表面粗糙度不得大于Ra0.8 μm。

(7)作用于踏板中心的力小于30 N。

(8)淋浴阀全开，流出水头为0.02 MPa时，流量应不小于0.12 L/s，流出水头为0.2 MPa时，流量应不大于0.3 L/s。

节水型淋浴阀除应满足上述(1)~(8)的要求，其流量不应随给水压力的增高而波动太大，例如压力由0.02 MPa升至0.2 MPa时，流量变化宜在0.12 ~0.3 L/s，这样既能满足淋浴的需要又能达到节水目的。脚踏淋浴器与传统的淋浴阀相比节水量可达30% ~70%。现推广使用的隔膜式脚踏阀，漏水少，免维修，使用寿命长。

1.机械式脚踏淋浴器

机械式脚踏淋浴器见图4-7。当人站在淋浴喷头下方，利用人的重力直接作用或通过杠杆、链绳等力传递原理开启阀门，有水；人离阀闭，水自停，达到节水的目的。从淋浴阀结构上分为单管和双管，单管是控制已经调节好35 ~40 ℃水温的混合水，双管是通过分别装设于冷、热水管路上的两个截止阀(有的用安装于冷、热汇合处的单柄调节阀)，调冷、热水混合比，取得满意的水温。

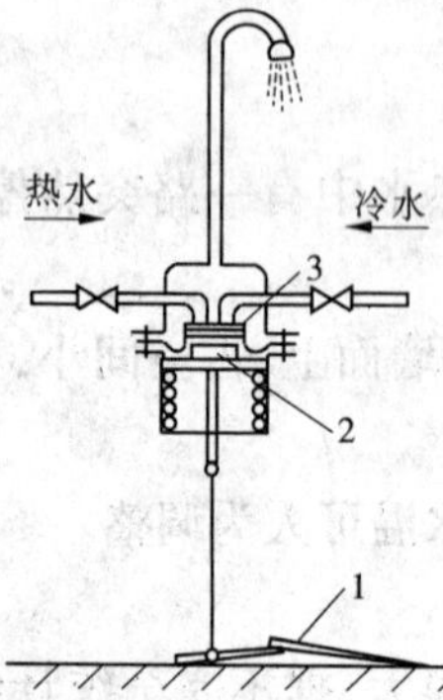

1—脚踏板;2—橡胶膈膜;3—阀芯

图4-7　机械式脚踏淋浴器

2. 电磁式淋浴器

电磁式淋浴器也简称"一点通"。整个装置由设于莲蓬头下方墙上(或墙体内)的控制器、电磁阀等组成。使用时只需轻按控制器开关,电磁阀即开启通水("一点通"以此得名),延续一段时间后电磁阀自动关闭停水,如仍需用水,可再按控制器开关。

这种淋浴器节水装置克服了沿袭多年的脚踏开关的缺点。脚下无障碍,其节水效果越加显著。据已经使用的浴池统计,其节水效率在48%左右。

考虑到浴室的环境条件,电磁式淋浴器的控制器采用全密封技术,防水防潮;采用感应式开关,其使用寿命不少于500万次。

电磁式淋浴器,控制电压为12~36 V,电磁开关功率仅0.5 W,工作压力为0~0.15 MPa,适用于单管(冷热水混合管路)系统。

3. 红外传感式淋浴器

红外传感式淋浴器(见图4-8)类似反射式小便池冲洗控制器,红外发射器和接收控制器装在一个平面上,当人体走进探测有效距离之内,电磁阀开启,喷头出水,人体离开探测区,电磁阀关闭,喷头停止出水。目前,只有单管式,适用于混合水。无需动手动脚,既美观又卫生、安全。主要性能指标是有防水、防雾的消除误操作功能。

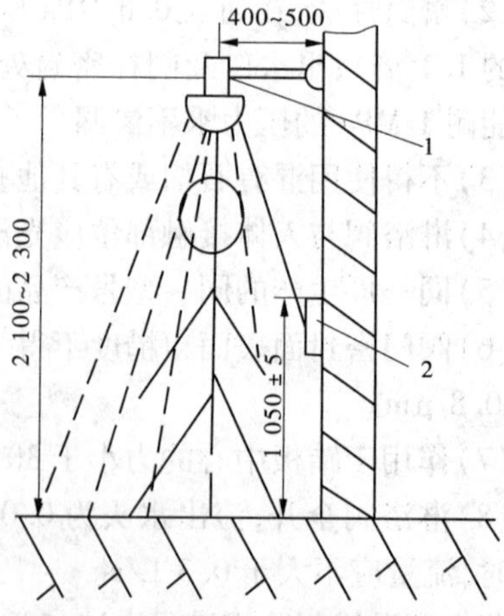

1—自动喷头;2—控制器

图4-8　红外传感式淋浴器　(单位:mm)

三、节水型卫生洁具

(一)座便器

1. 节水型座便器

1)节水型座便器类型

座便器即抽水马桶,它始于英国,是19世纪的伟大发明。其用水量是由座便本身构造决定的,冲洗用水量发展变化情况为17 L—15 L—13 L—9 L—6 L—3 L/6 L。座便器是卫生间必备设施,用水量占到家庭用水量的30%~40%,所以座便器节水非常重要。

座便器按冲洗方式分为三类,即虹吸式、冲落式和冲洗式(见图4-9)。

虹吸式座便器采用下上水式,当形成水压后产生虹吸现象,实现冲洗,用水量较大。

冲落式座便器采用直冲式冲洗,杂音较大。

目前,座便器从冲洗水量和噪声上有了很大改进,产生了节水型座便器,节水型座便器在市场投放的已有几十个款式。我国通过6 L大便器配套系统JC/T 856—2000标准认证的有"美林"、"鹰牌"、"四维"、"吉事多"等国内品牌。

2)节水型座便器特点

节水型座便器的主要特点是:

(1)冲水噪音小,噪音峰值小于 45 dB。

(2)节水性能好,便器一次理想冲洗用水量不大于6 L,试件能够全部冲入排污主管,便器内表面能够被全面冲洗,后续冲水量≥2.5 L,存水弯水封水已被置换,小便 3 L 冲洗。

(3)高档产品也有抗菌效果。

(4)自洁性能好,便器坐圈有特殊设计的喷射孔,在污物排出后,便器的内表面能够全部被冲洗,且存水弯全部被施釉,使污物很难附着在管道内壁上,产品的使用寿命得到延长。

2. 感应式座便器

感应式座便器是在满足节水型座便器的条件下改变控制方式,根据红外线感应控制电磁阀冲水,从而达到自动冲洗的节水效果。其功能与特点如下:

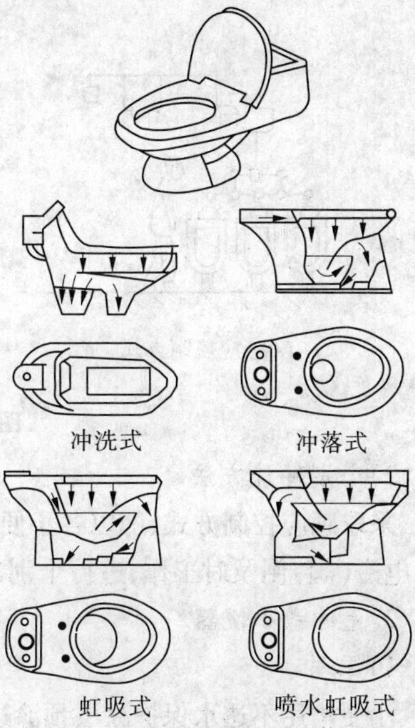

图 4-9 节水型座便器

(1)节水。便器每次使用后冲水量为 6 L。

(2)卫生。一切冲洗动作由机器自动完成,无需人为操作,冲洗彻底,不留异味,并有效避免细菌交叉感染。

(3)省电。直流产品使用 4 节 5 号碱性电池供电时,每天使用 100 次,2 年内无需更换电池。

(4)安装特性。藏墙式安装设计,长方体外形,适合标准墙体的安装。

(5)维护方便。内设易清洗过滤装置,非专业人员即可进行维护。

(6)可调冲水。机器在水压较低的环境使用时,为使清洗彻底,可按说明书指导,将冲水时间调整为 8 s。另外,可根据需要,调整人离开感应范围后至开始冲水的时间间隔。

(7)定时冲水。当便器长期处于不使用的状态,冲水阀将每隔 24 h 自动冲水一次,以防存水弯中存水干涸,导致臭气回窜。

(二)小便器

1. 节水型小便器

男厕所的小便器分为同时冲洗和个别冲洗两种方法,见图 4-10。

1)同时冲洗方法

(1)感应控制方式。光电传感器可反馈小便器的使用,当达到调整好的时间和设计好的条件时,电磁阀和冲洗阀工作,使数个小便斗同时进行冲洗。

(2)计时控制方式。根据白天和黑夜或假日冲洗时间的不同,冲洗间隔和使用情况不同,任意选定冲洗时间,按选定好的时间,由计时器定时统一控制,使数个小便斗同时进行冲洗。

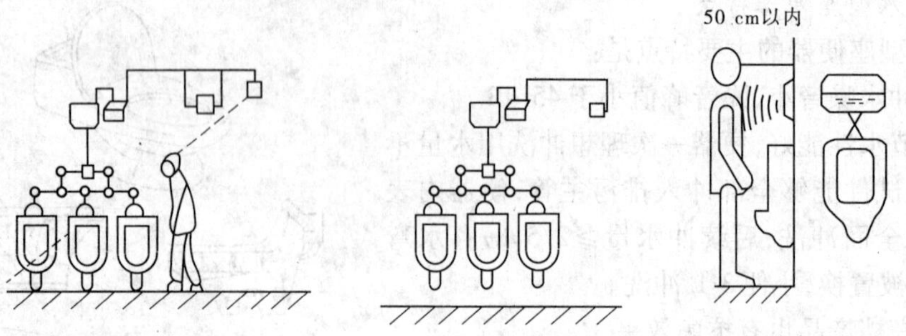

(a)感应控制方式　　(b)计时控制方式　　(c)个别冲洗方式

图 4-10　节水型小便器

2)个别冲洗方法

采取感应控制方式,即以各小便器安装的红外线等光电传感器,反馈小便器的使用情况,电磁(阀)闸及时工作,进行个别冲洗。

2. 免冲式小便器

1)原理

小便槽用不透水保护涂层预涂过,以阻止细菌生长和结垢,避免细菌和结垢所产生的臭气扩散。

免冲式小便器存水弯断面见图 4-11。塑料存水弯衬垫与标准污水管线相连,由近 28 g的蓝色液体密封垫填满。必要时,存水弯衬垫可移动。

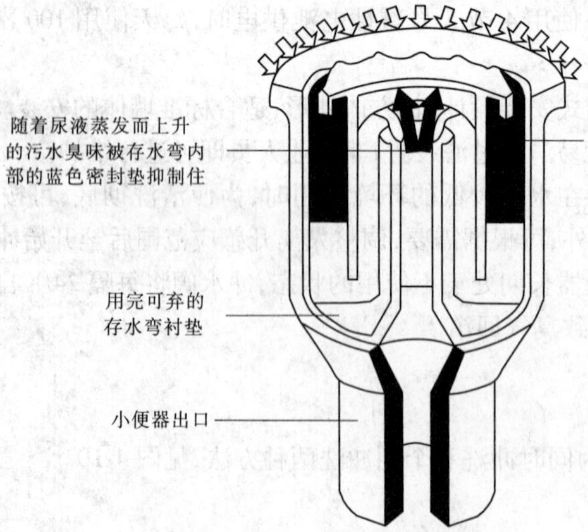

图 4-11　存水弯断面

蓝色密封垫 TM 是一种特别精细的可生物降解的存水弯液体,轻于尿液。因此,较重的尿液快速通过蓝色密封垫,存水弯液体浮于表面密封存水弯和污水,这样可以阻止臭味进入大气中。28 g 蓝色密封垫提供最少 500 次卫生实用的操作。

2)特点

免冲式小便器的特点如下：

(1)高效液体存水弯衬垫,可免除臭味。

(2)不用水,节省了水和污水费用。

(3)非触摸式操作,安全卫生。

(4)无冲洗阀,免除了阀门的修理或更换费用。

(5)改型费用低于传感器操作的冲洗阀。

(6)表面防水涂层,无锈斑产生。

(7)与其他小便器一样,可安装于污水管上。

(8)清洗与其他冲洗式小便器相同。

(9)维护工作量小。

(10)无水,减少污水管结垢。

(11)不需移动存水弯,存水弯从顶部再充满操作简单。

(12)存水弯液体可生物降解,存水弯衬垫可再循环使用。

(13)存水弯便于移动,为清洗提供了附加功能。

3)用途

免冲式小便器适用于机关团体、商业、工业、学校、公园、体育场所等处的卫生间使用。

3. 感应式小便器

感应式小便器也是根据红外线感应控制电磁阀冲水,达到冲洗的效果。其功能与特点如下：

(1)节水。在使用频率高处,平均每次冲水量为1.2~3 L;在使用频率低处,每次冲水量为2~4 L。

(2)卫生。冲洗动作由机器自动完成,无需人为操作,冲洗彻底、不留异味,并可有效避免细菌交叉感染。

(3)智能。采用微电脑控制,根据小便斗的使用频率及每次使用时间的长短,进行智能化冲水控制,可有效节约水量。

(4)省电。直流产品使用4节5号碱性电池供电时,若每天使用100次,则2年内无需更换电池。

(5)维护方便。内设水量调节阀及过滤网,非专业人员即可调节水量和清洗过滤网。

(6)安装特性。藏墙式安装设计,适合标准墙壁的安装。

(7)定时冲水。当小便斗长期处于不使用状态,冲水阀将每隔24 h自动冲水一次,以防存水弯中存水干涸,导致臭气回窜。

(三)净身器

净身器(洁身器)(见图4-12)由箱体、前后喷头、风机、节流阀、电热管、控制电路板、臭氧发生器及安全保护装置等部分组成。人体便后按动按钮后进行自动冲洗、烘干,实现无纸揩擦,它的节水功能体现在减少造纸用水。箱体分上盖、储水

图4-12　净身器

坐圈和控制箱。箱体由 ABS 工程塑料制成。掀起洁身器上盖时，电路接通，温度指示灯和加热指示灯同时亮起，电热管开始加热。当坐圈中的水温达到预选温度时，控温电路自动切断加热电源，电热管停止加热，加热指示灯熄灭。当水温低于预选温度时，控温电路自动接通加热电源，电热管加热。设有过热保护和卸荷阀，水温过高或水压过大时起保护作用。氧发生器每次掀开上盖时会自动开启，4 ~ 5 min 后自动关闭。臭氧释放原子氧，它是强氧化剂，能除臭、消毒、灭菌。

四、新型水表

水表是累计水量的仪表，是节水的“眼睛”和“助手”，是科学管理和定额考核的重要基础，是法人结算的重要依据，同时也是水平衡测试的主要监测工具。水表主要有旋翼式、螺翼式和容积式水表及超声波流量计、电磁流量计、孔板流量计等。本节主要介绍几种实用的水表。

（一）插入式水表

1. 原理

插入式水表（见图 4-13）是利用缩小的速度式水表的叶轮计量机构，插入到具有同被测管道相同口径的“筒形”外壳内，利用流过管道的水流，推动“筒形”外壳内作用于叶轮计量机构中的叶轮，并经机械传动机构传至指示机构。由于设计中，使叶轮在规定的流量范围内，转速与管道内的瞬时流量成正比，转动的圈数与流过管道的总量（累积流量）成正比。因此，指示机构记录和指示了叶轮的转数，从而记录和指示管道内的流量。

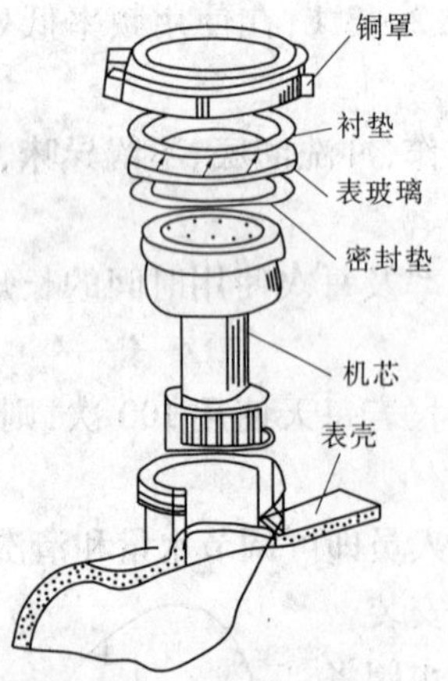

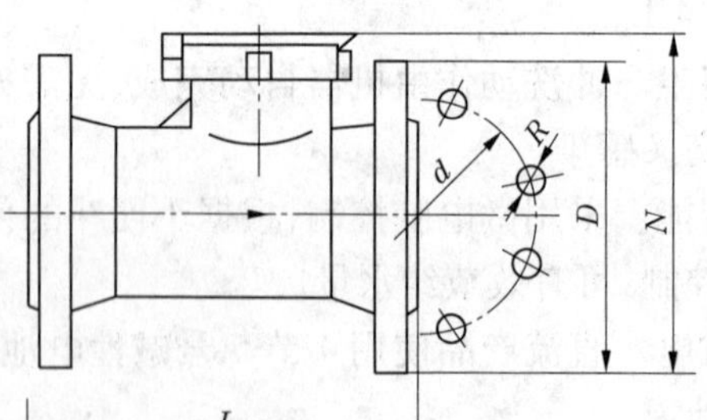

图 4-13　插入式水表

2. 种类

插入式水表按叶轮计量机构中使用的叶轮种类不同，又分为插入旋翼式水表和插入螺翼式水表，它们实际上是旋翼式水表和水平螺翼式水表的变形，但又具有机芯阻流面积小的共同点，因此都具有比其他形式水表的压力损失小的特点。目前，插入式水表具有防堵塞、耐磨损、阻力小等优点，故为自备井专用水表。

(二)容积式水表

1. 原理

容积式水表里,计量元件是“标准容器”。当水流入水表时,随即进入“标准容器”,当“标准容器”充满水之后,在水流压力差推动下,“标准容器”将其内的水向水表出水口送去,并同时带动计数器运动。“标准容器”再重新充满水,并送向出水口。如此反复,“标准容器”不停地“量”水,计数器记录“标准容器”“量”水的次数,达到计量目的,不满不流、滴水可计,所以计量精度高。

2. 产品

DH 容积活塞式水表是目前国际上先进的水流计量器具。它采用无毒无害的优质材料组成,不受电磁感应影响、技术含量高、品质稳定持久、不污染水质、不生锈,是理想的旋翼式水表的替代产品。它设计的止回阀,使水永远不会倒流,在一定程度上起到了抑制水量浪费的作用。

(三)磁卡水表

LZS 系列 IC 卡智能冷水水表,是机电一体智能化的高新技术产品。其全部技术性能符合国家标准 GB/T 788—1996B 级(等效 LSO 4064)标准。它的应用将彻底变革传统的抄表收费方式,即变被动为主动,可从自动交费的方式上提高人们的节水意识。

1. 主要功能

(1)加密功能。自动识别 IC 卡密码,实行 1 表 1 卡的数据处理。

(2)显示功能。LCD 液晶显示用水量、剩余水量、本次购买水量。

(3)提示功能。剩余水量小于 3 m^3,执行器进入半关闭状态。

(4)关断功能。剩余水量为零,执行器自动关闭。

(5)防窃功能。反向水流亦按正向水流计量;打开外壳,自动关闭。

(6)高容量、长寿命进口电池,使用时间达 8 年之久。

2. 应用

专用售水管理系统,实现销售、管理现代化。安装方便,其长度尺寸与旧式水表一样,可直接现场更换。因此,磁卡水表是智能化小区的标志,更是水表发展的趋势。

第二节 城市中水回用技术

一、城市建筑中水回用的概念及意义

(一)基本概念

20 世纪 60 年代源于日本的“中水道”名称,意指水质介于上、下水质之间的一种水道系统(水源为下水道的污水)。

建筑中水,即是把民用建筑或建筑小区中人们生活中用过的或生产活动中属生活排放的污水、冷却水及雨水等,经集流、水质处理、输配等技术措施,回用于民用建筑或建筑小区内,作为冲洗便器、冲洗汽车、绿化和浇洒道路等杂用水的供水系统。

相对于城市污水大规模处理回用而言,建筑中水工程属于分散、小规模的污水回用工程，具有灵活、易于建设、无需长距离输水和运行管理方便等优点，是一种较有前途的生活节水方式，尤其是对大型公共建筑、宾馆和新建高层住宅区。

（二）建筑中水处理技术的特点

建筑中水处理技术是在城市污水处理技术的基础上发展起来的，其工艺特点除了具有城市污水处理设施的特点，又因其待处理水的水质不同以及处理规模、处理深度和设施安装地点不同而有不同的特点。

（1）中水处理水源目前主要取自生活污水中的轻度污染水（如洗浴水等），只有少数取自综合生活污水。从主要污染指标 COD_{Cr} 来说，前者在 150 mg/L 左右，后者在 500 mg/L以下。对于前者，处理工艺可以用物化处理法，或者生化处理法；对于后者，处理工艺一般必须采用生化处理辅以物化处理法，才能达到中水水质要求。

（2）中水处理站的设置场所多建在建筑物底层或地下室内，一般要求占地面积尽可能小，因此要求处理构筑物或设备布置紧凑，处理效率高。

（3）中水主要是用于补充生活用水水质及其稳定性要求高，因此对中水设施长期安全可靠运行的要求也高。

（4）中水设施处理规模较小，管理人员多是兼职，因此要求中水设施的运行管理尽量简单。

（三）建筑中水回用概况

1. 国外回用状况

世界各国对建筑中水的回用十分重视，目前已有比较成熟的技术，而且新的技术仍在不断出现。日本从 20 世纪 60 年代开始研究建筑中水，以东京都为主，遍及日本全国已建有 60 座中水工程。印度孟买也有 7 栋商业大楼采用中水工程用于补充空调冷却用水，水量达 150～250 m^3/d。

2. 国内回用情况

从国内来看，北京市开展建筑中水技术的研究和推广工作较早。从 1984 年起，北京市环境保护科学研究所和北京市市政设计研究院先后在机关大院和住宅小区开展了建筑中水回用的设施研究。为推广这种节水技术，北京市人民政府［1987］60 号文件发布的《北京市中水设施建设管理试行办法》中明确规定：今后凡新建建筑面积超过 2 万 m^2 的旅馆、饭店和公寓及建筑面积在 3 万 m^2 以上的机关、科研单位、大专院校和大型文化体育等建筑，应配套建设中水设施，并应与主体建筑工程同时设计、同时施工、同时交付使用。截止到 1995 年底，北京市已建有中水设施 115 个，中水回用量达 1.2 万 m^3/d。此外，天津、深圳、上海、大连和太原等城市的中水设施建设也初见成效，但总体来看，建筑中水回用在我国还处于起步阶段。

（四）建筑中水回用的意义

国内外工程实践证明，建筑中水回用具有明显的社会效益、环境效益和经济效益。

（1）可节约淡水资源。实际经验表明，每人每日直接用于饮食的水量，一般不超过 5 L，而对于新建的住宅小区，由于其卫生设备比较完善，人均日用水量（包括公共建筑和绿地用水在内）为 300～350 L，饮用水仅占其中的 1/70～1/60。绝大部分的用水量，是消耗在冲洗厕所、清洗地面、洗涤衣物以及洗车、喷洒绿化等杂用水方面，如果设置中水系统,新鲜自来水的节水潜力极大。据不同类型居住区的统计,设置中水系统后,自来水的节水率均在20%以上。根据北京市环保所的调查,对于科研事业单位可节水40%左右;对于一般居民住宅,可节水30%左右。

(2)可减少污水排放量,减轻水环境污染,同时还可缓解城市下水道的超负荷运行现象。

(3)建筑中水工程回收利用建筑排水,就近开辟了稳定的新水源,既节省基建投资,又能降低供水成本,取得一定的经济效益。

根据已建工程的投资统计资料,建筑中水工程投资指标往往低于当地自来水建设投资指标及市政管网建设投资指标之和,同时也往往低于当地水资源费和排水工程建设及污水处理费用指标之和。例如,北京某宾馆中水工程投资34万元,日产水能力为264 m^3,投资指标为1 288元/(m^3/d),而大约同期北京水源九厂投资指标为1 386元/(m^3·d),这个指标只含水源取、输、净水工程建设投资,还不含供水管网建设投资在内。仅此即可看出该项中水工程的投资指标低于新建自来水厂的投资指标,其经济状况良好。又北京市收取自来水资源费为840元/(m^3·d),收取排污及其治理费为800元/(m^3·d),两项共计1 640元/(m^3·d),该项中水工程投资指标也低于政策规定收费指标。

二、建筑中水系统的类型和组成

(一)建筑中水系统的类型

建筑中水系统是一个系统工程,是给水工程技术、排水工程技术、水处理工程技术及建筑环境工程技术的有机综合,是在建筑物或建筑小区内运用上述工程技术,实现其使用功能、水功能及建筑环境功能的统一。中水系统既不是污水处理厂的小型化,也不是给排水工程和水处理设备的简单拼接。建筑中水系统按服务的范围和规模可分为3类:单幢建筑中水系统、建筑小区中水系统和区域性水循环建筑中水系统。

1. 单幢建筑中水系统

单幢建筑中水系统如图4-14所示。这种系统的中水水源取自本系统内的杂排水(不含粪便排水)和优质杂排水(不含粪便排水和厨房排水)。该排水经集流处理达到中水水质要求后,用专用管网回送至本建筑内,供冲洗便器、浇洒绿化等生活杂用水。中水处理站根据条件,可设在该建筑地下室或临近该建筑外部。设置这种系统的建筑生活排水和给水都应该是双管系统,即排水管网为粪便排水管网和杂排水管网两类分流。给水管网为生活饮用水和杂用水双管配水系统。单幢建筑中水系统具有处理流程简单、占地小、投资少和见效快的特点,适用于用水量较大的各类建筑物,尤其是对于优质排水量较大的旅馆,饭店,公寓,办公大楼,大型文化、体育和科研大楼等更为适合。

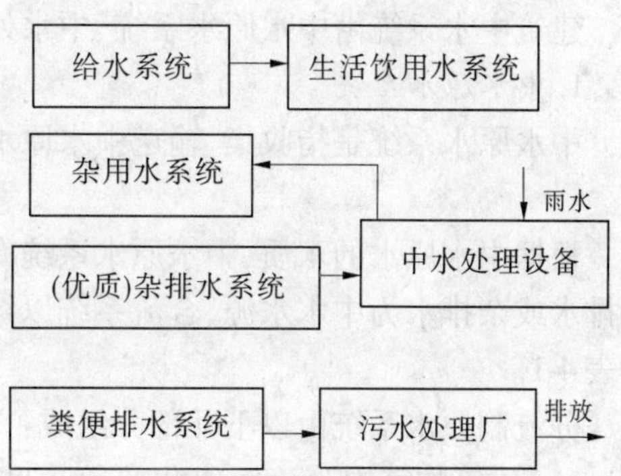

图4-14 单幢建筑中水系统

2. 建筑小区中水系统

建筑小区中水系统如图4-15所示。这种系统的中水水源取自建筑小区内各建筑物排放的污水。根据建筑小区所在城镇排水设施的完善程度确定室内排水系统，但应使建筑小区室外给、排水系统与建筑物内部给、排水系统相配套。目前，设置中水工程的建筑小区室外排水多为粪便、杂排水分流系统，中水水源取自杂排水。建筑小区和建筑内部给水管网均为生活饮用水和杂用水双管配水系统。

这种系统工程规模较大，水管道复杂，但集中处理的费用较低，多用于建筑物分布较集中的住宅小区和集中高层楼群、机关大院和高等院校等。

3. 区域性水循环建筑中水系统

区域性水循环建筑中水系统如图4-16所示。这种系统的特点是建筑小区所在城镇具有污水二级处理设施，且小区距污水处理厂较近。小区中水工程以城市污水处理厂的二级处理水为水源，二级处理水经提升送至小区中水处理站，经深度处理达到中水水质标准后，供建筑内部冲洗便器、浇灌绿化等杂用。这类中水系统的室外、室内排水系统可不必设置分流双管排水系统，但室内、外给水管网必须为生活饮用和杂用设置双管配水系统。

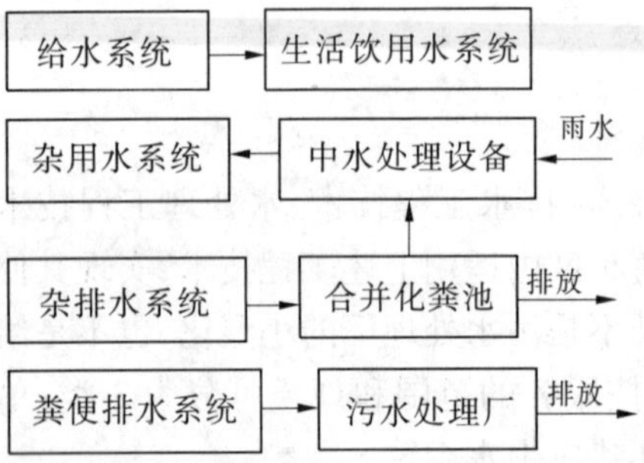

图4-15　建筑小区中水系统

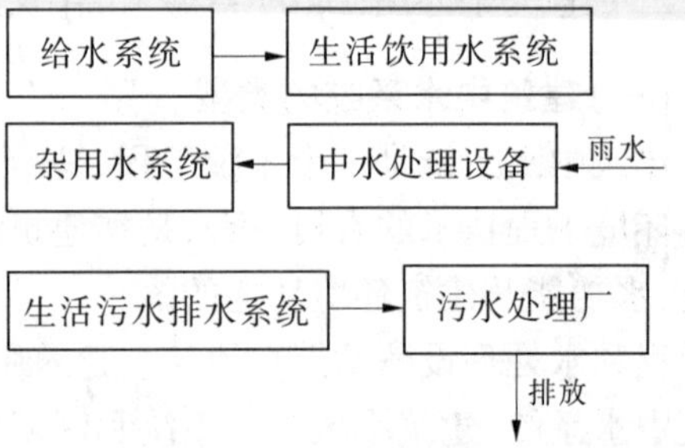

图4-16　区域性水循环建筑中水系统

(二)建筑中水系统的组成

建筑中水系统由中水原水系统、中水处理设施和中水供水系统三部分组成。

1. 中水原水系统

中水原水系统是指收集、输送中水原水到中水处理设施的管道系统和一些附属构筑物。

根据中水原水的水质，中水原水系统有污水分流制和合流制两类。分流系统以优质杂排水或杂排水为中水水源，合流系统以综合生活污水为中水水源。两种系统的优缺点见表4-1。

分流制原水系统由以下几部分组成：

(1)建筑物室内分流污水集流管道和设备。其作用是收集洗澡、盥洗和洗涤污水。集流的污水有的排到室外集流管道，经建筑小区中水处理站净化后，回送至小区内各建筑物作为杂用水使用；有的只送到该建筑物内的中水处理站，经净化后回用到该建筑。室内集流的污水排到室外集流管道时，其集流排水的出户管应设置排水检查井，与室外集流管道相接。

表 4-1　中水原水系统类型及优缺点

原水系统类型	优缺点
合流系统	优点:1. 水量较分流系统充足、稳定 2. 不需设置分流管道 缺点:1. 原水水质差,含粪便和油污 2. 处理工艺复杂,必须经过可靠的一级、二级、三级处理程序 3. 中水水质保障性差,用户接受程度差 4. 处理对环境危害程度大
分流系统	优点:1. 原水水质好、有机污染程度轻 2. 处理工艺流程可简化,投资省,占地小 3. 中水水质保障性好,易被用户接受 4. 中水处理站对环境危害小 缺点:1. 原水水量受限制,且不稳定 2. 需加设一套分流管道

(2)建筑小区集流污水管道可布置在庭院道路或绿地下,尽可能靠重力流把污水送到水处理站。建筑小区集流污水管也有干管和支管之分,管网根据地形、管道走向等情况可设置检查井、跌水井、溢流井等,如图 4-17 所示。图中溢流井的作用是保证集流污水的水量恒定。

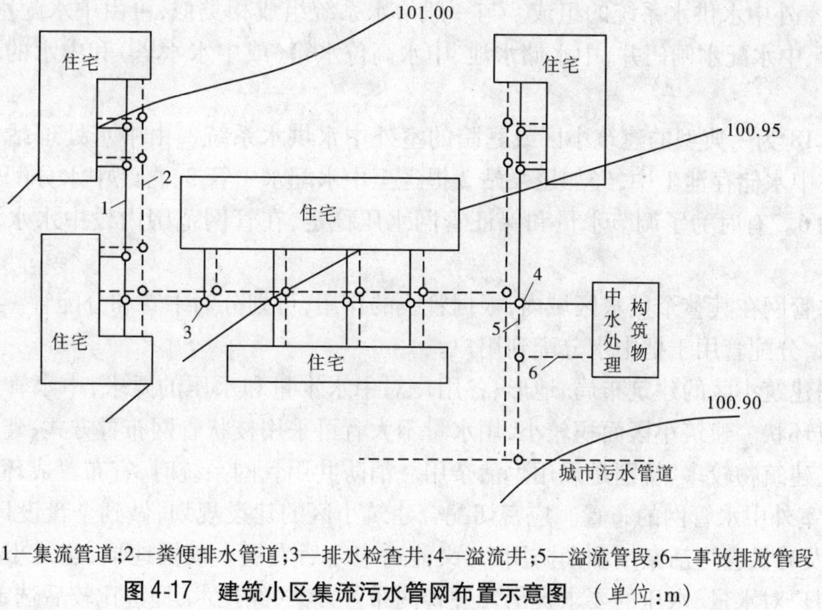

1—集流管道;2—粪便排水管道;3—排水检查井;4—溢流井;5—溢流管段;6—事故排放管段

图 4-17　建筑小区集流污水管网布置示意图　(单位:m)

(3)污水泵站及压力管道。当集流污水不能靠重力自流到建筑小区中水处理站时,需设置泵站提升。泵站至中水处理站的集流污水管,往往设计为压力管道。

2. 中水处理设施

中水处理设施的设置应根据中水原水水量、水质和中水使用要求等因素,经过技术经济比较之后确定。一般将整个处理过程分为前处理、主要处理和后处理3个阶段。

(1)前处理。主要用来截留大的漂浮物、悬浮物和杂物,一般采用格栅或格网截留、油水分离、毛发截留、水量调节和水质酸碱度调整等处理设备或构筑物。

(2)主要处理。用于去除水中的有机物、无机物等。该阶段的设施和设备,按采用的水处理工艺流程而有多种多样,一般有混凝池、沉淀池、生物处理设施和过滤设备等。

(3)后处理。是对中水供水水质要求很高时进行的深度处理,可采用如深度过滤设备、超滤设备、电渗析设备、反渗透设备、混凝沉淀、吹脱气浮、吸附交换、化学氧化以及消毒等处理设备或构筑物。

3. 中水供水系统

凡设置中水系统的建筑或建筑小区,其建筑内、外都应分别设置饮用水供水管网和中水供水管网,以及各自的增压储水设备。增压储水设备有饮用水池、饮用水高位水箱、中水储存池、中水高位水箱、水泵或气压供水设备等。

中水供水系统的任务是把处理合格的中水从水处理站输送到各个用水点。

中水供水系统按其用途可分为两类:

(1)生活杂用中水系统。供民用、公共建筑和工厂生活间冲洗便器、洗涤、浇洒路面、绿化和冷却水补充等杂用。

(2)消防中水系统。供建筑小区、大型公共建筑独立消防系统的消防设备用水。

1)建筑小区室外中水供水系统

(1)室外中水供水系统的组成。与一般给水系统组成相类似,可由中水配水干管、中水分配管、中水配水闸门井、中水储水池、中水高位水箱(或中水水塔)和中水的增压设备等组成。

图4-18为一典型的建筑小区或庭院的室外中水供水系统。由中水处理站7来的中水储存在中水储存池1中,经加压泵站2提送至中水配水干管3,再经中水分配管4供应各建筑物6。有时为了调节水量和保证管网水压稳定,在管网范围内设中水水塔或屋顶水箱。

中水管网在其整个供水区域内,根据管线的作用,可划分为干管和分配管。干管主要用于输水,分配管用于把中水分配到用户。

根据建筑小区的建筑布局、地形、各用户对中水水量和水压的要求,中水管网可布置成枝状或环状。建筑小区面积较小,用水量不大者可采用枝状管网布置方式;建筑小区面积较大且建筑物较多,特别是采用生活杂用-消防共用管网系统时,宜布置成环状管网。

(2)室外中水管网的布置。应密切配合建筑小区的建设规划,做到全盘设计、分期施工,既能及时供应生活杂用和消防用水,又能适应今后发展。根据地形、建筑小区道路的位置和用户对水量、水压的要求提出几种管网布置方案,经技术、经济比较后选定。

2)室内中水供水系统

(1)系统组成。与室内饮用水管网系统类似,也是由引入管(或称进户管)、水表节

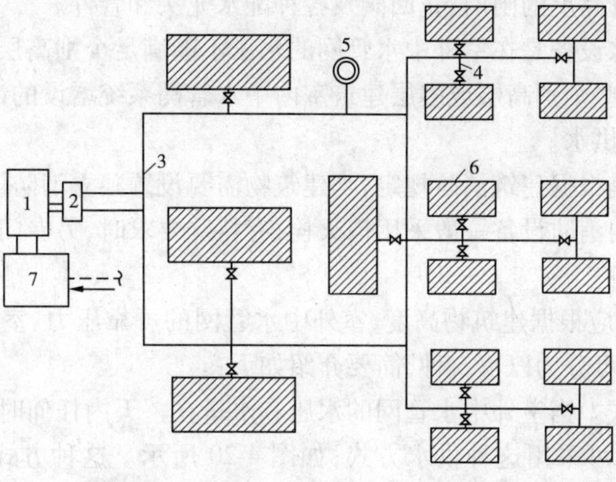

1—中水储存池;2—加压泵站;3—中水配水干管;4—中水分配管;
5—中水水塔;6—建筑物;7—水处理站

图 4-18　建筑小区室外中水供水系统

点、管道及附件、增压设备(水泵或气压供水设备)、储水设备(中水储存池或高位水箱)等组成,对于室内杂用－消防共用系统或消防系统还应有消防设备。图 4-19 为室内中水管网系统的组成示意图。

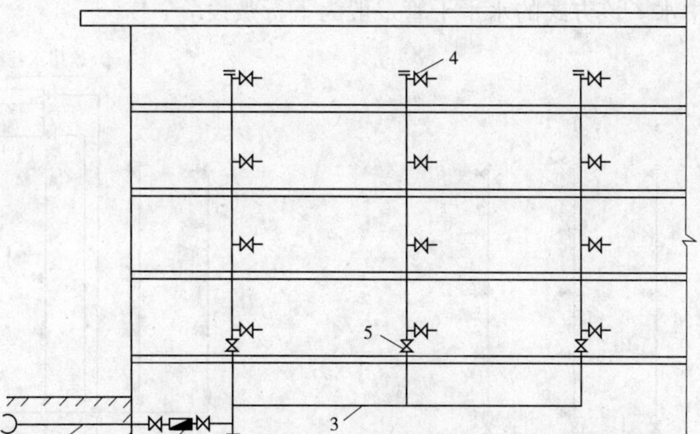

1—中水引入管;2—水表节点;3—管网;4—配水水嘴;5—闸阀

图 4-19　室内中水管网系统组成示意图

中水引入管是室外中水管网与室内中水管网之间的联络管段,它是从室外中水分配管段上引入室内的。

水表节点是指在引入管上或住宅各用户中水支管上装设的水表及其前后设置的闸门、泄水装置的总称,它和一般生活给水水表节点相同。

中水管道系统取决于所采用的供水方式,由水平干管、立管和支管组成。干管可以下行或上行布置,一般布置成枝状,也可以布置成环状。

管道附件是指管路上的闸门、止回阀及各种配水龙头和管件。

中水升压和储水设备是在室外中水管网的水压不能满足个别高层或多层建筑室内中水水压要求时,在这些个别高层或多层建筑室内中水管网系统增设的诸如水泵、高位水箱等设备,以保证安全供水。

室内消防设备是根据建筑消防规定,当建筑物需要设置独立消防设备时,可采用中水作为消防水源。室内消防设备一般采用消火栓,有特殊要求时,另专门设置自动喷水消防设备或水幕消防设备。

(2)供水方式。应根据建筑物高度、室外中水管网的可靠压力、室内中水管网所需压力等因素确定,一般可分为以下5种,简要介绍如下:

①直接供水方式。当室外中水管网的水压和水量在一天内任何时间均能满足室内中水管网用水需要时,可采用这种供水方式,如图4-20所示。这种方式具有设备少、投资省、维护简单和节省能源等一系列优点,是最简单、经济的供水方式,应优先采用。该方式的水平干管可布置在首层地下、地沟内或地下室天花板下,也可布置在建筑物最高层的天花板下、吊顶内或技术层中。

②单设屋顶水箱的供水方式。当一天内室外中水管网的水压大部分时间能满足室内中水管网需要的水压,仅在用水高峰时间,由于用水量增加,使室外中水管网压力下降,不能保证室内供水时,可采用这种供水方式,如图4-21所示。当室外中水管网水压较大时,可供水到室内中水管网及水箱。当室外中水管网水压因用水高峰而降低时,高层的用户可由水箱供给中水。该方式的水平干管一般为下行敷设。

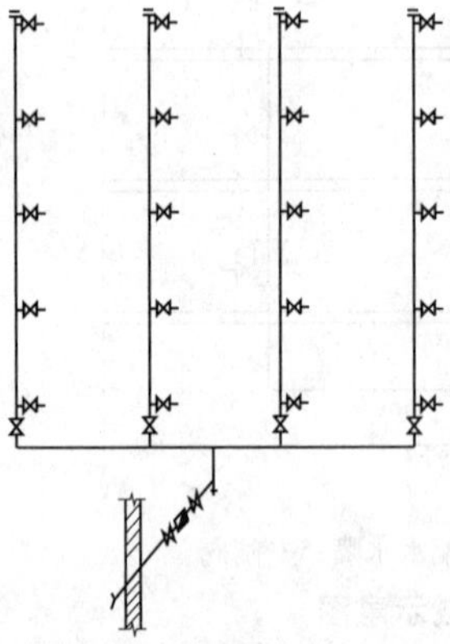

图4-20　直接供水方式

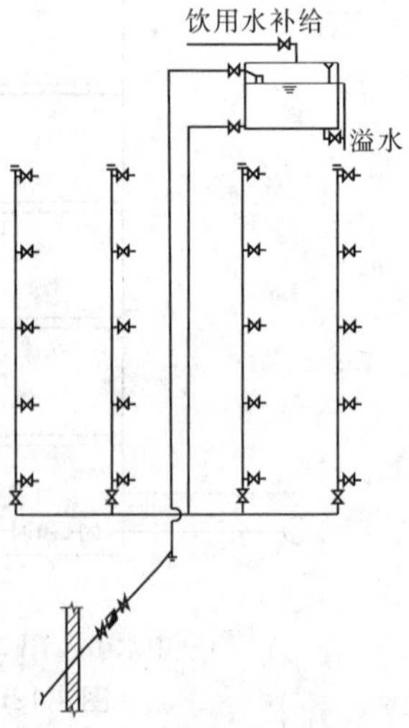

图4-21　单设水箱的供水方式

③设置水泵和屋顶水箱的供水方式。当室外中水管网水压低于或经常不能满足室内中水管网所需水压,且室内用水不均匀时,可采用这种供水方式,如图4-22所示。当室外中水管网的管径较大,而水泵吸水管及室内中水引入管管径较小,则水泵可直接从管网抽水,这时水泵扬程将会减小,否则水泵不宜从管网抽水,应设吸水井或中水储存池。这种供水方式由于水泵可及时向水箱充水,使水箱容积大为减小,又因为水箱的调节作用,水

泵的出水量稳定,可以使水泵在高效率下工作。水箱如采用自动液位控制(如浮球继电器等装置),可实现水泵启闭自动化。

④分区供水方式。在层数较多的建筑物中,室外中水管网水压往往只能供到建筑物下面几层,而不能供到建筑物上面几层时,为了充分利用室外中水管网水压,常将建筑物分成上下两个或两个以上的供水区,如图 4-23 所示。下区由室外中水管网供水,上区通过水泵和水箱联合供水。两区之间由一根或两根立管连通,在分区处装设闸阀,必要时可使整个管网全由水箱供水。

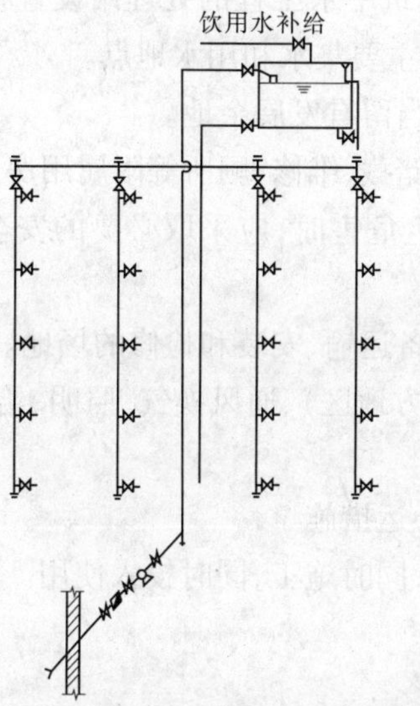

图 4-22　设置水泵和屋顶水箱的供水方式

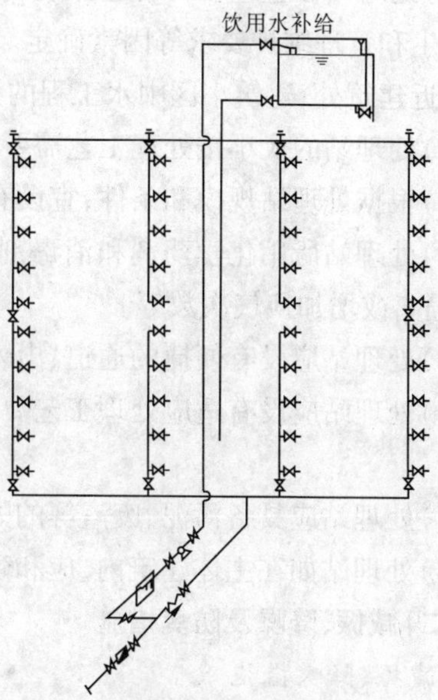

图 4-23　分区供水方式

⑤气压供水方式。当室外中水管网水压经常不足,而建筑物内又不宜设置高位水箱或设水箱确有困难的情况下,可采用这种供水方式。即在中水供水系统中设置气压给水设备,利用该设备的气压水罐内气体的可压缩性储存、调节和升压供水。气压水罐的作用相当于屋顶水箱,但其位置可根据需要设置在高处或低处,如图 4-24 所示。水泵从储水池或室外中水管网吸水,经加压后送至室内中水管网和气压罐内,停泵时,再由气压罐向室内中水管网供水,并由气压水罐调节、储存水量及控制水泵运行。这种供水方式的优点是设备可设在建筑物的任何高度上,安装方便,水质不易受污染,投资省,建设周期短,便于实现自动化控制等。缺点是供水压力波动较大,管理及运行费用较高,供水安全性较差。

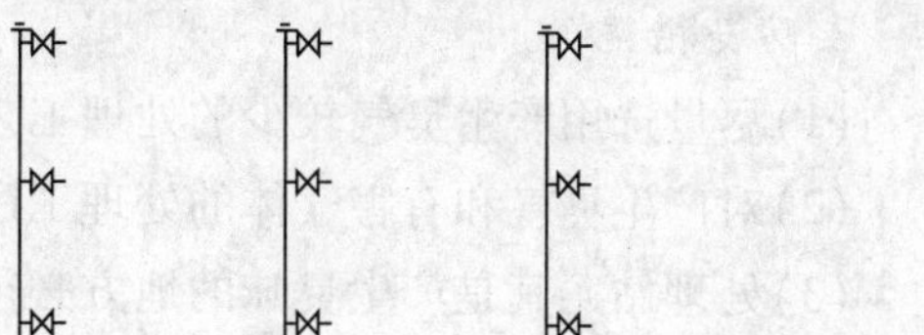

图 4-24　气压供水方式

(3)管道布置。与建筑物性质、结构、使用中水的卫生器具位置、数量以及采用的供水方式有关。管道布置时应力求长度短,尽可能呈直线走向,并与墙、梁、柱平行敷设。管道不允许敷设在排水沟、烟道和风道内,以避免管道被腐蚀。管道不应穿越橱窗、壁柜和木装修,以利于管道维修。管道尽量不直接穿越建筑物的沉降缝,如果必须穿越时要采取相应的措施,如设 π 型管、柔性管穿越。

三、城市建筑中水处理站

(一)位置选择及布置要求

(1)处理站位置应在符合总体规划的前提下,根据中水水源和中水主要用户的位置、环境卫生和管理维护要求等因素确定。通常,单幢建筑中水工程的处理站设置在其地下室或临近建筑处;建筑小区中水工程的处理站应靠近主要集水和用水地点。

(2)处理站的大小按处理工艺需要确定,并应适当留有发展余地。

(3)根据处理站规模和条件,宜设有值班、化验、储藏、维修、厕所等附属用房。

(4)处理站所用化学药剂和消毒剂如有可能产生危害时,应采取必要的安全防护措施,如隔离或增加换气次数等。

(5)处理站应设有便捷的通道、出入口及便于设备运输、安装和检修的场地。

(6)处理站应设有适应处理工艺要求的采暖(北方地区)、通风换气、照明、给水、排水设施。

(7)处理站应具备污泥、废渣等的处理、存放和外运措施。

(8)处理站如在主体建筑内,应和建筑同时设计,同时施工,同时投入使用。

(二)减振、降噪及防臭措施

1. 减振、降噪措施

(1)尽量选用不产生或少产生振动和噪声的处理工艺和处理设备。

(2)处理站设置在建筑内部地下室时,必须与主体建筑及相邻房间严密隔开,并做建筑隔声处理以防空气传声。

(3)所有转动设备的基座均应采取减振处理,用橡胶垫、弹簧或软木基础与楼板隔开。

(4)所有连接振动设备的管道均应采用减振接头和减振吊架以防固体传声。

2. 防臭措施

(1)尽量选用产生臭气较少的处理工艺。

(2)对产生臭气和有害气体的处理工序必须采用密闭性好的设备。

(3)处理站尤其是产生臭味的地方必须保障有良好的通风换气设施。

(4)对不可避免的臭气和集中排出的臭气应采取防臭措施。常用的臭味处置方法有:①防臭法,对产生臭气的设备加盖、加罩防止散发或收集处理;②稀释法,把收集的臭气排到不影响周围环境的大气中;③燃烧法,将废气在高温下燃烧除掉臭味;④化学法,采用水洗、碱洗及氧气、氧化剂氧化除臭;⑤吸附法,一般采用活性炭过滤吸附除臭;⑥土壤除臭法,将臭气用管道排至松散透气好的土壤中,靠土层中的微生物作用将空气中的氨等有臭气体转化为无臭气体。

四、建筑中水系统安全防护和监测控制

(一)安全防护

为保证建筑中水系统的安全稳定运行和中水的正常使用,除了确保中水回用水质符合生态学方面的要求,在中水系统敷设和使用过程中还应采取如下一些必要的安全防护措施。

(1)中水管道系统在任何情况下均不允许与生活饮用水系统相接,以免误用和污染生活饮用水。

(2)室内中水管道宜明装敷设,不宜暗装于墙体和楼面内,以便及时检查。

(3)中水管道外壁应涂浅绿色标志,以严格与其他管道相区别。中水水池、水箱、阀门、水表盖、给水栓均应有明显的"中水"标志。

(4)为避免误饮误用,中水管道上不得设置可供直接使用的水龙头,便器冲洗宜采用密闭型设备和器具,绿化、浇洒、汽车冲洗宜采用壁式或地下式给水栓。

(5)为保证中水处理系统发生故障或检修时不间断供水,应设有应急补水(生活饮用水)设施。生活饮用水补水管出水口与中水储存池(箱)内最高水位间,应有不小于2.5倍补水管管径的空气隔断,以保证中水不会向生活饮用水管道倒流。

(6)中水管道与生活饮用水管道、排水管道平行埋设时,水平净距不小于0.5 m;交叉埋设时,中水管道应设在生活饮用水管道下面,排水管道上面,其净距不小于0.15 m。

(7)中水储存池(箱)的溢流管、泄空管不得直接与下水道连接,应采用间接排水的隔断措施,以防止下水道污染中水水质。溢流管和排气管应设网罩防止蚊虫进入。

(8)中水管道采用耐腐蚀的塑料管、衬塑钢管或复合管为宜。

(二)监测控制

中水处理系统的正常运行和安全使用,除了工艺合理和设备可靠,在日常的维护管理中还应进行必要的监测控制。

(1)卫生学指标是重要的监测内容之一,除了选择性能可靠的消毒剂,同时还应设置监测仪表从严掌控回用水的消毒过程,以保证消毒剂的最低投加量及与回用水的接触时间。

(2)为了监测水质和平衡水量,可在系统的原水管上和中水管上设置取样管及计量装置,可以定期取样送检。经常性的监测项目只进行主要指标的分析,如流量、余氯、pH值和浊度等。

(3)中水处理站往往设在地下或建筑物的地下室内,在处理过程中会散发出一定臭味。为了减少操作人员直接接触的机会,应根据工程具体情况,采用必要的自控系统进行监测和操作。①对于处理水量不大于200 m^3/d的小型处理站,可安装就地指示的检测仪表,由人工进行就地操作,以加强管理来保证出水水质。②对于处理水量大于200 m^3/d的处理站,可配置必要的自动记录仪表(如流量、pH值浊度等仪表),就地显示或在值班室集中显示。③对于处理水量大于1 000 m^3/d的处理站,才考虑生物检测的自动系统,当自动连续检测水质不合格时,应发出报警信号。

(4)对于生化处理工艺,宜尽量采用连续运行方式。当采用好氧间断运行时,为了保持污泥的活性,宜在停运期间通入空气,以保持后续运行时吸附有机物的能力。

(5)运行人员必须经过专门培训,取得一定资格后方可上岗参加操作管理。

第三节 城市供水管网的检漏技术

一、供水管网系统漏水量的含义

城市给水系统的漏水现象是每一个供水企业都会遇到的问题,它表现为系统总供水量与售水量严重不符。杜绝漏水现象的发生是供水企业面临的重大课题,也是城市节水的重要任务。

从系统的供售水量差额分析,漏水有真漏水和假漏水之分。真漏水是由于输水管道、配水管道、用户管道以及管道附件等不严密而造成自来水流出管道之外的现象,经过努力可以杜绝或得以缓解;假漏水是指由于供水单位的测量误差、用户水表误差等原因反映出供售水量不符的现象。本书所指漏水量是前者,因它是由于给水系统设施损坏而造成水的损失(耗),所以也称"漏损量"。

二、漏水形成的原因

给水管道深埋于地下,受到多种因素的作用,当管道破裂或接口松动时便造成漏水。造成管道破损的原因除管材质量差,主要是受到物理破坏和化学破坏。物理破坏如土壤松动、道路交通负载、管内水压、施工开挖不当等,化学破坏主要有管道老化和管道腐蚀等。

(一)漏水因素

1.管材质量

管道材质低劣、耐压性差是管道爆裂的内在因素。据我国部分城市的供水调查资料,按爆管、折管和渗漏等事故的统计分析结果知,金属管材中球墨铸铁管事故率最低,钢管和铸铁管的事故率相近。非金属管材中预应力钢筋混凝土管事故率较低(与钢管和铸铁管相近),石棉水泥管次之,塑料管事故率最高,尤其是小口径塑料管。

从事故情况看,铸铁管和钢管的主要事故是渗漏,其次是折管,爆管事故较少;球墨铸铁管主要事故是渗漏,产生爆管和折管的几率很低,预应力钢筋混凝土管的事故几率从大到小依次为渗漏、爆管和折管;石棉水泥管由于抗压性差,易产生折管事故;塑料管的主要事故是爆管,其次是渗漏,爆管主要是管壁较薄所致。

近年来,随着产品设计的优化和生产工艺的改进,球墨铸铁管和给水塑料管的质量得以大幅提高,成为建设部推荐使用的管材。

球墨铸铁管耐腐蚀、强度高、承压大、抗压抗冲击性能好,它对较复杂的土质状况适应性较好。它采用胶圈接口,只要管道两端沉降差在允许范围内,接口不致发生渗漏。给水塑料管如 UPVC 管道,一般为承插连接,橡胶圈密封,管道柔性好,克服了其他管材由于不均匀沉降而产生破裂的缺点,但将管道直接敷设于较干较硬的原状土沟底时,会造成管道受力的不均匀,出现某点或局部过载,导致管段承受过大应力而发生爆管事故。

2.地层土质条件的影响

土壤的性质是影响漏损量的首要因素,它对漏损量的影响远大于其他诸因素。主要表现为以下几点：

(1)对于可腐蚀性管道(如铸铁管、钢管等)，不同性质土壤对管道的腐蚀性不同。一般黏性土壤对管道的侵蚀性比非黏性土壤强。

(2)管道在不同性质土壤中的沉降不同。当水量变化时，黏性土壤中的管道比非黏性土壤中的管道容易发生沉降。当管道沿线基础处于不同性质土层中，将产生不均匀性沉降，导致管件、管段薄弱处产生松动或破裂。

(3)管道基坑表面土质良好，但是在某些地段隐藏着腐殖土。

(4)在管道沿线较长距离存在腐殖土或含水量较高的淤泥质土层，但施工过程未进行处理。

(5)寒冷地区不同土质具有不同的冻胀程度，在每年的春秋和封冻季节产生频繁的不均匀性沉降。

3. 接口质量

接口漏水是造成管道漏水的重要原因。因为，管线上接口多，漏水的概率大；接口多，施工质量的合格率难以保证；最重要的是接口处往往是应力集中点，当管段发生伸缩、不均匀沉降时，应力传递至接口处，经不起应力作用产生松动、甚至破裂。

根据不同的管材选用合适接口管件十分重要。铸铁管承插接口方式有灌铅、普通石棉水泥口或膨胀水泥灰口等。石棉水泥或纯水泥接口的抗压强度及捣固能力很大，当管段降温收缩或由于下沉而拉伸时，由于管材强度低，接头刚性强，极易拉断管段。钢管的焊接处如有夹渣、气孔，焊缝宽厚不匀，易发生渗漏水。球墨铸铁管采用的橡胶接口韧性大，抗振动性强，但初装时管口如不到位，也会漏水。水泥管承插口不配套、橡胶圈无法到位或松脱、管内水压变化波动、管外动静负载变化、管基不均匀沉降、管道伸缩接口受挤拉等，势必在某一薄弱接口处发生松动，而致爆管漏水。

4. 施工质量

高质量的管道安装是减少管道漏水的重要环节。然而下列施工问题可能导致管道漏水。

(1)敷设管道时管沟处理不当，使水管沉陷较多，甚至产生不均匀沉陷，以致逐步使接口松动，甚至使管道断裂。

(2)管顶覆土未按施工规范分层夯实，管道两边回填土的密度不均匀，使管道承受压力增加。

(3)大口径管道的弯头和T形管处在管内水流的作用下会受到较大的推力，因此需设支墩支撑。支墩后的土壤松动后将引起支墩位移，弯头或T形管位移时连动管段，使接口松动。

(4)铸铁管以石棉水泥接口时，如石棉水泥接口敲打不密实，或橡胶接口的胶圈未就位等接口施工的质量问题，都会导致接口处漏水。

(5)局部异常地基未做处理，可能使管道产生不均匀沉陷。

(6)法兰连接不规范。

5. 温度的影响

低温时管道收缩使管道增加新的应力。如一根长 5 m 的铸铁管在敷设时温度为

26 ℃,冬季最低温度为1 ℃时,变形为1.50 mm,变形应力为3.6 kg/mm^2。温度反复升降的循环作用,引起刚性接口松动而漏水。

许多大城市爆管次数与月份统计显示,每年的11月份至次年的3月份是爆管事故的高峰期,这也说明了低温时可增大管道漏水的几率。

6. 附近施工影响

管道附近开挖管渠、深沟、打桩、拔桩、降低地下水位和堆土等施工过程,可能引起地下管道损坏,主要表现为:

(1)附近开挖深沟时,沟底越深,距离水管越近,管道下土壤产生的沉降量越大。

(2)管道附近的地下水水位每下降1 m,相当于使管道承受土壤的压力增加1 t/m^2。不均匀的水位下降和不同的土壤条件,将使管道承受不均匀沉降的应力,导致管道或接头损坏。

(3)打桩时,由于土壤挤压和振动会使管道周围的土壤变形。一般在管道附近打深桩,易使管道向上(偏桩的另一侧)方向凸起,引起管道损坏。拔桩可能引起相反的结果。

7. 管道防腐不佳

内壁防腐不佳的金属管道遇到酸水或pH值偏低的水就可能造成腐蚀。内壁腐蚀会显著影响管道输水能力和水质,也使管壁减薄,强度降低,形成爆管隐患。如外壁防腐不好,由于土壤和电化学腐蚀等因素,也会使管壁减薄,引起局部阀孔漏水,严重的则发生爆裂。

8. 道路交通负载

埋设较浅的管道受到重车辗压时,如果路基质量不佳、路面凹凸不平,管道承受的活负载就会增加,过大的活负载容易引起接口或管段漏水甚至爆裂。

9. 水压过高

水压过高时水管受力也相应增大,漏水与爆裂的几率也会增加。英国某城市给水系统压力由108 m降到73 m,水管爆裂次数降低80%。

10. 水锤破坏

由于水泵突然停止,闸门关闭过速等因素,使管内水的流速和流态突然变化,从而引起水锤现象。水锤可在管内产生很高的压力,极有可能使管道、管件或水泵爆裂。

11. 排气不畅

当管道中空气未能彻底排出时,就会在管线的高点形成气囊。气体在水流挤压下,体积会迅速缩小,转化为高压储气窝,从而在管道的薄弱点发生破裂、爆管漏水等事故。

12. 设计水压偏低

原有管道设计水压与水量相匹配,随着城市发展,需水量越来越大,许多供水单位为提高供水能力,在原来管网条件下,将出厂水压提高,超过了这些旧管道的最大承压能力而发生漏水事故。

13. 其他

如地震、城市地面不均匀沉降、滑坡、塌方等引起管道损坏而漏水。

(二)漏水原因分析

导致管道漏水的因素多种多样,而且各地情况也不尽相同。据世界56个城市调查资料，引起管道漏水的主要因素是土体松动，其次是管道被腐蚀。

三、漏损指标

常用的自来水漏损考核指标有两种，即百分比漏失率（简称漏失率或损失率）和比漏损量。

（一）百分比漏失率

百分比漏失率指漏水量占总供水量的比例，以百分数表示，简称漏失率。计算公式为

$$q = \frac{Q_t - Q_s}{Q_t} \times 100\% \tag{4-1}$$

式中 q——漏失率（%）；

Q_t——年出厂水总量，m^3/a；

Q_s——年用户用水总量（有效供水量），m^3/a。

由于上式未包括管网长度，因此漏失率不能衡量供水管网的技术和经济运行状况，只适用于企业经济分析。

（二）比漏损量

比漏损量指单位长度管道在单位时间内的平均漏失水量。计算公式如下

$$q_v = \frac{Q_v}{8\ 760 L_v} \tag{4-2}$$

式中 q_v——比漏损量，$m^3/(h \cdot km)$；

Q_v——年自来水漏损总量（不包括假性漏损量），m^3/a；

L_v——管网长度（不考虑用户室内管道长度），km。

比漏损量所要统计的自来水漏损只包括真漏损。如要比较不同城市的自来水漏损情况，只有比漏损量才具可比性。

四、漏水量测定方法

给水系统中的漏水主要发生在清水池、干管、配水管和用户给水管。在采取漏损控制措施之前，首先要测定各个部位的漏水量。

（一）清水池漏水量的测定方法

测定清水池的漏水量时，首先应把清水池隔离，检查周围阀门是否关紧。隔离后对其水量变化测量 24 h 或更长的时间。待其水位下降 5 mm 以上或更多时计算日漏水量。如果清水池只能短期停用，则测量其水位下降 1 mm 所用的时间。例如，英国测定 250 座各种结构和大小的清水池，结构包括砖砌、石砌以及钢筋混凝土结构，容量从 250 m^3 到 20 000 m^3，结果发现 86% 的清水池每天漏水量仅占其容量的 0.5%，其余清水池中的大部分每天漏水量小于其容积的 3%，只有 4% 的清水池每天漏水量为其容积的 9% ~ 30%。

（二）干管漏水量的测定方法

图 4-25 为测量干管漏水量的装置示意图。测量时，首先关闭从干管接出的所有支管的闸门，然后再关闭两个干管的闸门。在干管的闸门两端连接上支管，在支管上装一只水

表，这样，干管的所有出流量均由该支管流入并经水表测量。测量水表的读数即单位时间内该干管的漏水量。

(三)配水管及用户给水管的漏水量测定

配水管的漏水难以正确测定，一般测定一个给水区的漏水量，装置示意图如图 4-26 所示。漏水量的测定方法有直接测定法和间接测定法两种。

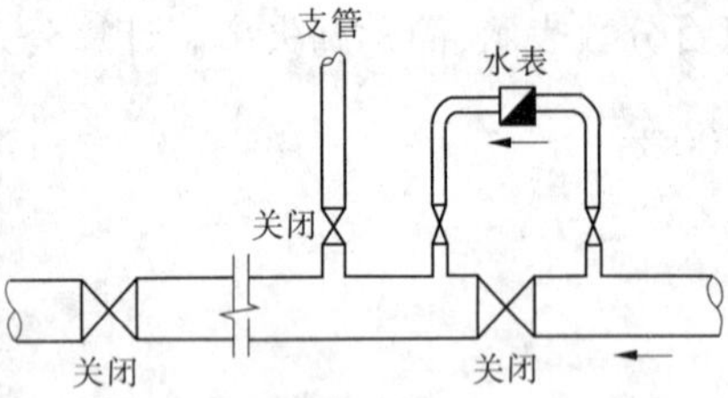

图 4-25　干管漏水量测量装置示意图

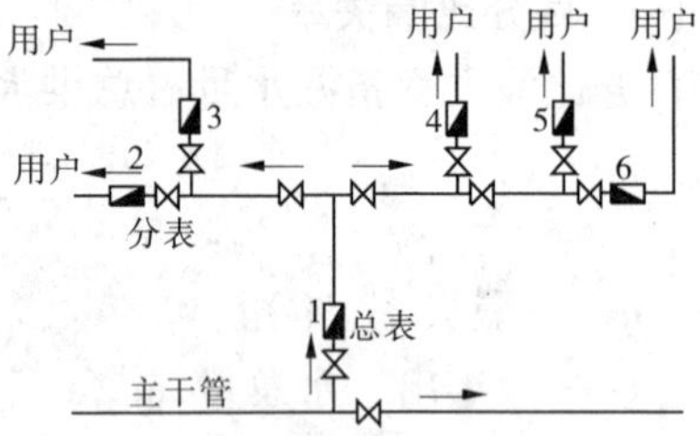

图 4-26　配水管及用户给水管漏水量测定装置示意图

(1)直接测定法。夜间关闭进入区内的所有闸门，仅留一支进水管，装计量水表。再关闭区内所有进入用户给水管上的开关，然后测量单位时间内流量。测定结果就是单位时间内该区配水管和用户给水管的漏水量。

(2)间接测定法。夜间关闭进入区内的所有闸门，仅留一支进水管，然后测定该进水管的流量即可。间接法测定时，由于深夜也有个别用户用水，所以测定的是流量变化，但测得的最低流量可认为是配水管上的漏水量。

五、管网漏损检测方法

(一)音听检漏法

1. 基本原理

音听检漏法是指通过听取管道漏水时产生的声音来判断漏水地点的方法。原理如下：

(1)当管壁有小孔时，管中有压的水流从小孔喷出，水流与孔口产生摩擦，引起孔口金属产生振动，振动频率一般为 500 ~ 800 Hz，振动波会沿着管壁传送。传送的距离与漏水孔的孔径、水压、管道材质、管道直径和土壤条件等有关。

(2)漏水孔喷出的水遇到周围的泥土时，产生频率为 25 ~ 275 Hz 或 100 ~ 250 Hz 的声波。这种频率的声波易被泥土吸收，因此在地面上不易听到。

传出声音的大小与水压、漏水量、土质和路面等因素有关。水压越高，漏水越大，则声音越响，传播范围也越大。一般用音听法检漏水点水压须在 1 kg/cm^2 以上。当闸门的垫衬漏水而水压又较高时，则频率高声音响。沙的传音特性比泥土好得多，硬路面比泥土或砂石容易传送声音，因而能比较容易测定漏点。

(3)通常漏水点附近因水流冲刷而产生空穴，水在穴内转动会产生声音，这个声音的频率为 20 ~ 250 Hz，传送距离较短。

2. 测定方法

在地面听到的声音是上述 3 个漏水过程的综合表现，根据以上的原理，可用音听仪器

(如音听棒和音听仪)进行检漏。为避免环境噪声影响,音听法检漏宜在深夜进行。

3. 优缺点

(1)优点。仪表设备比较简单,价格较低,可利用闸门等设备采用直接音听法,可方便地进行较大范围内的检漏,该方法也可用于检查室内给水设备。

(2)缺点。有时同一范围内声音过大,反而难以确定正确的位置;有时漏水声音最响处,不一定是漏水点,需靠经验判断;外界噪声易干扰检漏工作;漏水声音过小时也难以用此法检出。

4. 影响音听检漏的因素

(1)管径与管材。管径太大,管壁厚,截面积大,无足够能量使声波传远。塑料管、石棉水泥管的共振性差,对声波吸收快,效果不及金属管的音听好。

(2)管内水压。管内水压越大,渗漏声音越大,易于听漏。

(3)地面类型。各种路面传音效果由好变差的顺序为:沥青、水泥地面,大石块有基路面,片状或块状路面,泥土路面,煤屑路面,草皮路面。

(4)管道埋深及土质。埋深太大会隔离水声,沙质土比黏土传音效果好。

(5)环境。环境中有些声音可能掩盖渗水声,管道埋于地下水中时,会有隔声效果。另外,煤气管道中产生的声音可能与渗水声相似,易造成失误。

(6)管件。管道转弯、三通等处的水流常受阻或冲击,产生较大声响,测前应在管线图上定位,以免误认为是漏水点。

(二)区域装表法

1. 基本原理

区域装表法就是把供水区分为较多的小区,在进入每个小区的管道中安装水表,根据这些水表即可知道一定时间内进入该小区的净水量。

用于区域装表的水表要求口径大于75 mm,能连续记录累计量;能满足区域内最高时的流量;夜间最小流量时,水表精度能符合要求。

2. 测定方法

将该区内用户水表和区域水表的同期流量记录进行对比,两者之间的差额就是该区域在抄表间隔期间的漏损水量。如漏失率未超过允许值,可认为漏损正常,不必进行进一步检漏工作,如超过允许值,则须在该区检漏。

3. 优缺点

(1)优点。一次安装水表后,可连续测定管道的漏损;操作简便,仅仅多抄录几个区域水表即可判断该区是否漏水,可减少检漏工作量;可获得区域管网节点流量数据,便于了解各区用水增长情况,以及该区用水量的变化规律。

(2)缺点。安装水表较多,投资较大;单靠该法还不能准确确定漏水地点,还需借助其他方法最后确定漏水地点。

(三)区域测漏法

1. 基本原理

将连续用水户较少地区的管网分隔为若干个测漏区。在干管上安装测漏表(能准确测定最小流量,并能记录瞬时流量),关闭所有连通该区的阀门,在用水低峰时测定一定时间,其最低流量扣除用户用水量即为该区的漏损量。

2. 测定方法

(1)直接测漏法。在测定时同时关闭所有进入该区的闸门(不包括测漏水表)和用户水表前的进水闸门,测漏表测得的流量就是此时该区内管网的漏水量。

(2)间接测漏法。在测定时关闭所有进入该区的闸门(不包括测漏水表),原则上不关闭用户的进水闸门,这样测得的流量为管网漏水量和个别用户的用水量,扣除用户用水量后即为管网漏水量。

3. 优缺点

(1)优点。测定漏水范围可大可小,大至区域的管网,小至两闸门间的管段。

(2)缺点。采用直接测漏法需关闭用户供水闸门,影响用户用水;采用间接测漏法虽不影响用户用水,但其水量统计不准时影响漏水量的精度,需要安装测漏水表的接管设备,增加投资;确定具体漏水地点仍要借助其他方法;测试时压力与平时服务压力不同,平时的漏水量也需折算。

(四)区域装表和测漏复合法

按照区域装表法在管道上安装测漏水表,当需要按区域装表法测漏时,这些表起区域装表法的作用;当进行区域测漏时,又起区域测漏法的测漏水表作用。

该法的优点是测漏水表兼有两种用途,可节省投资。但由于两种方法测得的流量范围大,因此需选用量程较大的水表。如果没有量程大且灵敏度高的水表,可以用大小水表组合成复合水表替代使用。

六、管网漏损控制方法

(一)被动检修

发现管道明漏后再去检修控制漏损的方法称为被动检修法。根据管材及接口的不同选择相应的堵漏方法。

1. 接口堵漏

若漏水处是管道接口,可采用停水检修或不停水检修两种方法。停水检修时,若胶圈损坏,可直接将接口的胶圈更换;灰口接口松动时,将原灰口材料抠出,重新做灰口;非灰口时应加装夹子或灌铅。不能停水检修时,一般采用钢套筒修漏。

图 4-27 为常见的钢制套筒结构图。承插接口漏水时,将套筒夹于其上,两端做灰口。套筒下部设有排水阀,其作用是排除漏水。当套筒安装并做灰口时,在原给水管不停水的情况下不断会有水从承插口处流出,不排除时就无法做成灰口。当套筒两端灰口凝固,并可抗压后用丝堵堵死该排水阀,堵漏即告完成。

2. 管段堵漏

当管段出现裂缝而漏水时,可采用水泥砂浆法和 PBM 聚合物混凝土法等方法堵漏。

(1)水泥砂浆法。先在管道破裂处用玻璃纤维布包裹一层,以防止水泥砂浆漏入管道内,然后在管道破裂处加包卡箍式钢套筒,用紧固螺栓箍紧后,将大于 100 号的流动性水泥砂浆从进料管填入套筒内。待水泥砂浆终凝后,即可拆除进料管,完成堵漏。

(2)PBM 聚合物混凝土法。PBM 聚合物混凝土是以 PBM 树脂为黏合剂,以石子、沙

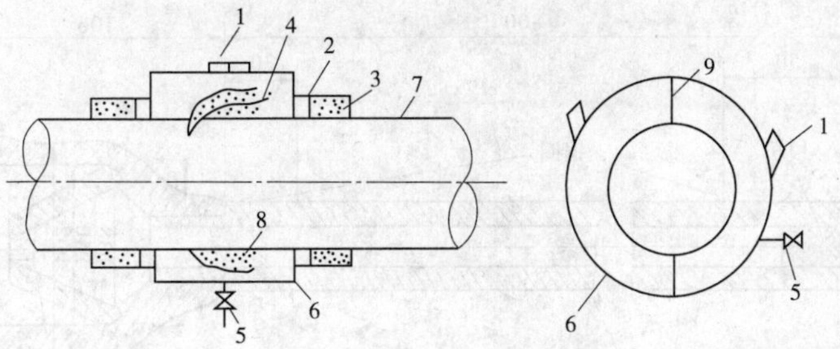

1—提钩；2—麻；3—水泥(加石棉)；4—水流；5—排水阀；6—钢制大头套筒；7—原给水管；8—原灰口；9—焊缝

图 4-27 钢制套筒结构

和水泥为骨料而组成的聚合物混凝土。它具有在水下不分散、自密实、自流平、不需振捣和稠度可自由调节的突出优势，而且在水中固化快，固化后强度发展也快，一天的抗压强度可达 35 ~40 MPa。使用该材料施工简便，可直接通过水层浇筑。

(二)压力调整

管道的漏损量与漏洞大小和水压高低有密切关系。有关测试研究成果表明，当压力一定时，漏水量随孔径增大而增大；当孔径一定时，漏水量随压力的增加而增大。因此，可以采取降低管道压力的方法降低漏损量。

1. 适用范围

只要压力在较多时间超过服务需要，降低后又不影响下游地区供水的，均可采用压力调整法。

2. 调节方法

(1)如果全区压力偏高，则应考虑降低出厂压力。如果是某加压泵站所控制的地区压力过高，则应考虑降低该泵站的出站压力。

(2)如靠近水厂地区或标高较低地区压力经常偏高，可设置调节装置(如压力调节阀)。

(3)实行分时分压供水。如白天某些时间维持较高的指定压力，而在夜间某些时间维持较低的指定压力。

(4)在地面平坦而供水距离较长时，宜用串联分区加装增压泵站的方式供水。在山区或丘陵地带地面高差较大的地区，按地区高低分区，可串联供水或并联分区。

七、管网漏水地点的确定方法

(一)传统方法和仪器

1. 听漏棒

听漏棒是最简单的检漏设备，分木棒和金属棒两种类型。图 4-28 为听漏木棒构造图。

地面的震动通过木棒引起空气振动，能起一定的放大作用，然后传至顶端，耳朵贴在顶端就能听到声音。金属棒是把地面声音通过金属棒传至金属薄膜，如果附近有漏，则可听到声音。有经验的检漏工人还可根据声音的大小及音质判断出漏点的大致位置。

听漏棒适合于各种类型的管道检漏。一般听漏宜在夜间进行，而且每 1 ~2 m 逐段地

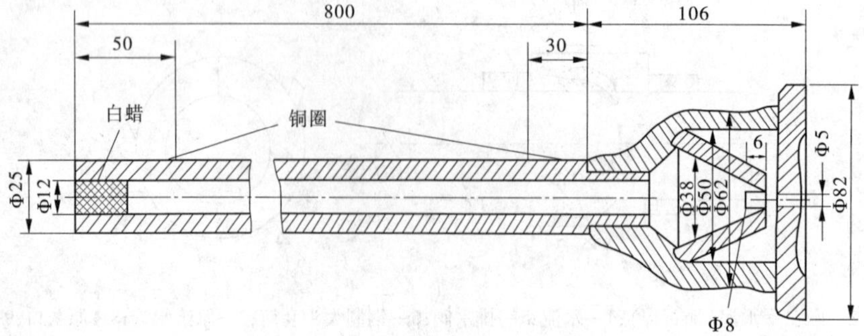

图 4-28　听漏木棒结构　（单位:mm）

听。听漏时应注意把漏水声与用水声、下水道的流水声、风声、汽车行走声、都市噪声、变压器声、电动机声等声音区别开来。还要注意，在不同的路面上，漏水声传播的距离和范围均不一样，在管件附近时，漏水声易受管件的影响。

2. 检漏饼

检漏饼很像听诊器那样，把地面的震动声传至薄膜，借薄膜振动引起空气振动，然后通过气管传至耳朵。与听漏棒相比，检漏饼对漏水声的放大倍数较大，使人听起来清晰一些。

检漏饼适合于在地面检测自来水管道的漏点。在漏点的上方，听到的声音最大，因此不断移动检漏饼的位置，当听到的声音为最大时，正下方即为漏点。

3. 电子放大音听仪

电子放大音听仪是用传感器把地面或管道上的震动声转化为微弱的电信号，然后通过电子放大，最后从仪表的指针或耳机输出，使人容易听到漏水音量的仪器，其原理见图 4-29。该仪器可以采用频率选择，把漏水音以外的成音频率衰减掉，以减少外界的干扰。

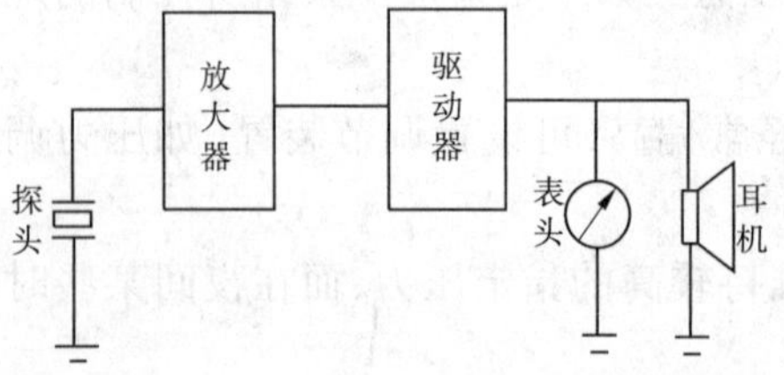

图 4-29　电子放大音听仪原理

电子放大音听仪既可在地面听漏，也可直接在管道上听漏，听漏方法与听漏棒和检漏饼的听漏方法基本相同。但由于灵敏度高，在管道上直接听音时，如没有响声，可说明较远的范围内无大中漏水，附近也无小漏。反之，说明有漏点，须进一步寻找。

4. 抗干扰双探头检漏仪

普通电子放大音听仪只有在夜深人静或周围环境比较安静时才能取得满意效果，而抗干扰双探头检漏仪在白天干扰较大的情况下，一般也能取得较好的效果，图 4-30 为其原理和工作示意图。

该仪器有两个对称的声电换能探头，以检测漏孔发出的声音，输出为一个模拟表头。图 4-30(b) 为该仪器检测漏点时的示意图，由于漏孔的位置是未知的，因此检漏时不断地调整两个探头的位置，当探头Ⅰ位于漏点的正上方，而探头Ⅱ在旁边约 0.5 m 距离时，表头的指示最大，若交换两个探头的位置，表头指示反方向最大。

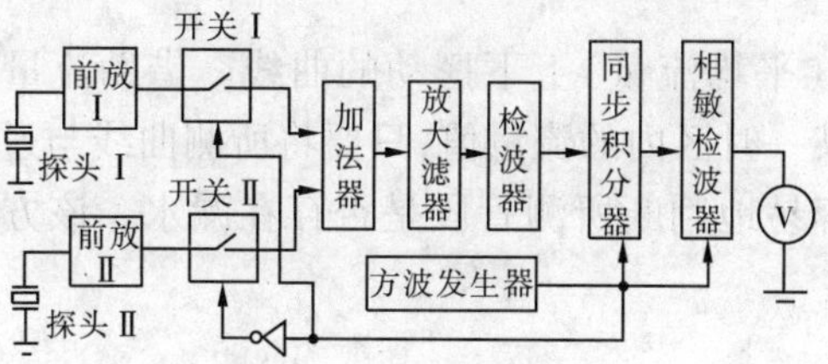

(a)抗干扰双探头检漏仪原理

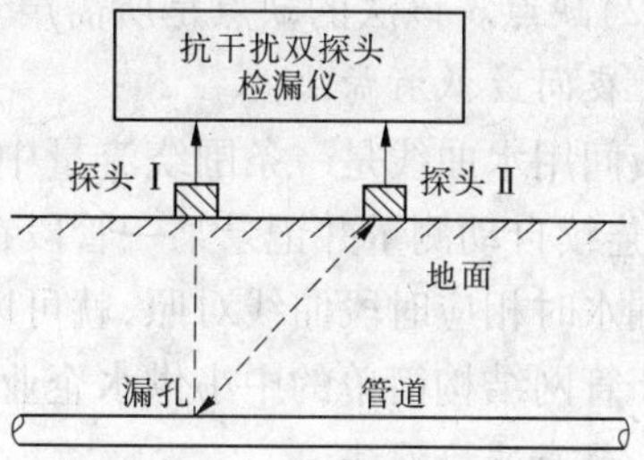

(b)抗干扰双探头检漏仪工作示意图

图 4-30　抗干扰双探头检漏仪原理和工作示意图

该仪器使用了模拟检波器,当漏点水声过小时,检漏效果不佳。在抵消干扰的过程中,也削弱了部分漏点声信号,从而降低了仪器的灵敏度。

5. 浮球测漏法

浮球测漏法是由英国近年开发的主要针对塑料管的一种测漏技术。测试仪器只包括一个便携式信号定位器和一个简易信号发送器。该技术可精确定位漏水量大于 1 000 L/h的漏点,可测管径为 25 ~ 750 mm,可测管道埋深可达 10 m。

具体测试步骤如下:

(1)将可疑管段的上、下游阀门关闭。

(2)在上游控制阀后面切开一小段,将已封入信号发送器的泡沫塑料浮球塞入管道,然后修复管道开口。

(3)调整上游阀门使部分开启(必要时可适当调节下游阀门),使得浮球在水压作用下以一定速度向前漂动,同时用信号定位器确定出信号发送器所到的位置和深度。

(4)漏点处水量溢出,水压减小,浮球漂至该处时便停滞下来,测定此时浮球的位置即是漏水点。

(5)当渗漏水量太小,不能使得浮球停滞时,可接计时装置检测,浮球漂移速度减缓的那点即泄漏点。

6. 小区全面声音检测法

1)基本原理

首先确定所要监测的供水区域及监测时间,一般将监测时间选定在外界干扰最少的夜间。根据区域大小确定声音监测器的数量,一般每个仪器的监听半径范围为 300 m。将声音监测器安置在选定的监测区的管道上,并与计算机相连。声音监测器自动进行监测,将连续30 d,1 000 个监测和记录到的声音监测值在线传至计算机,然后借助计算机对监测情况进行重放分析,根据图形情况自动判断仪器所测范围是否存在漏点。

2)优缺点

(1)优点。该法具有以下显著的优点:配有声音过滤器装置,可以接收到人耳无法听到而对测量有用的声频范围;可以对长时间的声音状况进行在线检测,并客观地记录分析,从而具有极高的准确性;该仪器操作十分简便,自动化程度高,而对使用人员的技术素质要求并不高,普通人员稍作培训即可使用;使用该方法可以在最短时间内对整个供水管网进行监测,所以非常适用大城市管网和查漏人员不足的供水企业。

(2)缺点。该法的缺点是所需声音监测器数量较多,投资较大。

7. 夜间最低消费法

夜间用水曲线是一条围绕流量中值(平均流量)上下摆动的曲线。借助流量监测记录器,连续自动测量并记录某一管段在某一时区内的流量值,只要将所测曲线与过去测得的无漏水时相应时段曲线对照,就可以容易地判断所测管段是否存在漏水。该方法比较适合于管网结构简单的中小供水企业。

8. 超声波检漏法

当管道渗漏时,从缝隙泄漏出来的水流摩擦漏孔壁产生射流噪声。这种射流噪声有较宽的频谱,其中心频率为:

$$f = \frac{k \cdot v}{d} \tag{4-3}$$

式中 f——中心频率,Hz;

v——射流速度,m/s;

d——泄漏直径,m;

k——常数,取0.2。

大量研究表明,这种射流噪声的中心频率为40 kHz左右,环境干扰噪声大部分分布在可闻频率范围内,于是可利用中心频率为40 kHz的窄频带换能器和信号放大处理系统来检测这种泄漏。该法也称为窄频带超声波检漏技术。

窄频带超声波检漏仪的工作原理如图4-31所示,微弱的泄漏信号被中心频率为40 kHz的压电换能器接收,并转化成电信号,该信号经前置放大和主放大后,再经中心频率为40 kHz的窄频带通滤波器,得到信噪比较高的泄漏信号,以此驱动报警电路进行报警。如果在地面上测得电路报警,则说明下面的管道有漏水点。

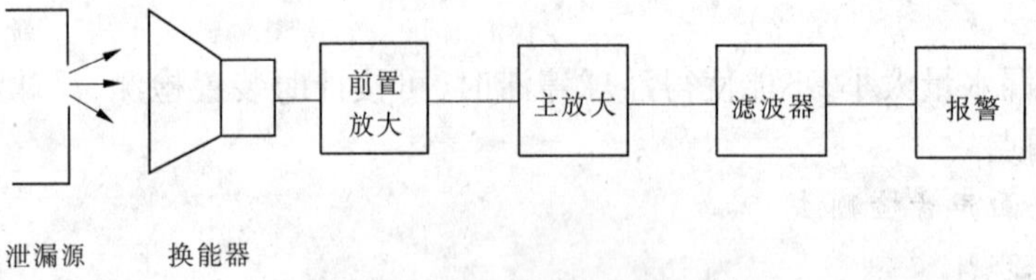

图4-31 窄频带超声波检漏仪原理

(二)管网系统的计算机管理系统

供水管网的计算机管理系统可节省人力和物力、提高供水企业管理水平,可避免人为管理的盲目性,提高数据的准确度,因而日益广泛地应用于供水行业。用于故障诊断的管网系统计算机管理系统除具有这些数据管理的优点,还要突出管网水力模拟、分析和判断的功能。

1. 系统组成

系统一般由5个相互联系的子系统组成,即

(1)基础数据资料管理系统。

(2)供水系统运行状态模拟系统。

(3)供水系统图形管理系统。

(4)泵房调度管理系统。

(5)系统故障分析和判断系统。

2. 功能

1)基础数据资料管理

建立基础数据库,用于运算、模拟、分析及检修方便。主要包括以下5种,介绍如下:

(1)水厂和泵房信息库(泵房和中途加压泵房)。包括泵编号、泵所在管段号、泵的特性曲线、泵的效率曲线、泵的类型型号和吸水井水位标高等。

(2)水塔和高位水池库。包括水塔编号所在节点号、水塔截面积、最高和最低控制水位等。

(3)节点信息库。包括节点编号、坐标、地面高程、节点服务水头、节点流量和位置信息等。

(4)管道信息库。包括管段编号、管长、管径、摩阻系数、管段两端节点号、材质、埋深、埋设的年月和开口情况等。

(5)管件信息库。包括阀门、弯头、消火栓等的编号、类型、型号、长度、材质、阀门转数和阀门开启转数、阀门所属管段号、安装地点等信息。

2)运行状态管理

对供水运行状态进行模拟,一般建立24 h动态管网水力计算模型,进行管网的24 h动态计算,主要借助节点方程的管网平差计算程序完成。根据当前小时的节点流量、二泵站水泵和中途泵站水泵的开启情况、高位水塔的当前水位,计算得到节点压力、管段流量、每台泵的实际工况点(包括泵效率、扬程、流量和功率)。计算的结果形成表格、工况曲线和工况点、直方图、节点和水塔的24 h压力和水头的动态显示等,模拟了供水系统的实际运行状况。

3)信息管理

信息管理主要包括动态运行结果数据储存和信息查询输出。

4)调度管理

调度管理是根据用户用水需求调整出厂水压和流量,以及管网中的阀门。

5)分析判断

系统运行结果数据(如节点水量、水压)及时与数据库中原有的正常运行数据相比,检查两者的差异,结合其他条件综合分析,从而发现系统故障,并进一步推断故障类型、发生的地点、严重程度等,最后给出检修的建议。

(三)系统故障诊断基本方法

供水管网系统中发生故障后,利用管网系统的计算机管理系统中的系统故障分析和判断系统进行跟踪和诊断。绝大多数故障必须根据实时检测系统所获得的运行数据和信息,再借助建模技术、估计技术、决策方法才能进行跟踪和诊断。

对于供水管网系统所发生漏水故障,常用的故障跟踪和诊断方法是,根据实时检测的数据,估计出系统的真实参数值,将它与标准参数值比较,从而确定系统是否发生故障及故障发生的位置和性质。但是,当管网较大、测压点较少时,实时检测的信息相当有限,利用这些信息来直接估计系统的参数一般是不可能的。考虑到供水管网系统参数的变化必然会引起系统状态的变化,因此可以根据状态估计方法估计出的结果,通过逐步搜索、跟踪和诊断系统的参数故障,从而确定管网漏水地点、严重程度等。该法既可以跟踪诊断供水系统中的单一故障,也可以处理多重故障。

八、城市管网 GIS 技术的应用

(一)城市管网 GIS 的功能构成

GIS(Geographic Information System)是集计算机科学、地理学、测绘遥感学、环境科学、城市科学、空间科学和管理科学及相关学科为一体的新兴边缘学科。城市给水管网 GIS 的建立不同于其他专业,各图形元素不但有其自身的物理意义,而且图形元素之间还存在相应的内在联系,如节点、管段、阀门和水泵等之间都有固定的相互联系。此外,还具备管网水力计算、设计、管理和调度等方面的功能。

城市给水管网 GIS 主要有查询、绘图和分析 3 种功能(如图 4-32 所示)。分析功能中的事故影响区分析具有关阀搜索、管网状态仿真模型等,可快速分析事故的影响范围和影响程度、模拟管网动态变化、调度管网有关设施,可用于管道漏水地点的确定。

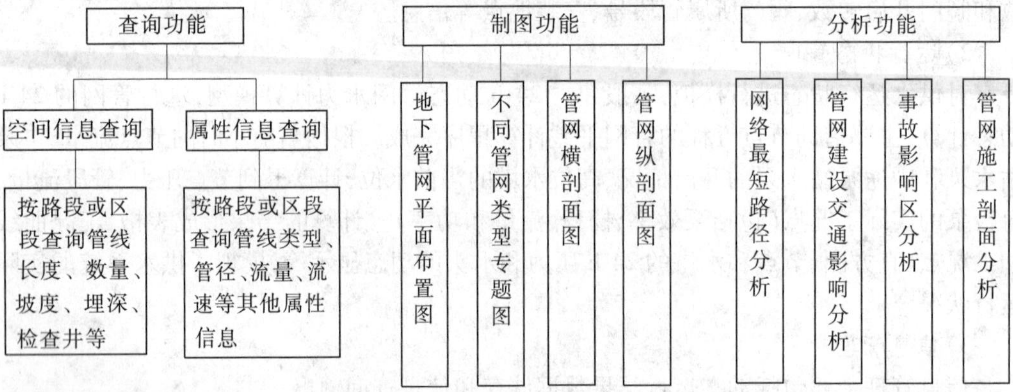

图 4-32　城市给水管网 GIS 的功能构成

(二)GIS 的检漏方法

利用城市给水管网 GIS 不仅可进行供水管网的管理,而且可以随时地获取管网的状态数据。这些数据包括每个管段的压力(管段的起点压力、终点压力、管段的压降曲线图)、管段的流量、管段的物理状况(管段的埋深、起点标高、终点标高、管段的材料、管段两端接口的性质)。

GIS 系统包括各种管网水力计算和分析工具,如果利用这些工具对管段的水流状态进行分析,那么根据漏水管段的水流及压力特性,结合 GIS 中庞大的信息量,能够较为准确地判断管段是否漏水及漏水地点和严重性。

九、城市管网漏损控制实例

以合肥市供水管网为例来说明城市管网漏损控制方法的应用。

合肥市的城市供水始建于 1953 年,次年正式建成通水,以后随着供水量的大幅度增加,对城市供水管网进行了改造和新建。至 1993 年,直径 100 mm 以上的管道总长度达

430 多 km，最大管径为 1 800 mm。管材也由单一的灰铸铁管，青铅接口，逐步发展使用预应力混凝土管、自应力混凝土管、球墨铸管、钢管及塑料管，接口填料也逐步发展为石棉水泥和胶圈。多年来管网漏水和爆管事故较多，给城市供水造成了较大影响。

（一）漏水和爆管情况统计

前几年，合肥供水管网的修漏和爆管的频率均高于全国平均数。通过更新整修，目前情况有了好转。据 1993 年统计，全年共修漏 238 处，平均为 0.553 次/(a·km)；爆管 54 次，平均为 0.126 次/(a·km)。

从 54 次爆管的情况来看，灰铸管爆裂 38 处，约占 70%，预应力管约占 7.5%，自应力管 12 处，约占 22.5%，而合肥地区现已通水的上述 3 种管子的比例分别为 43.1%、25.5%、20.1%，其余为其他管材（球墨铸铁管、塑料管、钢管分别为 3.7%、3.4%、4.2%）。

管道接口除钢管为焊接、灰铸管为石棉水泥和纯水泥接口，其余管材均为胶圈接口。从 226 次事故的发生时间来看，发生在 1、2 月及 12 月这 3 个月的为 106 次，约占全年的 47%；发生在 7 月、8 月两个月的为 17 次，约占全年的 7.5%。

（二）爆管及漏水原因分析

爆管与漏水的原因主要有以下 4 个方面：

(1) 管材质量是导致爆管的重要因素。目前的灰铸管是采用连续浇制工艺生产的，在脱模过程中管子的内外壁表面首先冷却凝固，形成渗碳硬壳，出现冷脆层，使管身脆性增大，抗弯强度降低，同时因连续铸管工艺生产的管体组织疏松，难以消除气孔、内沟和重皮等铸造缺陷，因此这种管子很可能在内水压力、降温收缩应力及其他外力的影响下而出现断裂或纵向开裂。

(2) 自应力混凝土管。自应力混凝土管在合肥地区自 1973 年首先在长江路使用以来，已超过 80 km，管径从 100 mm 到 800 mm，但这种管道的自应力水泥制配、蒸养和水养的温度、时间、钢筋外侧保护层的尺寸，都必须严格控制，稍有不慎，就会造成管子后期膨胀爆裂，或保护层超厚，造成膨胀不均而脱落，导致钢筋腐蚀而爆管。自应力水泥的膨胀随气（水）温变化而变化，温度越高膨胀越快，所以这种材质的管子夏季爆管的几率比其他季节高。

(3) 管道的接口填料刚性太强。由于合肥地区的灰铸管 30 年来均采用石棉水泥或纯水泥接口，抗压强度及捣固能力很大，不容许管线降温收缩而拉断水管。据统计，合肥采用地表水供水，几年来出厂水的最低水温为 2～3 ℃，最高水温为 35 ℃，所以出现 20 ℃左右的温差是可能的。根据有关公式计算，20 ℃左右负温差往往超过了铸铁管的试验压力，因此常常产生环向断裂，尤其在冬天，因温差大更有可能拉断水管。有时因接口填封不够致密，管子没有拉断，但接口随着气温的升降而来回拉滑，也会导致接口漏水。

(4) 排气阀失灵和水锤造成的爆管。合肥城市地形西高东低，且有不少起伏，当遇到突然停电或机泵开停，阀门启闭过快时均有可能产生水锤，导致管道爆裂。其他由于市政工程建设如筑路、打桩、挖掘等施工，而导致供水管破裂的现象也时有发生。

（三）减少或防止漏水和爆管的措施

根据以上分析，可以从以下几个方面采取对策措施：

(1)对铸铁管和自应力混凝土管采取有选择的使用。由于连续铸铁管造价较低,工艺也暂时不能废除,因此建议直径为300 mm以下的小口径管尚可使用,大中型口径的灰铸管必须有选择地使用。自应力管由于后期膨胀因素不易控制,应尽量用在郊区、农村的输水管,且口径不宜过大。预应力混凝土管由于价格便宜,不需做内外防腐,且为柔性接口,目前各地仍广泛使用,但其工作压力仅为0.6 MPa,故建议用在地形起伏不大的长距离输水管上。

(2)尽量采用离心球墨铸管和塑料管。合肥自来水公司规定直径为400~600 mm的管道原则上一律使用球墨管。球墨管的优点是抗拉强度高,大于4 MPa,而灰铸管仅为1.4 MPa,前者延伸率为5%~15%,而灰铸管为0;采用柔性接口。对直径小于300 mm的管子基本趋势是采用塑料管。

(3)接口选择除少数情况,应以柔性接口为主。

(4)确保设计,施工质量。

思考与练习

1. 城市生活节水主要从哪几方面入手? 其主要措施是什么?
2. 何谓中水? 积极推广中水回用技术有何意义?
3. 试述中水回用系统的构成。
4. 城市供水管网的形式主要有哪几类? 其对节水技术的推广有何意义?
5. 如何保障城市供水管网安全运行?
6. 城市供水管网检漏技术的主要内容有哪些?

第五章　城市环境节水技术

第一节　城区景观用水及节水

随着经济的发展及城市化的推进，城市景观体现了人类发展、社会进步和自然演化过程中一种协调人与自然的关系，比如人工湖泊、绿地等。城市景观用水可以修饰景观，给人以美感，维护生态平衡，而当今水资源短缺和水污染日益严重，如何节约景观用水成为城市基础设施改进与升级的重要组成部分。

通常所讨论的景观水，大致有四种类型：一是小型的天然湖泊，如北京昆明湖、南京玄武湖、扬州瘦西湖、济南大明湖等；二是人造湖泊，如各大中城市公园内的湖泊；三是各种景观用的河道；四是城市绿化与园林，包括城市公共绿地、专用绿地、生产绿地、防护绿地以及郊区风景名胜等。

一、景观用水计算

景观用水计算包括天然湖泊、人造湖泊、景观用河、城市绿化与园林的年用水量计算。

（一）湖泊、景观用河用水量计算

湖泊、景观用河用水量计算可采用间接计算方法。通过计算其蒸发量间接得出用水量。蒸发量可直接通过水面蒸发观测值换算求得。即

$$Q_E = F \cdot H_e \cdot k / 1\,000 \tag{5-1}$$

式中　Q_E——景观水蒸发量，m^3/a；

F——水面区面积，m^2；

H_e——景观区内 Φ20 cm 蒸发皿观测的年蒸发量，mm；

k——蒸发量折算系数，指大型蒸发器或标准蒸发器测得的蒸发量与普通蒸发器测得的蒸发量的比值，k 一般小于 1。

因此，景观用水量 Q_M（m^3/a）就是景观水蒸发量，即

$$Q_M = Q_E \tag{5-2}$$

（二）城市绿化与园林的年用水量计算

城市绿化与园林的年用水量计算可按照美国加利福尼亚州《水法》中有关景观灌溉水的相关内容进行计算，即

$$EWU = 0.62 \cdot Eto \cdot PF \cdot HA / IE \tag{5-3}$$

式中　EWU——景观灌溉水用水量，m^3/a；

Eto——土壤水分蒸发蒸腾强度，m/a；

PF——植物系数，根据实测试验资料和气象资料的计算分析，表 5-1 为草坪草的植物系数；

HA——灌溉面积，m^2；

IE——灌溉效率，城市绿化灌溉水效率应保持或超过 62.5%。

表 5-1　草坪草生长阶段划分及植物系数 *PF*

生长阶段	始期	快速生长阶段	生长中期	生长后期	全生育期
天数(d)	10	20	175	55	260
植物系数 *PF*	0.30	*	0.75	0.65	

注：* 表示此处数据可以内插。

该公式适用新建或改建的市政、居民区内绿化地，而不适用以下项目：

(1)历史遗址。

(2)不需要永久灌溉的生态恢复区。

(3)面积小于 232.25 m^2 的景观项目。

二、景观用水节水措施

当今景观用水节水措施大致分成两种，其一是运用污水处理后的再生水回用至景观，其二是收集雨水将其利用到景观用水当中。本节重点讲述再生水的利用。

(一)再生水在景观湖泊、河道补水的应用

1. 国内外发展现状

再生水是指工业废水与生活污水进入城市污水处理厂经二级或二级以上处理后排放的水的总称，是减少污染源、解决城市缺水问题的有效途径。

国外利用污水的历史由来已久，早在 20 世纪 30 年代就将城市污水处理后作为河道、湖泊观赏用水。1932 年美国在加利福尼亚州的旧金山建立了世界上第一个污水处理厂作为公园湖泊观赏用水的回收水厂。1961 年美国加州桑提镇，利用污水处理厂的净化水在锡卡莫尔河谷地区建造了 5 个人工湖泊，这就是有名的桑提工程。1961 年以来，桑提地区的污水回用，从用于自然风景的观赏湖泊到野餐划船等娱乐性湖泊；从季节性的游戏式钓鱼，到允许食用的真正钓鱼。直至 1965 年 6 月发展到在湖泊的最上游建立了游泳区。在美国加州建有的 200 个污水回用处理厂中，5 个用于观赏湖泊用水，5 个用于娱乐性湖泊用水，42 个用于绿地灌溉(公园、高尔夫球场、高速干道绿地)。此外，在欧洲、日本等地也建有类似的污水回收厂。

我国将城市污水回用于景观水体的研究最早始于“七五”国家科技攻关计划。此后，北京、天津、石家庄等城市相继将污水处理厂出水进一步处理后补给景观河道、湖泊等，北京的高碑店湖、南护城河、昆玉河，天津的海河、卫津河，石家庄市区的“民心河”等景观水体均得到了极大的改善，取得了良好的经济效益和环境效益。“十五”期间，“城市污水再生利用政策、标准和技术研究与示范”课题研究全面展开，在北京、天津、青岛等城市建立起一批景观环境再用示范工程，为景观环境再用的推广奠定了基础。

2. 典型工程实例

北京奥林匹克公园位于市区北部，城市中轴线的北端，根据奥林匹克公园规划设计要求，公园水系设计要体现“龙形水系”的整体景观意象，规划在北部森林公园内建设奥运湖，在中心区新建一条景观河道，河道蜿蜒流经中心区后汇入奥运湖，构筑以“主湖”为主

水面的整体“龙头”水系格局。

奥林匹克公园北边有清河，南边为北土城沟，西邻小月河，东连仰山大沟及北小河，清河导流渠从公园北部穿过。这些河道相互连通，而且小月河、北土城沟、清河治理工程的完成为解决公园内环境用水及排水创造了良好条件。

奥林匹克公园内规划建设的景观河道及奥运湖水面面积约75 hm^2，为使水域维持一定的流量和水深，每年需补水约1 180万 m^3，日需水3.8万 m^3。北京市为水资源紧缺地区，为解决奥林匹克公园景观用水，规划利用两种水源，一是清水，二是再生水。

在举办奥运会期间和其他大型活动时，采用清水水源，以小月河河水为补水水源，以第九水厂的水作为备用水源，水质达到Ⅲ类水体标准要求。平时，尤其在枯水年，使用深度处理的再生水（若官厅、密云两水库有富余水量，可采用其弃水），水质达到Ⅳ类水体标准要求。

（1）清水补水。以小月河河水作为补水水源，可以利用现有的环境补水通道，清水经长河、转河、小月河至祁家豁子闸，然后由祁家豁子闸向北沿小月河至学清路闸。规划沿辛店村路北侧新建输水方涵，经小月河过来的清水向东沿新建的输水涵洞至奥运湖。这既解决了奥运湖环境用水清水水源，增加了奥林匹克公园的供水安全保证率，同时又使得周边河道与奥林匹克公园连通，实现奥运湖与周边河道联合调度，发挥了奥运湖的调蓄作用，增强了奥林匹克公园的抗洪能力。

（2）再生水补水。奥林匹克公园位于北小河、清河再生水处理厂的联合供水流域范围内，规划在北小河污水处理厂内建设6万t/d的再生水处理厂，在清河污水处理厂内建设8万t/d的再生水处理厂。其出水水质大部分指标优于Ⅳ类水体标准要求，水量亦能满足奥运湖用水要求。北部森林公园内的规划水面平时用北小河、清河再生水处理厂的出水补水，再生水先进入湿地，以改善水质。规划中心区景观水面以北小河再生水处理厂出水经过反渗透处理的高品质中水为补水水源，以自来水作为备用水源。

为使奥林匹克公园内的水系更好地运转，实现奥林匹克公园防洪供水工程科学化的管理、调度，建立了自动化监控系统。监控系统常年实时的对水质、水生动植物进行自动化监测，及时预报可能出现的水质恶化，尤其是湖泊水体富营养化，并采用自动监测、现代通讯、网络管理、预报与模拟等高新技术，确保奥林匹克公园防洪及供水安全。

3.存在问题及对策

目前，我国北方许多城市对流过城区的河道和湖泊进行了整治，经过污水截流、河道清淤、堤岸砌石等治理工程之后，往往原有河道、湖泊因无水可用而变成了无水河，有水的河道水质也相对较差。再生水的利用将会给这些城市带来新的生机，但是也潜在着一定的风险，如再生水的水质达标问题、对人体健康的影响问题、水体富营养化问题等。

1）水质方面

水质是再生水回用于景观水体的至关重要的问题。我国先后颁布了若干与景观水体有关的水质标准，如《地表水环境质量标准》（GB 3838—2002）中的Ⅲ、Ⅳ、Ⅴ类水体考虑了景观娱乐水体的水质要求，从该标准中可以看到，天然景观水体的水质标准中对COD、BOD、DO以及氮、磷等指标控制极为严格。再如建设部颁布的《城市污水再生利用景观环境用水水质》（GB/T 18921—2002）（见表5-2），其将景观环境用水分为两类，一类为人体非全身性接触的娱乐性景观水体,另一类为人体非直接接触的观赏性景观水。

表 5-2 城市污水再生利用景观环境用水水质的水质标准 (单位[①]:mg/L)

序号	项目	人体非全身性接触	人体非直接接触
1	感观	无漂浮物,无令人不愉快的臭味	无漂浮物,无令人不愉快的臭味
2	色度(度)	30	30
3	pH	6.5~9.0	6.5~9.0
4	化学需氧量(COD)	50	60
5	五日生化需氧量(BOD_5)	10	20
6	悬浮物(SS)	10	20
7	总磷(以 P 计)	1.0	2.0
8	氨态氮	10	15
9	大肠菌群(个/L)	500	1 000
10	余氯[②]	0.2~1.0[③]	0.2~1.0[③]
11	全盐量	1 000/2 000[④]	1 000/2 000[④]
12	氯化物(以 Cl 计)	350	350
13	溶解性铁	0.4	0.4
14	总锰	1.0	1.0
15	挥发酚	0.1	0.1
16	石油类	1.0	1.0
17	阴离子表面活性剂	0.3	0.3

注:①pH 及注明单位处除外;②管网末梢余氯;③1.0 为夏季水温超过 25 ℃时采用值;④2 000 为盐碱地区采用值。

与 GB 3838—2002 中的景观娱乐用水的标准相比,景观环境用水主要的水质指标要求偏低,其中氮、磷指标要求更低。鉴于各标准值相差甚远,在再生水回用于景观水体的工程实施过程中,就会由于标准的选用而产生矛盾,使工程无法继续。如某条城市河道的水质功能被划分为Ⅲ类水体,但由于没有补充水源,实际水质为劣Ⅴ类,有的河段发出明显的臭味,急需补充水源。城市污水处理厂的二级出水经深度处理后达到了 GB/T 18921—2002 要求,但是往往达不到环保部门要求的 GB 3838—2002Ⅲ类标准。深度处理提高出水水质技术上是可行的,但经济上将大大提高供水成本,得不偿失。由天津、石家庄等城市再生水回用于景观水体的工程运行情况来看,执行地表水Ⅲ类标准的要求过于严格,往往忽略了水体的自净能力;而 GB/T 18921—2002 中对氮、磷的要求又过于宽松,会给河道带来一定的污染负荷,降低水体的环境容量,对于不流动或是缓流水体极有可能带来水体富营养化的风险。

对于再生水回用于景观水体,首先应考虑氮、磷等指标的控制问题。景观水体是人们休闲娱乐的理想场所,一旦发生富营养化,透明度下降,水体浑浊,臭味弥漫,会使其景观价值大减,甚至丧失观赏功能。所以,富营养化是再生水作为娱乐性、观赏性人工水体的最大障碍之一。富营养化在封闭或缓流水体中极易发生,目前许多景观水体都不同程度地存在富营养化现象。建议再生水中营养盐的标准应考虑到这一因素。对全部采用再生水补充的水体,氨氮浓度宜降低到 1 mg/L(以 20 ℃计)以下、总磷浓度宜降低到 0.1 mg/L 以下。

2)卫生学方面

卫生学问题也是再生水回用于景观水体的主要问题之一,尤其对于与人体非全身性接触的娱乐性景观环境用水。再生水中对人体健康和生态系统有危害的污染物主要有化学物质和病原微生物,化学物质主要指水中对人体器官以及皮肤有害的物质,病原微生物可能的影响途径主要有呼吸道(蒸发)、消化道(接触性景观水体)、皮肤接触(接触性景观水体)、水体富营养化、毒害水生生物、污染地下水等。虽然观赏性景观水体与人体非直接接触,但是一些接触仍然不可避免,如果以再生水作观赏性喷泉,喷泉产生的气溶胶可能会对吸入者造成细菌病毒感染的直接危害。因此,再生水作为景观水体时不宜用作观赏性喷泉。

(二)再生水在灌溉城市绿地与园林的应用

1.国内外发展现状

景观灌溉是再生水利用的重要方面,作为节约水资源的有效方法,用再生水代替饮用水灌溉绿地在发达国家已大量使用。据美国环境署(DEP)调查,至 2001 年,美国佛罗里达州有 419 家高尔夫球场使用再生水进行灌溉,占该州高尔夫球场总数的 29%(该州约有 1 450 家高尔夫球场,为世界上高尔夫球场最密集的地区之一)。

国内许多城市也已使用或计划使用再生水灌溉绿地,如北京市规定 2005 年园林灌溉必须使用再生水,但国内再生水灌溉绿地的研究工作开展很少,需借鉴国外的经验,并结合中国的国情,对再生水灌溉绿地的影响作全面综合的分析。

从国内外研究来看,再生水用于景观灌溉从整体上是可行的。污水二级和三级处理水均能提供较多养分,减少肥料花费,促进植物生长,对土壤 pH、微生物等都没有显著影响。但再生水中盐度、氯化物、钠和重金属对植物的影响较大,如果含量过高会恶化土壤性质,降低渗透性,甚至直接伤害植物,使用时应加以注意,可通过管理或选择耐盐植物等措施减少伤害;少量的硼对植物生长有益处,过多则会产生毒害作用;对地下水影响则很小,不会造成水质污染。

值得注意的是,再生水灌溉对土壤、植物和地下水的影响并不是一成不变的,它会随着再生水处理工艺、气候、灌溉管理、植物品种间的遗传变异性、土壤质地和结构、土壤肥力等发生相当大的变化,如降雨、夜间灌溉、沙质土等会减少可能产生的危害,在试验及实践中应注意这些差异,综合分析相关因素,为国内的再生水利用提供科学依据和指导。

2.再生水绿地灌溉系统设计简介

再生水绿地灌溉系统包括污水处理和再利用两个方面,这两个方面相辅相成,紧密联系。一般而言,一个完善的绿地灌溉系统须符合以下条件:

(1)不影响公共健康。

(2)不影响绿地生长发育。

(3)进入土壤的污染物不超过土壤污染负荷。

(4)保证灌溉系统正常运行。

(5)工程易建,工程成本和运行费用低。

工业污水的成分十分复杂,既含有有机物又含有无机物,而且含有有毒有害物质,不适于被用做再生水灌溉的灌溉水源;生活污水是日常生活用过的水,含有大量的营养元素,有毒有害物质较少,适宜于再生水灌溉的水源。

灌溉方法的选择:当今绿地灌溉多采用喷灌,但利用再生水喷灌使得周围空气中大肠杆菌等病原菌浓度显著高于背景值,故不适合采用;一般采用滴灌方法,特别是地下滴灌,其能将硝酸盐减至最小程度,并保护了空气环境。

第二节　城区雨水直接利用技术

一、城区雨水利用的意义和状况

(一)雨水利用的含义

降雨是自然界水循环过程的重要环节,雨水对调节和补充城市水资源量、改善生态环境起着极为关键的作用。

雨水对城市也有许多负面影响,例如雨水常常使道路泥泞,直接影响市民的工作和生活,排水不畅时,可造成城市洪涝灾害等,因此通常要通过城市排水设施及时、迅速地将其排除。然而随着城市建设的飞速发展,大量建筑物和道路使城市不透水面积快速增长,等降雨量条件下,城区雨水产生的地面径流量将大大增加。如果按传统观念只考虑将雨水径流快速排出,所需雨水排水管道、雨水泵站等设施的容量、输送能力必将随之增大。当排水设施不配套时,可能导致城区雨水排泄不畅,甚至引起洪涝灾害的发生。

实际上,雨水作为自然界水循环的阶段性产物,其水质优良,是城市中十分宝贵的水资源。通过合理的规划和设计,采取相应的工程措施,可将城区雨水加以充分利用。这样,不仅能在一定程度上缓解城市水资源的供需矛盾,而且还可有效地减少城市地面水径流量,延滞汇流时间,减轻雨水排除设施的压力,减少防洪投资和洪灾损失。

因此,城区雨水利用就是通过工程技术措施收集、储存并利用雨水,同时通过雨水的渗透、回灌、补充地下水及地面水源,维持并改善城市的水循环系统。

(二)雨水利用的作用

1.节约用水

将雨水用做中水或中水补充水、城市消防用水、浇洒绿化用水等方面,可有效地节约城市水资源量,缓解用水与供水的矛盾。

2.提高排水系统的可靠性

强度大、频率高的降雨易形成洪涝灾害。在城市发展过程中,不透水地表面积不断扩大,建筑密度日益提高,使地面径流形成时间缩短,峰值流量不断加大,产生洪涝灾害的机会增大、危害加剧。合理有效的雨水利用可减缓或抑制城区雨水径流,提高已有排水管道的可靠性,防止城市型洪涝,减少合流制排水管道雨季的溢流污水,减轻污水处理厂负荷,改善受纳水体环境,减小排水管中途泵站提升容量等,并使其运行的安全性提高。

3. 改善水循环

通过工程设施截留雨水，并入渗地下，可增加城市地下水补给量。该措施对维持地下水资源平衡具有十分积极的作用。沿海城市通过增加雨水下渗量，还可有效地防止海水入侵现象发生。

4. 改善城市水环境

雨水可将城市屋顶、路面及其他地面上的污染物带入受纳水体，对水环境造成极大的威胁，特别是初期雨水，其污染物含量更高，对受纳水体的污染更加严重。雨水的利用削减了雨季地面径流的峰值流量，降低了雨水径流排出量，减少了城市排水管道（合流制）的雨季溢流污水量，减轻了污水处理厂的负荷，可极大地改善受纳水体的环境质量。

5. 缓解城市地面沉降

城市过度开采地下水，会导致城市地面沉降。通过工程措施增加城区雨水的入渗量，或将其用做人工回灌水补给地下水，对有效地缓解地面沉降的速度和程度均具有积极作用。据报道，由于严重超采，北京市地下水储存量逐年减少，地下水位持续下降形成了一个以北京东郊为中心、面积为 2 000 km^2 的地下水水位降落漏斗区，致使北京市地面自 1996 年以来，每年以 10 ~ 20 mm 的速度下沉。北京市地表水和地下水资源量严重缺乏，雨水作为地下水人工回灌用水具有广阔的应用前景。

6. 具有经济和生态意义

雨水适于冲厕、洗衣物，故这类生活用水不必再用生活饮用水。雨水属软水，适宜作锅炉和冷却用水，可节省软化处理费用。雨水渗透可节省雨水管道投资。

雨水的储留可以加大地面水体的蒸发量，创造湿润的气候条件，减少干旱天气的发生，利于植被的生长，可改善城市的生态环境。

（三）国内外雨水利用发展简况

1. 国外雨水利用情况

1）雨水利用的发展

雨水利用具有悠久的历史。早在 4 000 年以前，古代中东的纳巴特人（Nabateans）在涅杰夫沙漠，把从岗丘汇集的雨水径流由渠道分配到各个田块，或将径流储存到窖里，以供农作物利用，获得了较好的收成。阿富汗等干旱、半干旱地区的国家也推广使用了纳巴特人的雨水利用方法。

自 20 世纪 70 年代以来，美国、前苏联、突尼斯、巴基斯坦、印度、澳大利亚等国对雨水利用十分重视，对雨水的集水面进行了大量研究，如墨西哥利用天然不透水的岩石为集水面，美国利用化学材料处理集水面以提高集水效率，美国、墨西哥、索马里在集水面上铺设塑料薄膜、沥青纸、金属板等，以增强集流效果。目前，德国、日本、加拿大等许多发达国家采用铁皮屋顶集流，将汇集径流储存在蓄水池中，再通过输水管道灌溉庭院的花、草、树木，作为洒水、洗车和卫生间用水等。

20 世纪 80 年代初期，世界各地悄然掀起了雨水利用的高潮，国际雨水集流系统协会 International Rainwater Catchments Systems Association，IRCSA）应运而生。该协会于 1982 ~ 1997年间在世界各地召开了 8 次国际雨水收集大会。联合国粮农组织和国际干旱地区农业研究中心对雨水资源的利用也很重视。以色列、美国、澳大利亚等国成立了干旱研究机构，专门研究有关农业用水的雨水利用。

2）雨水利用实例

（1）伦敦世纪圆顶的雨水收集利用系统。为了研究不同规模的水循环方案，英国泰晤士河水公司设计了英国2000年的展示建筑——世纪圆顶示范工程。在该建筑物内，每天回收500 m^3 水用以冲洗厕所，其中100 m^3 为从屋顶收集的雨水。它是欧洲最大的利用建筑中水和雨水的建筑设施之一。

雨水收集和利用系统是从面积为10万 m^2（相当于12个足球场大小）的圆顶盖上收集来雨水，经过24个专门设置的汇水斗进入地表水排放管，然后流入储水池。

初降雨水含有从圆顶上冲刷下的污染物，通过地表水排放管道直接排入泰晤士河。由于储存容积有限，收集的雨水量仅100 m^3/d，多余的雨水也排入泰晤士河。

收集储存的雨水利用芦苇床（高度耐盐性能的芦苇，其种植密度为4株/m^2）进行处理。处理工艺包括预过滤系统、两个芦苇床（每个的表面积为250 m^2）和一个塘（其容积为300 m^3）。雨水在芦苇床中通过多种过程进行净化，如在芦苇根区的天然细菌降解雨水中的有机物，芦苇本身吸收雨水中的营养物质，床中的砾石、沙粒和芦苇的根系起过滤系统的作用。此外，在外观上，芦苇床很容易纳入圆顶的景观点设计中，取得了建筑与环境的协调统一。

（2）柏林市雨水利用。位于德国柏林市 Hlankwitz – Beless – Luedecke – Strasse 公寓，始建于20世纪50年代，经过改建扩建，居民人数迅速增加。该公寓有效地将雨水加以收集利用。从公共雨水管收集雨水，采用简单的处理后，达到杂用水水质标准，用于街区公寓的厕所冲洗和浇洒庭院。从屋顶、周围街道、停车场和通道收集的雨水，通过独立的雨水管道进入地下储水池。储水池容积160 m^3，经简单处理后，用做杂用水。该系统的详细数据资料如表5-3所示。

表5-3　德国柏林市某雨水利用系统数据

项目	单位	数据	备注	项目	单位	数据	备注
投产（试运行）		1999年5月		屋顶面积	m^2	7 000	停留因数为1.3 mm
供应雨水的公寓数目	户	80	213人	停车场面积	m^2	2 000	停留因数为3.5 mm
全年节省饮用水	m^3	2 430	35 L/（人·d）	道路和人行道	m^2	2 200	停留因数为2.6 mm
浇洒庭院面积	m^2	1 100		储水池的缓冲体积	m^3	160	
平均年降水量	mm	774		公共雨水管直径	mm	400	
降水利用率	%	58		储存水每天可用体积	m^3	6	

(3)丹麦雨水利用。丹麦国土面积为43 000 km^2,由 Zealand 岛、Funen、Bronholm 和 Jutland 半岛 4 个部分组成。年平均降雨量西南部为900 mm,东部为500 mm。降水一部分渗入地下形成地下水,另一部分则径流进入小溪、河流和湖泊。

丹麦98%以上的供水量是取自地下水。但是一些地区的含水层已经被过度开采,为此丹麦开始研究利用雨水作为替代水源,以减少地下水的消耗。

雨水利用的主要工艺是,在城市地区从屋顶收集雨水,收集后的雨水经过收集管底部的预过滤设备,进入储水池进行储存。使用时利用泵经进水口的浮筒式过滤器过滤后,用于冲洗厕所和洗衣服。

研究表明,以一个三口之家的75 m^2 屋顶收集利用雨水量为例,年降雨量平均为600 mm时,7个月的降雨就足以满足冲洗厕所的用水量,而4个月的降雨量便可满足洗衣服的水量需求。

据估计,丹麦每年可从居民屋顶收集645万 m^3 的雨水,如果用于冲洗厕所和洗衣服,将占居民冲洗厕所和洗衣服实际用水量的68%,相当于居民总用水量的22%,占市政总饮用水产量的7%,可见节水效益十分显著。

2. 我国雨水利用状况

我国在雨水利用方面也取得了一些进展。北京市1988年以来修建了50多座橡胶坝拦截雨水;甘肃水利部门利用雨水集流水窖抗旱,取得了显著的效果;舟山群岛、南海诸岛进行了雨水集流,以解决淡水短缺问题;湖南、湖北、安徽等地的雨水蓄积、埂塘田生态系统,黄、淮、海流域的节水农业等,都取得了一定成果。

我国有些建筑已建有完善的雨水收集系统,但处理和回用系统还不完善。如上海浦东国际机场航站楼建有完善的雨水收集系统,用来收集浦东国际机场航站楼屋面雨水。航站楼屋面的水平投影面积达176 150 m^2,该面积远大于伦敦世纪圆顶的面积。在暴雨季节收集雨量为500 m^3/h,如果这些雨量能被有效地处理和加以利用,比处理轻污染的生活污水更经济,而且简便易行。

目前,我国雨水利用多在农村的农业领域,城市中雨水利用的实例还很少。随着城市的发展,可供城市利用的地表水和地下水资源量日趋紧缺,加强雨水利用的研究,实现城区雨水的综合利用,将是城市可持续发展的重要基础。

(四)影响雨水利用的因素

城区雨水利用是一个复杂的系统工程,涉及城市基础、雨水利用基础理论、技术设施、经济手段、政策与管理等各个方面,只有全方位协调努力,才可能有效地推广应用,并取得良好的经济与环境效益。

1. 城市基础条件

城市基础条件主要是指城市基础设施状况和居民生活习惯。城市排水系统是以及时排除雨水于城外为目的,而城区雨水利用主要通过储留使用、就地入渗、人工回灌等措施将雨水最大限度地留在城市加以利用,这两个相反过程的设施有所不同。如果要实现城区雨水的有效利用,要对现有排水系统进行必要的改造,并注意雨水利用与排除的相互协调,避免造成对城市环境的影响。

居民生活用水习惯对城区雨水利用有着不可忽视的影响。长期以来,城市自来水以其方便、清洁、水质优良等特点受到居民的青睐，而雨水与自来水相比，水质较为混浊，用水要受到季节的影响，并且需设置两套供水管道。单从用水习惯角度考虑，居民对雨水利用将不易接受。

2. 基础理论研究

城区雨水的合理利用涉及许多复杂的基础理论问题。如各城市可利用雨水量及其合理调配；城区雨水利用对地表水和地下水的影响；城区雨水利用对城市生态环境的影响；雨水利用系统的水力计算及设计参数的合理确定；各城市空气污染对雨水水质的影响，以及雨水水质对地表水、地下水的影响；各地气候、气象、地质、水资源状况等条件下适宜的雨水利用技术等。这些基础理论问题在城区雨水利用工程实施前都要首先加以研究解决。

3. 技术设施研究

目前，国外城区雨水利用技术主要有雨水直接收集储存利用、处理后利用、利用天然洼地和水塘等储留，或者渗入地下补给地下水。经过近十多年的研究与应用，已初步形成了一套较成熟的系统计算方法和设计思想，并已开发出许多实用设施。然而，由于各城市降雨特点差别很大，水资源状况、地质条件、城市大气污染程度、雨水水质、城市排水设施和技术经济总体发展水平等各方面的差异，对雨水利用方案、具体的技术设施、合理的设计计算标准、相应的维护管理等都需要有针对性地加以研究。

4. 经济问题

城区雨水利用工程的公共设施或场所属于公用事业项目，需要政府投资。但对一些小范围、小规模的雨水利用设施，如宾馆饭店的中水系统，工厂企业、居民住宅小区内的雨水利用设施，都属于企业、商业行为或私有投入问题。要通过经济杠杆作用来协调企业与政府的投资关系，并通过一系列优惠政策激励企业与个人投资于雨水利用工程。

5. 政策与管理

城区雨水利用是一个跨学科、跨行业的系统工程，涉及水资源管理、供水、节水、防洪、排水、城市规划及园林绿化等许多领域和管理部门。因此，必须制定有关的法规，建立统一的规划与管理政策机制。

二、雨水利用技术与设施

（一）雨水收集系统

1. 雨水收集系统分类

雨水收集系统是将雨水收集、储存并经简易净化后供给用户的系统。依据雨水收集场地的不同，分为屋面集水式和地面集水式两种雨水收集系统，分别见图 5-1 和图 5-2。

2. 雨水收集系统组成

屋面集水式雨水收集系统由屋顶集水场、集水槽、落水管、输水管、简易净化装置（粗滤池）、储水池和取水设备组成。

地面集水式雨水收集系统由地面集水场、汇水渠、简易净化装置（沉沙池、沉淀池、粗滤池等）、储水池和取水设备组成。

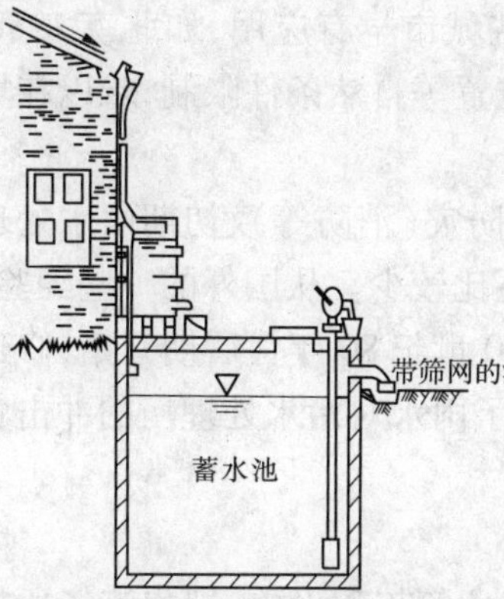

图 5-1 屋面集水式雨水收集系统

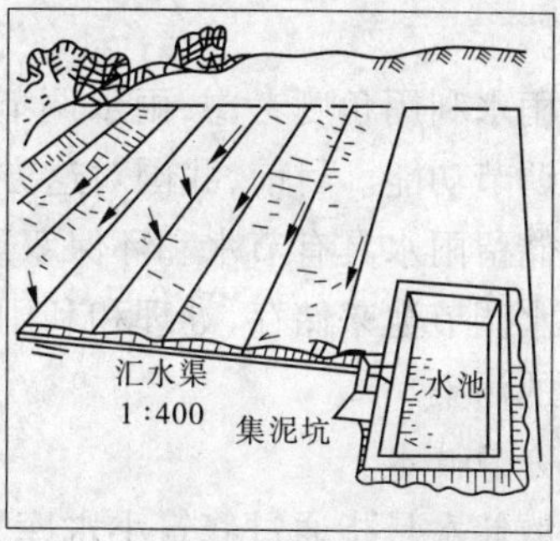

图 5-2 地面集水式雨水收集系统

(二)雨水收集场

1. 屋面集水场

屋顶是雨水的收集场,但在其他影响条件相同时,屋面材料和屋顶坡度往往影响屋面雨水的水质,因此要选择适当的屋面材料。一般可选用黏土瓦、石板、水泥瓦、镀锌铁皮等材料,而不宜收集草皮屋顶、石棉瓦屋顶、油漆涂料屋顶的水,因为草皮中会积存大量微生物和有机污染物,石棉瓦在水冲刷浸泡下会析出对人体有害的石棉纤维,有些油漆和涂料不仅会使水中有异味,在雨水作用下还会溶出有害物质。

2. 地面集水场

地面集水场是按用水量的要求在地面上单独建造的雨水收集场(如图 5-2 所示)。为保证集水效果,场地宜建成有一定坡度的条型集水区,坡度不小于 1:200。在低处修建一条汇水渠,汇集来自各条型集水区的降水径流,并将水引至沉沙池。汇水渠坡度应不小于 1:400。

场地地面及汇水渠要做好防渗处理,最简便的办法是用黏土夯实,也可用其他防水材料如塑料膜、膨润土等,但应注意不能增加水的污染。

3. 集水量计算

在确定年降雨量、径流系数和集水面积后,集水量可按照下式计算

$$W = \frac{P\beta F}{1\,000K} \tag{5-4}$$

式中 W——屋面或地面集水量,m^3/a;

P——年降雨量,mm;

β——径流系数(屋面取 0.9,地面取 0.6~0.8);

F——集水面积(以水平投影面积计),m^2;

K——面积利用系数,一般采用 1.2。

(三)雨水储留设施

1. 城市集中储水

城市集中储水是指通过工程设施将城区雨水径流集中储存,以备处理后用于城市杂用水或消防等方面的工程措施。

储留设施由截留坝和调节池组成，前者在我国一些城市早有应用，如北京 1988 年以来修建了 50 多座橡胶坝拦截雨水。但截留坝受地理位置等自然条件限制，难以在城区大量采用。

从雨水利用角度考虑，雨水调节池具有中水利用、防灾（消防等）、初期雨水处理前的储水和调节功能。目前，我国对这方面的研究和应用还比较少。从国外的一些经验看，城市集中储留雨水具有节水和环保双重功效，如德国从 20 世纪 80 年代后期开始，修建了大量的雨水调节池来储存、处理和利用雨水，有效地降低了雨水对污水处理厂的冲击负荷和对水体的污染。

2. 分散储水

分散储水是指通过修筑小水库、塘坝、水窖（储水池）等工程设施，把集流场所拦蓄的雨水储存起来，以备利用。

(1) 小水库、塘坝及涝池。这类储水设施中的水容易蒸发和下渗，储水效率较低。国外一些地方采用在水面上覆脂肪醇等液态化学制剂，也有采用轻质水泥、聚苯乙烯、橡胶和塑料等制成板来抑制蒸发，但这些方法成本较高，目前许多国家正着手研究一些廉价、绝热且能避免太阳能进入水体的反射材料，以便能在水库等水面上覆盖而抑制蒸发。

(2) 水窖（储水池）。这是一种相对较好的储水设施。常见水窖有红胶泥水窖、三合土或二合土抹面水窖，也有混凝土薄壳水窖。研究表明，红胶泥水窖年损失水量 9.35 m^3，保存率为 75.4%，投资少，储水成本为 0.23 元/(m^3·a)，但寿命短；混凝土薄壳水窖年损失水量仅 1.08 m^3，保存率达 97.1%，储水成本为 0.41 元/(m^3·a)，虽一次性投资高，但寿命长。

水窖（储水池）的容积与一年中非降雨天数、用水量定额及用水人口等因素有关，可用下式求得

$$V = \frac{MqTN}{1\,000} \tag{5-5}$$

式中 V——水窖（储水池）的容积，m^3；

q——用水量定额，L/(人·d)；

T——每年非降雨的平均天数，d；

N——用水人数，人；

M——容积利用系数，取 1.2～1.4。

（四）雨水的简易净化

1. 屋面集水式的雨水净化

扣除初期雨水径流后，屋面集水的水质较好，因此多采用粗滤池净化，出水消毒后便可使用。

粗滤池一般为矩形池，池子结构可由砖或石料砌筑，内部以水泥砂浆抹面，也可为钢筋混凝土结构。粗滤池顶部应设木制或混凝土盖板。池内填粗滤料，自上而下粒径由小至大，可选石英粗砂和砾石，自上而下粒径依次为 2～4 mm、4～8 mm、8～24 mm，每层厚 150 mm。出水管管口处装有筛网。其构造如图 5-3 所示。

当发现出水变混浊或出水管出水不畅，或水从溢流管溢出时，应清洗滤料。

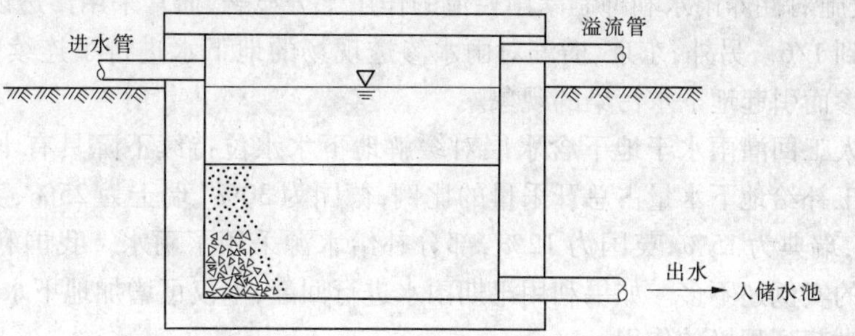

图 5-3　粗滤池构造示意图

消毒剂可选用液氯和二氧化氯复合剂等。

2. 地面集水式的雨水净化

地面集水式雨水收集系统收集的雨水一般水量大,但水质较差,要通过沉沙、沉淀、混凝、过滤和消毒处理后才能使用(见图 5-4),实际应用时可根据原水水质和出水水质的要求对上述处理单元进行增减。

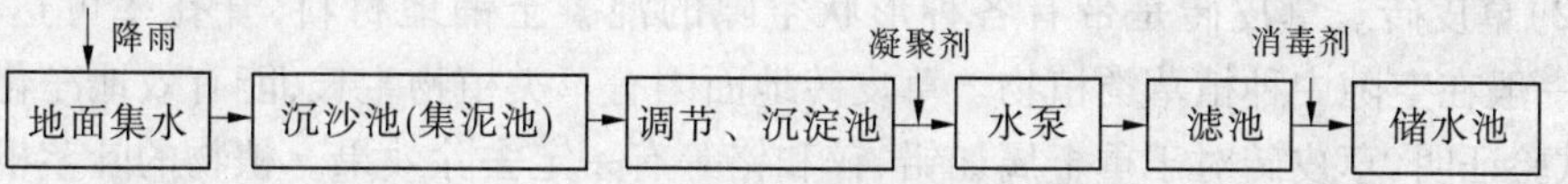

图 5-4　地面集水式雨水收集系统净水工艺流程

(五)雨水渗透

1. 雨水渗透的功能与方法

1)雨水渗透的功能

雨水渗透是通过人工措施将雨水集中并渗入补给地下水的方法。

其主要功能有:

(1)可增加雨水向地下的渗入量,使地下水得到更多的补给量,对维持区域水资源平衡,尤其对地下水严重超采区控制地下水水位持续下降具有十分积极的意义。

(2)雨水渗入地下时,增加了包气带或土壤的水分含量,可有效地改善植被的生长条件,对于维护城市生态环境起到积极作用。

(3)可缓解暴雨洪峰对城市所造成的危害,有利于城市防洪。

(4)可减轻城市合流制排水系统及污水处理厂的负荷。

(5)可减少城市地面雨水径流对水体的污染,改善水体环境。

(6)雨水储留设施增大了水面的面积,强化了水的蒸发,从而提高了城市空气的湿度,改变了气候条件,同时可提高空气的质量。

2)雨水渗透的方法

根据雨水渗透的设施,渗透方法可分为散水法和深井法两种基本类型。散水法是通过地面设施如渗透检查井、渗透管、渗透沟、透水地面或渗透池等将雨水渗入地下的方法。深井法是将雨水引入回灌井直接渗入含水层的方法。

日本从 20 世纪 80 年代初便开始雨水渗透技术的研究,到 1996 年初为止,仅东京都就建设渗透检查井 33 450 个,渗透管沟 286 km,透水地面铺装 495 000 m^2。研究和应用表明，渗透设施对涵养雨水和抑制暴雨径流的作用十分显著，通常采用渗透设施可使雨水流出率削减到1/6。另外，东京、横滨对雨水渗透现场的地下水进行了连续监测，未发现由于雨水入渗而引起地下水污染的现象。

深井法人工回灌雨水于地下含水层对缓解地下水水位持续下降具有十分积极的意义。国外人工补给地下水量占总开采量的比例，德国为30%，瑞士为25%，美国为24%，荷兰为22%，瑞典为15%，英国为12%，部分补给水源采用了雨水。我国利用雨水人工回灌地下水的实例还不多。如果利用汛期雨水进行回灌，不仅可增加地下水补给量，而且会对城市防洪起到积极的作用。

2. 雨水渗透设施

(1)多孔沥青及混凝土地面表面。沥青质量比为5.5%～6.0%，空隙率为12%～16%，厚6～7 cm。沥青层下设两层碎石，上层碎石粒径为2.5～5 cm，空隙率为38%～40%，其厚度视所需蓄水量定，主要用于储蓄雨水、延缓径流。混凝土地面的构造与多孔沥青地面类似，只是将表层改换为无沙混凝土，其厚度约为12.5 cm，空隙率为15%～25%。

(2)草皮砖。草皮砖是带有各种形状空隙的混凝土铺地材料，开孔率可达20%～30%，一般在空隙中种植草类植物。草皮砖地面因有草类植物生长，能有效地净化雨水径流。试验证明，草皮砖对于重金属如铅、锌和铬等有一定去除效果。植物的叶茎根系能延缓径流速度，延长径流时间。草皮砖地面的径流系数为0.05～0.35。雨水的入渗量取决于植物种类和密度，以及其基础碎石层的蓄水性能和地面坡度等因素。

(3)地面渗透池。当有天然洼地或贫瘠土地可利用，且土壤渗透性能良好时，可将汛期雨水集于洼地或浅塘中，形成地面渗透池。该渗透设施入渗量大，但占地面积也较大，适用于郊区或其他土地允许的城市建设。由于池塘面积较大，水面蒸发量也较大，因而对调节城市空气湿度有积极作用，但在夏季不免会滋生大量的蚊蝇。

(4)地下渗透池。地下渗透池是利用碎石空隙、穿孔管、渗透渠等储存雨水的装置。它的最大优点是利用地下空间而不占用日益紧缺的城市地面土地。由于雨水被储存于地下蓄水层孔隙，不会滋生蚊蝇，也不会对周围环境造成影响。图5-5为常见的地下渗透池示意图。

(5)渗透管。渗透管一般采用穿孔管材或用透水材料如混凝土管制成，横向埋于地下，在其外围填埋砾石或碎石层。汇集的雨水通过透水管进入四周的碎石层，并向四周土壤渗透。渗透管具有占地少、渗透性好的优点。它便于在城区及生活小区设置，可与雨水管系统、渗透池及渗透井等综合使用，也可以单独使用。

(6)回灌井。回灌井是利用雨水人工补给地下水的有效方法。主要设施有管井、大口井、竖井等及管道和回灌泵、真空泵等。目前，国内深井回灌方法有真空（负压）、加压（正压）和自流（无压）3种方式。

(六)屋面雨水的利用方式

1. 利用雨水的中水系统

目前，建筑中水技术已得到大量的应用。许多建筑，尤其是高层建筑中都设计了中水利用系统。与建筑污水相比，雨水具有水量大且水质好的优势。因此，应充分利用现有的

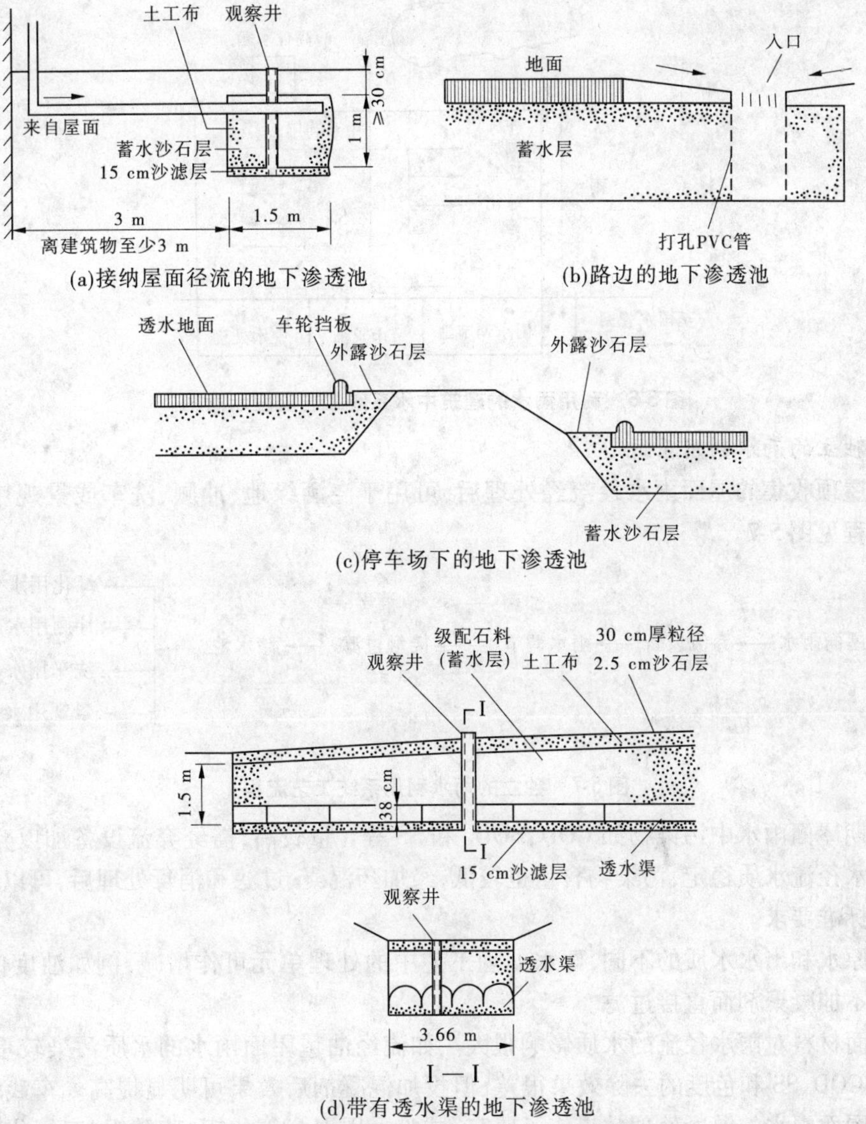

(a)接纳屋面径流的地下渗透池　(b)路边的地下渗透池

(c)停车场下的地下渗透池

(d)带有透水渠的地下渗透池

图 5-5　几种常见的地下渗透池示意图

建筑中水系统，通过简单改造后可将雨水纳入其中，成为建筑物中居民用水的供水水源之一，以节省相应的自来水量。

图 5-6 为利用雨水的建筑中水系统的工艺流程示意图。利用屋面收集雨水后，通过雨水排水管输至地下的雨水调节池。该池容积按该建筑的雨水利用量设计。当降雨量较大时，多余的雨水便排入小区的雨水管网。雨水调节池的雨水经简单处理后送入中水池，与建筑排水的中水处理水混合，通过中水供水系统送至用户，用于冲洗厕所、洗车、浇灌绿地等。把屋面雨水纳入中水系统从技术上是可行的，但雨水的季节波动和随机性很大，因此雨水调节池的容积一般较大，同时也要增大中水池的容积，这会造成经济上的不合理。因此，该雨水利用工艺适用于雨水季节性波动较小的地区，或自来水供应严重不足的城市。

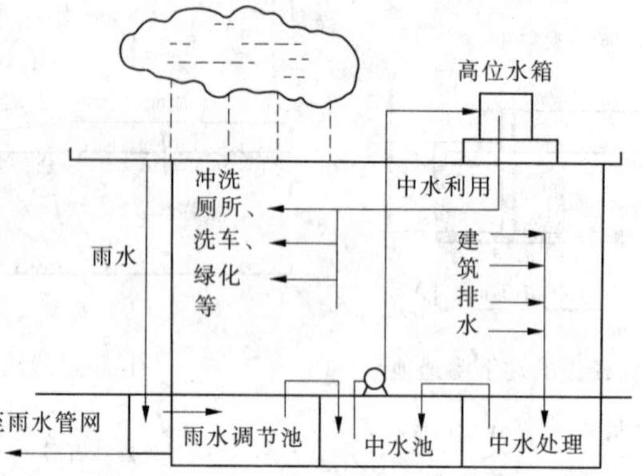

图 5-6　利用雨水的建筑中水系统工艺流程示意图

2. 独立的雨水利用系统

从屋顶收集的屋面雨水径流经处理后，可用于浇洒绿地、冲厕、洗车或景观用水等。工艺流程见图 5-7。

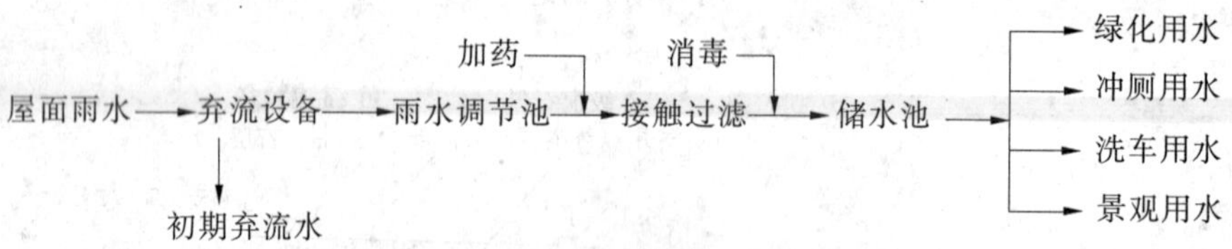

图 5-7　独立的雨水利用系统工艺流程

初期屋面雨水中污染物如 COD、BOD_5 和 SS 等含量较高，需经弃流设备加以弃流，之后的雨水径流水质稳定，污染物含量也较低，经加药混凝、过滤和消毒处理后，可以达到用户水质标准要求。

随原水和出水水质的不同，雨水处理工艺中的处理单元可作增减，例如浊度低于 10 度时可不加凝聚剂而直接过滤。

屋面材料对雨水径流的水质影响很大。如流经油毡屋面雨水的水质污染较重，直接过滤对 COD、SS 和色度的去除效果很差，但投加混凝剂后效果可明显提高。车武等对北京城区屋面雨水的混凝处理效果作了研究，试验采用聚合氯化铝、硫酸铝、三氯化铁三种混凝剂，最佳投药量分别为 5 mg/L、6 mg/L 和 6 mg/L。结果表明，投加聚合氯化铝时出水效果最好且投加量最少，说明聚合氯化铝是较为理想的雨水处理混凝剂。

研究表明，在最佳投药条件下，经初期弃流的屋面雨水径流通过上述处理工艺流程后，COD 可去除 65% 左右，SS 可去除 90% 以上，色度可去除 55% 左右，出水水质一般可满足生活杂用水的水质要求。

3. 雨水渗透自然净化利用系统

雨水渗透自然净化利用系统是指利用雨水渗透设施将雨水渗入地下，以补给地下水的雨水利用系统。该系统将屋面雨水的人工处理与自然净化相结合，对维持城市地下水资源平衡，改善城市水环境和生态环境，以及城市防洪和节水等方面的工作具有极大的促进作用。

土壤及含水层对污染物具有自然降解能力。试验表明,油毡屋面上的雨水经过厚度为1 m的天然土层后,COD的去除率可达60%;经过厚1 m的人工土层后,COD可去除70% ~80%。许多研究也证实,利用该系统处理雨水对地下水并未造成污染。

三、雨水利用中的问题及解决途径

(一)大气污染与地面污染

空气质量直接影响着降雨的水质。我国严重缺水的北方城市,大气污染已是普遍存在的环境问题。这些城市的降雨中污染物浓度较高,有的地方已形成酸雨。这样的雨水降落至屋面或地面,比一般的雨水更易溶解污染物,从而导致雨水利用时处理成本的增加。

地面污染源也是雨水利用的严重障碍。雨水溶解了流经地区的固体污染物或与液体污染物混合后,形成了污染雨水径流。当雨水中含有难以处理的污染物时,雨水的处理成本将成倍增加,甚至出现经济上难以承受的现象,致使雨水从经济上失去了其使用价值,影响了雨水的利用。

改善城市水资源供需矛盾是一个十分宏大的系统工程,它涉及自然、环境、生态、经济和社会等各个领域,它们之间相辅相成,缺一不可。要重视大气污染和地表水污染的防治,根治地面固体污染源。

(二)屋面材料污染

屋面材料对屋面初期雨水径流的水质影响很大,而目前我国城市普遍采用的屋面材料(如油毡、沥青)中有害物质的溶出量较高。因此,要大力推广使用环保材料,以保证利用雨水和排除雨水的水质。

(三)集水量保证率

降雨过程存在季节性和很大的随机性,因此雨水利用工程设计中必须掌握当地的降雨规律,否则集水构筑物、处理构筑物及供水设施将无法确定。

降雨径流量的大小主要取决于次降雨量、降雨强度、地形及下垫面条件(包括土壤类型、地表植被覆盖、土壤的入渗能力及土壤的前期含水率等)。在干旱和半干旱的黄土高原区,年降雨量一般为250 ~550 mm。黄土的结构疏松,水溶性团粒含量较高,水的稳定入渗速率较大(一般在0. 5 mm/min以上),因此小强度的降雨很少能产生径流。

据统计,黄土高原区多年平均次降雨量小于5 mm的降雨占全年降雨量的20%左右,小于10 mm的降雨占40%左右,而平均日降雨量大于5 mm的天数每年不足30 d。如此少的降雨量还要消耗于地表植被的拦截、土壤入渗和蒸发,因此每年能产生径流的降雨次数并不多。

为增大雨水的集流量,需利用产流条件较好的材料做成集水面。一般在坡度为5% ~15%时,以混凝土为材料的集水面,其集水效率为55% ~86%(相当于产流系数β为0. 55 ~0. 86,下同);以塑料薄膜覆沙的集水面,其集水效率为36% ~47%;原土夯实的集水面,其集水效率为19% ~32%。

因此,在确定雨水利用设施的规模时,不仅要考虑设计频率下的降雨量,还要考虑降雨强度、次降雨量等特性,更要重视产流汇流条件对集水量保证程度的影响。

(四)雨水渗透工程的实施

雨水渗透工程是城区雨水补给地下水的有效措施。在工程设计与实施中,要注意渗透设施的选址、防止渗透装置堵塞和避免初期雨水径流的污染等问题。

1. 渗透设施的选址要求

(1)为使雨水有效下渗,渗透设施应选在土壤渗透率不小于 2×10^{-5} m/s、地面坡度不大于 15% 的地方。

(2)地下水最高水位或地下不透水岩层至少低于渗透表面 1.2 m,以保证雨水的入渗水力坡度,同时可使雨水得以净化。

(3)渗透设施要远离房屋或其他建筑物,以防止雨水渗入引起基础的不均匀沉降。

(4)渗透设施要与周围环境相协调,保持城市建筑风格。

2. 渗透装置的堵塞

屋面及地面的初期雨水径流中常夹杂大量的悬浮颗粒和杂质,极易堵塞渗透装置或土壤层。北京建工学院材料实验室曾以自制的无沙混凝土块(孔隙率 18%,渗透系数 0.85 cm/s)作堵塞试验。方法是向试块中灌入多种浓度的含泥沙试验浊水,测定其渗透系数。渗透系数减小幅度越大,说明试块堵塞就越严重。试验表明,当试验浊水的 SS 为 1 000 mg/L 及 2 000 mg/L 时,试块的渗透系数不变;当浊水的 SS 增至 3 000 mg/L 时,渗透系数减少 8%;当 SS 增至 4 000 mg/L 时,渗透系数减少 25%。

初期雨水中 SS 的含量可达 2 000 ~ 3 000 mg/L,如果让这部分雨水径流进入渗透设施,必然会造成一定程度的堵塞。因此,应尽量弃去初期雨水径流,同时要加强对渗透装置的维护,定期清理。

(五)初期雨水弃流量

屋面和地面的初期雨水径流中污染物浓度很高,而这部分水量所占比例又很小,因此雨水的收集利用应考虑舍弃这部分水量,以减少对后续设施的影响。

初期雨水弃流量的合理确定关系到雨水收集利用系统的经济性和安全性。弃流量偏大时,虽然进入雨水利用系统的后续雨水径流水质稳定,但造成了雨水资源的浪费;弃流量偏小时,虽充分利用了雨水量,但水质不好,增加了雨水处理成本和难度,甚至有些杂质还会堵塞处理和利用设施,影响设施的正常运行。

屋面雨水的初期径流水质与屋面材料和屋顶坡度及降雨量有很大的关系。因此,初期弃流量可由降雨曲线和水质变化曲线来确定,径流中 COD 和 SS 浓度达到相对稳定时所对应的降雨量即为初期弃流量。

地面雨水的初期径流比屋面径流水质成分复杂,因此准确确定初期雨水弃流量较为困难,但可参照屋面雨水初期弃流量的确定方法试验确定。

思考与练习

1. 何谓城市景观用水?如何计算景观用水量?

2. 试述节约景观用水量的主要途径。

3. 如何理解雨水利用?雨水利用的基本途径有哪些?

4. 试述当前雨水利用的必要性和意义。

5. 影响雨水直接利用的主要因素有哪些?

6. 试述雨水利用系统的构成。

7. 某城市市区,年降水量 1 200 mm,城区面积 100 km^2,40% 的绿化率,房屋和道路面积(水平投影面积)占 60%,重复集雨率 120%,试计算该市年集水量。

8. 试述地面集水式雨水净化工艺流程。

9. 如何理解城市环境用水及节水措施?

10. 我国环境用水的节水技术应用现状及存在的主要问题是什么?

第六章　节水技术管理

第一节　节水技术管理法规

作为一个水资源紧缺的国家，中国正常年份缺水量约 400 亿 m^3，节约用水、高效用水已成为缓解水资源供需矛盾的根本途径。目前，中国万元工业增加值取水量是发达国家的 5～10 倍，灌溉水利用率仅为 40%～45%，距世界先进水平还有较大差距，节水潜力很大。

为提高全社会节水意识，引导社会大力节水，国家发改委、科技部会同水利部、建设部和农业部首次组织制定并发布了《中国节水技术政策大纲》（以下简称《大纲》）。《大纲》共分 5 章 146 条，除了提出节水目标，还提出了 2005～2010 年的节水技术发展方向，即在 2005～2010 年实现工业取水量"微增长"、农业用水量"零增长"、城市人均综合用水量逐步下降，明确了近几年大力推广的节水技术，并阐述了相关的保障措施，详见附录。

《大纲》的发布对各地区、各行业编制节水发展规划，推动成熟、先进的节水技术与工艺，限制和淘汰落后的技术、工艺和设备等具有重要指导作用；对提高用水效率和效益，缓解水资源对经济社会发展的制约，实现水资源可持续利用具有重要促进作用。此外，这份文件还将为各地区、各行业制定取水定额标准提供技术基础支持。

第二节　节水信息管理技术

一、概述

水是人类生存和发展不可替代的资源，是经济社会可持续发展的基础。我国人均水资源不足，时空分布不均，缺水已经成为经济发展和社会进步的重要制约因素。为此，国家提出创建"节水型社会"，其目的就是要从根本上解决缺水问题。节水型社会的建设将使水资源的利用效率和效益得到提高，生态环境得到改善，可持续发展能力不断增强，促进人与自然的和谐相处，从而推动全社会走上生产发展、生活富裕、生态良好的文明发展道路。

建设节水型社会必须从宏观上对水资源进行整合，协调好各部门间的关系，这是一个资源系统工程。随着科技的不断发展，信息技术在节水型社会中的应用得到不断的普及和深入，如节水灌溉中出现了精确灌溉的内容。精确灌溉一方面要求对农作物实施按需的、有差异的变量供给，另一方面更是强调将单纯的灌溉转向结合补水进行施肥、治虫、补充作物生长所需的微量元素等的复合作业，即按照田间每个操作单元作物生长对灌水时间、灌溉量、灌溉位置、灌水部位以及灌水成分的具体要求，通过计算机控制实施相应的作业，最大限度地提高水资源的利用效率，充分保护农业生态环境，实现农业水土资源的可持续利用和管理。

信息管理技术在节水型社会中应用的基本技术主要包括全球卫星定位系统(GPS)、地理信息系统(GIS)、遥感监测技术(RS)、信息采集与处理技术(ST)、决策支持系统(DSS)或专家系统(ES)、智能化农机技术(IAM)、变量投入技术(VRT)、环境监测系统、系统集成、网络化管理和培训系统等。

二、节约用水管理信息系统的构成及功能

随着节约用水管理工作的发展,应用以计算机为基础的信息系统已是大势所趋,节约用水管理信息系统的研制与开发也就成为必然。

(一)节约用水管理信息系统的概念

1.信息

当今社会已进入信息时代,信息充斥着整个世界,是人类活动的重要组成部分。信息管理成为一种主要的社会活动,管理人员多半时间是花费在信息处理上。对信息这个概念可从不同的角度来理解和使用,如:

(1)信息是关于客观世界某一方面的知识。

(2)信息是接受者预先不知道的报道。

(3)信息是使不确定因素减少的有用知识。

(4)信息是经过加工并对人们行动产生决策影响的数据。

从使用角度来看,信息最根本的性质是真实性、及时性、完整性和适用性。节约用水工作中涉及的信息不计其数,但只有满足上述性质的信息才能对实际工作起积极作用。

2.管理

管理是人们有目的、有意识的实践活动,是在现有资源和环境的约束下,根据一定的目标,对各种资源进行规划安排、优化控制,以期达到最好的效果。

管理过程实质上是信息数据处理过程。从控制论的观点,管理过程就是信息数据的收集、传递、加工、判断和决策的过程。以城市节约用水管理工作为例,其全部活动可概括为两大类,一类是对城市及工业水资源的调配,一类是对水资源信息数据的管理。城市及工业水资源调配是物流,而数据管理活动是信息流。尽管物流是主体流程,但节水管理人员事事都亲临现场进行管理决策是不可能的,必须依靠反映物流活动状况的信息来进行管理。信息流控制和调节着物流的数量、方向、速度和目标,使之按照一定的目的、方向活动,执行着决策、计划和调节职能,以保证生产有序、高效地进行和人们生活质量的不断提高。通过对信息流的处理和控制,就可以达到控制物流畅通的目的。因此,在节水管理中,信息流起主导作用,如果忽视了信息流的主导作用,就会导致物流即水资源系统调配混乱。

3.管理信息系统

"管理信息系统"这一术语至今还没有统一的定义,综合现有文献,管理信息系统(MIS,Management Information System)是一个由人、计算机、通信设备等组成的,进行管理信息的收集、传递、储存、加工、维护和使用,辅助使用者进行事务处理和管理职能集成的人机系统。但应该注意,有时候机器并不一定是组成管理信息系统的必要条件。实际上,

任何地方只要有管理,就要有信息,也就有管理信息系统。

管理信息系统首先是从系统的观点出发,全面考虑一个组织的信息来源、收集、存储、传输、加工和输出的全过程,保证各功能信息子系统共享共同的数据,尽可能降低数据的冗余度,保证数据的兼容性和一致性。

管理信息系统要利用计算机的硬件、软件,以及人工对信息数据进行处理、分析、计划、控制和决策,系统的各个部分要符合总体设计。

4. 节约用水管理信息系统

1)节约用水管理信息系统开发的必要性

节约用水工作涉及到的信息量是十分巨大的,但在目前节水信息管理工作中存在诸多问题。

首先,原始数据错综复杂。节水管理工作的重要环节便是从原始资料及报表中,采用一定的数学方法进行分析提炼,找出存在的问题及解决问题的措施,为决策提供信息。但由于缺乏分析手段、工具和时间等原因,致使大量有用信息埋没在原始数据中,决策者也只能根据估计的信息,凭着经验进行各种决策。

其次,节水业务处理在时间上是非均匀的。数据往往集中在月末、季末和年终来进行处理,数据未收集齐全之前工作无法展开。在短时间内处理大量的业务,节水工作人员不得不额外增加工作时间来保证任务的完成。即使这样,很多业务往往也要延迟到下月初才能处理,特别是季末、年终更为突出。节水信息的滞后现象影响了决策工作的及时性和准确性。

再次,节水工作要求在短时间内处理大量业务,这就很难避免数据在转抄、计算过程中产生失误,部分数据失误会产生一系列的失误,这种连锁性的反应,影响了节水信息的精度。

为了全面、真实和及时地反映人类生产生活水资源物流调配的情况,引入现代信息管理技术、开发节约用水管理信息系统是十分必要的。

2)节约用水管理信息系统的含义

节约用水管理信息系统,是节约用水管理工作者为达到其节水事务处理及管理决策工作的目的,采用计算机及通信设备,对节水相关信息数据进行收集、传递、储存、加工、维护和使用的集成人机系统。

节约用水管理信息系统最重要的作用是使节水管理人员能有更多的时间来进行全面的节水管理分析工作,使节水工作真正发挥预测控制作用。节水管理人员可以利用计算机的数据管理功能随时查询各种资料;利用快速制表功能和图形软件来辅助节水业务分析工作;可利用计算机存储的数学模型库所提供的各种优化和决策模型为决策提供方案。

3)节约用水管理信息系统的特点

(1)涉及学科多、部门广。它涉及管理学、社会学、行为学及自然科学,是一门多学科交叉的边缘学科。它与城市经济、环境保护和规划建设息息相关。这就要求节约用水管理信息系统既要完成节水管理任务又要与其他部门交流信息,务必使系统具有良好的数据接口以实现数据共享。

(2)涉及数据量大、更新快、安全、准确、共享性要求高和存储期限长。如地下水开采量、自来水实用量、地下水监测数据都要求用磁盘长期保存。

(3)涉及数据处理集中。数据处理一般发生在月末、季末和年终。如年初要集中下达各用水单位用水计划,月末要输入各单位实用量、计算收费和打印收费通知单,季末、年终要对数据进行分类、汇总、分析和存档。

4)节约用水管理信息系统的开发利用现状

我国建设部曾开发了一套城市节水和地下水管理通用软件,在全国进行推广,但由于各地管理模式上的差异,未能普及使用。郑州、哈尔滨、北京、上海、天津、沈阳和太原等城市也自行研制、使用节约用水管理信息系统,并取得了一些经验。但是,由于节约用水工作的复杂性,以及信息技术普及所需一定过程,而且各系统是在相对独立的状态下开发出来的,彼此的软硬件环境、设计要求、适应性都有所不同,相应的信息不能共享,重复的开发也造成大量的人力与物力的浪费,整体水平不高,需要在实际工作中不断进行分析、研究、充实和提高,使节水管理工作逐步实现科学化、最优化。

(二)节约用水管理信息系统的构成

1. 节约用水管理信息系统构成层次

节约用水管理信息系统按管理的层次可以分为以下 3 个层次:

(1)事务处理。事务处理层次一般只是用计算机取代人工保留数据记录的过程,这种系统的特征是具有良好的结构化及程序化过程,容易利用计算机来处理。本层次服务于节水管理中较为基础的工作。它收集各种原始数据,利用数据库管理技术对其进行分类、排序、整编、汇总并进行简单的处理,产生各种报表凭证。

(2)信息管理。信息管理层次的目的在于帮助管理人员做出决策。它利用事务处理层次提供的基础数据,并采用一定的数学方法对其加工处理产生综合分析信息。但本层次不能自行做出决策,甚至也不能告诉管理人员如何做出决策,它的职能只是提供决策信息。

(3)决策支持。决策支持层次是节约用水管理信息系统的最高层次。这一级决策是非过程化,并且高度非结构化的。因而,模型、模拟技术、人工智能变得越来越重要。本层次以控制论、决策论、规划论为理论基础,利用信息管理层次提供的信息对节水管理做出决策,提出决策方案供决策者定夺。

在实际工作中这 3 个层次往往组成一个整体,且分为若干子系统,彼此之间有着密切的联系。目前,基本处在事务管理向信息管理过渡的阶段,决策支持层次在节水管理信息系统中尚不成熟。

2. 节约用水管理信息系统的构成要素

节约用水管理信息系统不能由几个工作人员、几张报表和几台计算机简单相加构成。成功的节约用水管理信息系统应由齐全的开发维护人员、先进的管理水平和必要的资金要素组合而成。也可以说,上述 3 个方面内容是节约用水管理信息系统成功开发的必备条件。

1)人员

作为人机系统,节约用水管理信息系统必须有齐全的开发、维护人才。担任节约用水管理信息系统开发的工作者应具有尽量广的知识面,既要熟悉计算机技术又要熟悉节水业务,还应具有一定的系统工程知识。开发组人员组成有系统分析员、程序设计员、运用人员、管理人员和硬件人员。各级人员应具有的专业知识及承担的任务见表6-1。

表6-1 节约用水管理信息系统开发人员组成

人员组成	应具备的专业知识	应承担的任务	应具有的能力
系统分析员	计算机、节水业务	系统分析及设计	想象力、创造力
程序设计员	程序语言、节水业务	模块设计、程序设计	逻辑思维能力
运用人员	节水业务	节水业务分析	分析判断能力
管理人员	节水业务、管理学	组织开发	组织能力
硬件人员	电子及电器	选购、安装	通晓微机结构性能

程序一旦开发完毕,投入运行所需人员结构又有所变化。可由以下人员组成:系统维护员、数据管理员、计算机操作人员和硬件维护员。各类人员应具备的知识及任务见表6-2。

表6-2 节约用水管理信息系统操作维护人员组成

人员组成	应具备的专业知识	应承担的任务
系统维护员	节约用水管理信息系统所有软件文档	维护、扩充系统功能
数据管理员	节约用水管理信息系统的运行	日常运行管理
操作人员	具体操作	业务操作
硬件维护员	电子电器	维修、排除故障

在人员要素中,领导人员也是极为重要的。用计算机处理节水业务是为了提高管理水平、增强决策能力,因而节约用水管理信息系统不是简单地模仿人工处理,而是对人工处理进行必要的改革,使管理更加科学化、规范化和标准化,这就意味着在管理体制、规章制度和操作方法方面要进行改革,这就要求最高领导层进行组织、协调和整顿,建立新的管理体制,制定新的规章制度及操作方法。开发及维护人员应经常向领导汇报进程及问题,必要时领导应出面协调解决。

2)管理

节水管理信息系统只有在具备一定管理基础后,才会奏效。良好的管理基础是指有明确的管理目标和职责分工,以及相应的节水管理制度。具体表现在节水管理业务标准化、各种报表规范化、资料齐全、制度健全、组织结构合理且人员素质高。具备了这些条件,开发的计算机节约用水管理信息系统才能真正发挥作用。

3)资金

以上要素是节约用水管理信息系统的“软件”,“硬件”是物资设备的购置资金。节约用水管理信息系统的开发运行主要有以下3种费用:

(1)硬件设备购置费。包括计算机、打印机、绘图机和机房配备(空调、吸尘器和办公用品)等。

(2)软件开发费。包括调研费、技术咨询费、联合开发费、购买系统软件费、测试费和评审费等。

(3)系统运行费。包括硬软件维护费、购买日常用品费(磁盘、打印纸、色带和绘图笔等)。

(三)节约用水管理信息系统的功能

1. 总体功能

节约用水管理信息系统按管理内容可分为用水计划管理、节水技术管理,水资源管理、财务管理和综合管理,功能如下:

(1)用水计划管理的功能有用水单位概况、制定计划、调整计划、计划统计、计划执行情况分析、节奖超罚和打印报表。

(2)节水技术管理的功能有水平衡测试和节水工程管理两项。前者的功能有车间单台用水量表、车间水平衡测定表、全厂水平衡测定表、各类用水分析表、制定用水定额和节水潜力分析;后者有节水工程登记、节水工程运行情况、节水工程效益分析、制定节水规划、节水工程汇总统计和打印报表。

(3)水资源管理的功能有自备井管理和地下水监测管理两项。前者的功能有新井注册、更改使用情况、检索统计和打印一览表;后者有水位管理、水质管理、水量管理、绘图、年鉴排版、水情预报和制定开采量。

(4)财务管理的功能有实用量计算、实用量分析、汇总用水量、收费计算、打印收费托收单、收费记账、财务建账和打印账表。

(5)综合管理功能视情况酌定。

2. 不同系统的功能

1)面向节水管理部门

面向各级计划和节约用水的管理职能部门,如各级的节水办公室的系统管理对象并不是本部门的用水计划,而是所辖各企事业单位的用水计划。通常这样的系统无须涉及具体单位内部的用水情况,而由企事业单位上报用水与节水考核指标值。系统具有较多的共性,系统通用性较好,也是目前应用最广泛的节水系统类型,它有如下一些功能:

(1)用水单位信息管理。

(2)用水计划的调整。

(3)采集用户信息。

(4)检查各单位用水计划的执行情况。

(5)用户用水情况动态指标分析与监测。

(6)供水节水计划、资源及设施信息管理。

(7)水资源动态指标分析与监测。

(8)分类与综合统计报表。

2)面向企事业单位

面向各企事业单位的系统要涉及单位内部各部门各环节的用水状态与调配。由于各单位用水的形式和用水的类别千差万别,鉴于同行业在诸多方面具有相同或相似的地方,在行业内部开发统一的节水管理信息系统的设想还是能够实现的。这样的系统一般应有如下一些功能：

(1)用水设备信息管理。

(2)各部门用水计划的调配。

(3)设备用水计划的执行情况。

(4)设备用水动态指标分析与监测。

(5)分类与综合统计报表。

三、节水综合管理信息系统实例

(一)系统概述

X市节水综合管理信息系统的开发目的是为了完成该市节水办公室办公自动化综合管理。系统以节水办公室业务范围、业务处理流程以及市政府水资源保护政策为基础，由市节水办公室提出项目任务，由某科研单位进行具体研制，要求系统完成计划，征费、水源管理、核准、报表和分析等办公自动化流程。软件的设计、数据库定义、软件开发和研制由科研单位实现，节水办公室主要完成为软件的设计编程提供咨询、使用软件、提出反馈意见、对数据的输入和使用、测试工作等。

该系统在单机上运行，同时考虑将来向局域网移植的问题。单机硬件最低配置为PⅢ550、128 MB内存、40～80 GB硬盘，输入输出设备除显示器外，还包括光盘刻录机、激光打印机等。系统软件运行环境为WIN98/NT/2000操作系统，用VISUAL BASIC、VISUAL C语言进行开发。建立局域网后数据库用Microsoft SQL Server。

(二)系统分析

经系统分析，该节水办公室业务范围主要有以下几方面内容：水源管理、用户管理、计划管理、水表管理、征费管理、报表统计分析。在以上内容中，水源管理是一块独立的部分，与其他管理中的基本信息相同，管理上相对独立，以《取用城市地下水审核书》为中心进行审批与管理统计。用户管理是对用户进行唯一编号，并对用户信息进行管理。而计划管理和征费管理是建立在用户和水表管理基础之上，根据用户编号修订计划，根据水表读数与计划指标计算超用水量，根据水表读数计算污水处理征费，根据交费情况计算滞纳金收费。交费和收费情况以及滞纳金的计算和收费情况将产生用户应交和实交的台账，最终从台账产生各种报表和进行各类查询。

各个业务处理环节的工作目的、主要内容及相关文档见表6-3～表6-8。该系统应能全面反映上述工作内容。

从业务操作角度，该系统还应达到以下要求：

(1)数据库应能进行人为调整、试算，能根据需要建立新数据库输出所要求结果的报表。如将某一地区所有用户的用水指标或用水量缩减到指定的比例；对部分单位进行数据调整；产生新的临时数据库，统一将事业指标改为经营业一类指标等。

(2)应有较为完善的打印功能，如可以打多份报表，可以连打也可以单打。

(3)随时可以查看截止的数据报表、台账等。

(4)所涉及的查询条件要求一致、灵活。

表 6-3　水源管理业务构成

<table>
<tr><th>业务目的</th><th colspan="2">业务内容</th><th>相关文档</th></tr>
<tr><td rowspan="3">记录各类水源分布和情况，完成新开发水源的审批，合理调度水的使用量，保证水的满足供应和节省使用，同时为计划提供审批依据</td><td rowspan="3">自备井用户管理</td><td>建户</td><td rowspan="3">自备井单位情况调查表
自备水源井孔调查表
取用城市地下水申请表
取用城市地下水凿井核准书</td></tr>
<tr><td>申请</td></tr>
<tr><td>审校</td></tr>
</table>

表 6-4　用户管理业务构成

业务目的	业务内容	相关文档
为每个用户建立唯一的用户标志，以使其他功能模块依据用户信息建立各自的相关数据，如水表信息、计划信息、征费信息和年审等	用户单位建户 用户信息修改 用水许可证审批	建户单位登记表 用户基本信息/指标量信息表 城市用水许可证申请/审批表

表 6-5　计划管理业务构成

<table>
<tr><th>业务目的</th><th colspan="2">业务内容</th><th>相关文档</th></tr>
<tr><td rowspan="3">完成各用户的用水计划的制定、用水许可证的发放及计划考核工作</td><td>计划指标</td><td>指标计划修改
增容
单位用水指标与水表关系的修改</td><td>用水性质变更审批表
新增用水计划用水审批表
各单位用水量报表</td></tr>
<tr><td>收费计算</td><td>增容费收费通知单打印
超计划用水收费通知单打印
滞纳金通知单查询
收费状态的输入</td><td>增容费收费通知单
超计划用水收费通知单
滞纳金通知单</td></tr>
<tr><td>报表查询</td><td>单位超计划用水日报表
单位超计划用水月报表
综合查询报表
统计分析报表、图
各类台账查询</td><td>相关报表</td></tr>
</table>

表 6-6　水表管理业务构成

业务目的	业务内容	相关文档
每日录入数据，为水费计算和计划考核提供依据	水表建档 录入水表数据 查询及报表	水表建户登记卡 用水单位用水分项审定表 用水单位计量水表安装维修申请表

表 6-7　征费管理业务构成

业务目的	业务内容		相关文档
根据水表管理数据计算污水处理费收费,根据财务返回情况计算滞纳金	收费分类	指标分类修改 收费状态录入	
	收费计算	污水处理费收费通知单打印 滞纳金通知单查询 收费率计算	污水处理费收费通知单 滞纳金通知单
	报表查询	单位日报表 单位月报表 综合查报表 统计分析报表、图 各类台账查询	相关报表

表 6-8　报表统计分析业务构成

业务目的	业务内容	相关文档
报表统计分析	日常业务的报表 单位台账的查询、打印 统计分析 综合筛选查询	日报表、月报表、各单位台账

(三)系统设计

1. 水源管理模块

水源管理模块相对独立,在设计时与其他模块之间联系较为松散,主要设计工作量为自备井用户的审批。

2. 用户管理模块

用户管理模块主要完成用户用水许可证的申请、审批工作。用户管理除了为用户建立唯一的编码,还应输入用户本身的各类信息,审批许可证,并拟定首次管理需要内容。根据《建户单位登记表》,单位建户信息有如下内容:单位编号、单位名称、单位地址、邮政编码、所属行业、所属区域、所属系统、法人代表、联系人、电话、开户银行、账号、大户标记、用水性质、计划用水指标、合同编号、用水地址和水表户号。用户信息修改时,用户编号不得再修改。如果未经过审批,用户基本信息和用水指标量可以修改;如果经过审批,只允许修改用户基本信息,而不允许修改指标量信息。经领导审查后,如果认可其用户信息和用水指标量,可填写审批意见。

3. 计划管理模块

由于计划管理是节水管理工作中最为重要的组成部分之一,该模块在系统设计中所需工作量是最大的。计划管理模块的功能主要是对指标计划的修改、增容量的计算、建户单位用水指标与水表的关系，以及使用各种信息计算出各种收费。另外，还应有超计划用水日报表，单位超计划用水综合查询、统计等功能。

在系统设计时，以用户代码为总线索，以用水单位的水表读数和用水指标为依据建立应收台账，而以输入的收费情况建立实收台账。计划部分应收台账中应有超计划用水应收项、滞纳金应收项、增容应收项和修改计划指标而产生的应收项。实交也应包含以上内容。当应收账与实收账达不到平衡时应报警。平衡公式为

应收账金额 = 实收账金额 + 批准免交金额

每日开机时应提示正在办理计划指标的单位、正在处理加价费的单位、今日应查表的单位、今日未交污水费单位并生成通知书和今日未交加价费单位并生成通知书等。

由于该业务许多环节须由具备相关管理权限的人员完成，在设计时应考虑在关键步骤处设置权限密码功能。

单位用水指标与水表的关系用一个字符串表示，其中有“+”、“-”、“*”、“%”和水表号，表示方法为：

(水表号)

(水表号1)-(水表号2)-(水表号3)

(水表号1)*数字%

((水表号1)-(水表号2))*数字%

要求用户准确按照上述语法输入。收费程序根据此公式，结合实际用水量，算出超计划用水量、滞纳金等。

4. 水表管理模块

水表管理模块要完成水表的建户、安装、维修和水表各月读数的输入等功能。它的数据提供给计算征费管理用于污水处理费计算依据，提供给计划管理作为超计划用水的计算依据。其功能有水表安装、输入水表读数和水表损坏申报等。

水表安装功能根据水表建户登记填写，同时调整新水表与用水指标的关系。

水表读数可用来计算各种收费，产生应交金额记录，当有坏表申报时按前3个月平均计算，计算应收账额。

5. 征费管理模块

征费管理模块主要完成收取污水处理费及其滞纳金的收费工作。每月根据水表读数计算污水处理费，打出收费单，在污水处理费台账中加入应收记录。收回费后输入，超过期限收取滞纳金。与计划管理模块一样应收款和实收款应达到平衡，否则报警处理。

6. 报表统计分析模块

报表统计分析部分主要完成日常业务的报表、各单位台账报表、各单位台账的查询、打印、统计分析和综合筛选查询等功能。

(1)日报表应反映如下内容：当日计算机处理的超计划用水的单位，及各类超计划用水的内容和金额；当日收取的超计划用水的类别和金额；当日处理的增容费或计划指标修改的户数；当日计算机发现账目不平衡的单位、不平衡的内容；当日应查的水表，而没输入读数的单位。

(2)月报表是当月情况，内容与日报表相同。

(3)台账查询。台账反映某个单位的收费情况,基本设计见表6-9。

表6-9 单位台账报表结构

单位名称	类型	摘要	计划用水	实际用水	应收金额	实收金额	日期
⋮							
合计							

(4)综合条件查询和报表。此项查询是各种条件的组合查询。查询条件有特定指标量、特定区域、特定行业、特定时间段、单位编号和用水量等。查询结果的内容有指标、用水量、应收费用、实收费用和通讯录。

(5)统计分析。统计分析指某一特定参数对计划用水量、实际用水量、收费进行分类统计。其中,指标性质、指标量、区域、行业和时间都可作为统计基准,其他条件作为可约束条件。统计分析可生成圆饼分析图、曲线图、柱状图。

(6)时序分析包括:①特定单位时序分析。包括计划指标量、实际用水量、核准取水量、应交费用(超计划用水、增容和污水处理)及相应的滞纳金,条件约束与综合查询相同。②用户变化时序分析包括已办证件数、未办证件数和年度审核情况。

(7)年度费用完成进度统计。包括科室年度计划完成、分组年度计划完成、各业务的年度计划完成(核准书、用水证、增容费、加价费和污水费等)进度。

系统设计框图及程序从略。经X市节约用水办公室实际应用证明,本管理信息系统对该市的节约用水工作起到了一定的促进作用。

四、地理信息系统在节水型社会水资源管理中的作用

水体具有空间属性,因此地理信息系统对水资源的管理尤为重要。基于GIS技术进行系统开发,能实现水资源管理系统的定量、定位、可视化管理,而且对于合理规划水资源的使用、水环境分析、灾害分析、预测等都是必不可少的。

地理信息系统指描述整个或局部地球表层(包括大气层)空间中的有关地理分布数据。地理信息的存储和管理由地理信息系统(Geographic Information System,GIS)来完成。地理信息系统在计算机软硬件支持下,将描述客观世界的各种数据按其地理坐标或空间位置输入计算机,实现存储、更新、查询、检索、量测运算、分析处理、综合应用及显示制图制表,对客观世界中各种具有空间特征的事物、关系和过程进行描述、分析与模拟,进而指导人类利用和改造客观世界。

地理信息是水资源最重要的特征之一。地理信息系统(GIS)技术提供了管理空间数据最有效、最直接的手段,为水资源信息管理的标准化、网络化、空间化提供了有效的工具,在节水型社会水资源综合管理系统中占有重要地位。

(1)地理信息系统是节水型社会水资源综合管理系统的重要组成部分,和办公软件结合起来开发出面向具体部门、功能更为完善的应用软件,可以完成整个节水型社会水资

源综合管理系统中的各个部门、各个阶段所能做的工作。

(2)地理信息系统能有效解决空间数据的采集、处理、编码等问题,具有海量数据管理功能,所建立的空间数据库和属性数据有效关联,为整个系统的运行提供基础数据保障。

(3)地理信息系统结合专业数学模型以及系统优化模型,以便进行深层次分析,使系统具有辅助决策支持功能,为有关部门提供科学的计算结果和决策数据。

五、节水信息系统基本框架及内容

(一)总体框架

水资源综合管理体系涉及社会、经济、生态、环境、人口和水资源工程等相互影响与制约的诸多方面,因此系统的设计应该综合考虑到各方面的应用,从对水体本身的评价分析到水的应用管理,再到对一个区域可持续发展的支持能力的评价,几乎囊括一个城市的所有"水问题",是一个资源系统工程。在系统设计阶段,充分考虑建设节水型社会的指导方针、基本原则与目标任务,依照《全国水利信息化规划》标准,针对水资源管理工作的特点,节水型社会综合管理信息系统的总体建设方案可以设计为如图 6-1 所示。

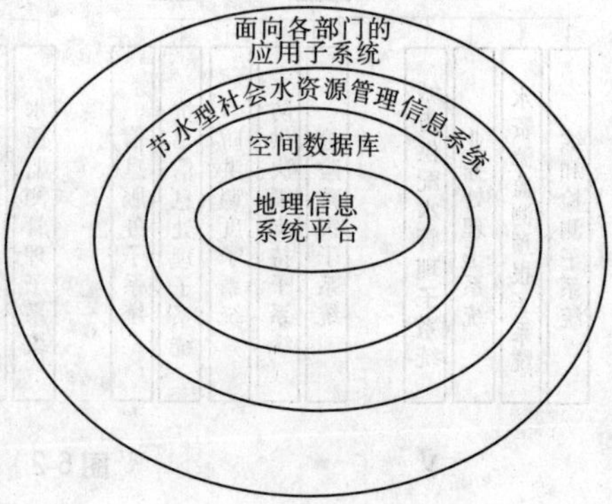

图 6-1　系统体系结构

(二)子系统组成

系统主要由以下子系统构成:基础地理信息子系统、水资源管理及辅助决策子系统、防洪减灾子系统、水生态环境保护管理子系统、水务管理子系统、水价体系仿真子系统、电子地图或三维显示子系统,系统结构如图 6-2 所示。

数据库是系统的数据源,是系统运行的关键。数据库中包括基础地理信息数据、水资源专题数据等空间数据,还要涉及到大量的社会经济信息、相关法规,以及面向各部门的专用属性数据,数据量大、数据结构复杂,这就要求在建库之初要进行深入的需求分析,针对各个子系统的需求合理设计数据结构,保证整个系统的顺利运行和交互通信。

(三)系统开发

1. 系统软件结构

用 Oracle 数据库来管理海量数据,基于 ARC/INFO 系列软件,用 VC 语言进行二次开发,制定节水型社会水资源综合管理系统平台,软件结构体系如图 6-3 所示。

(1)数据和属性数据。利用 Oracle Spatial 建立以要素为单位与比例尺无关的集中统一的空间数据库,实现海量数据存储。

(2)逻辑层。采用 VC 编写应用程序,安装 Oracle Client,通过 Oracle NET 请求数据层服务实现对图形数据的修改。将 Oracle 下载的空间数据类型转换为 ARC/INFO 对象,再传给客户端。逻辑层将数据层与客户端隔开,负责识别用户身份、传输数据的加密,保障

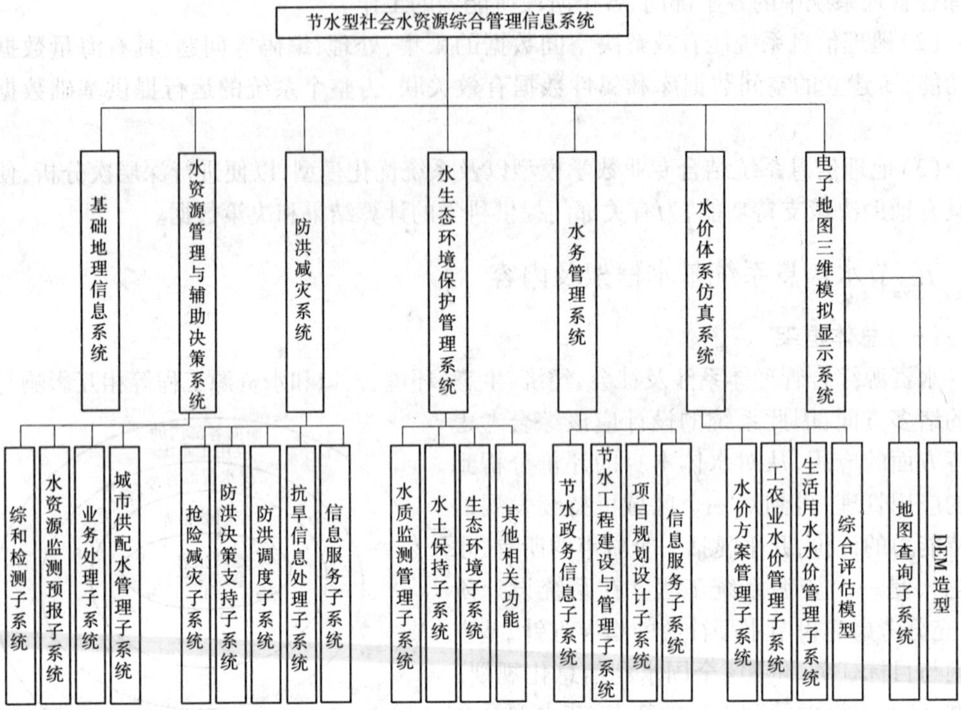

图6-2　节水管理系统结构

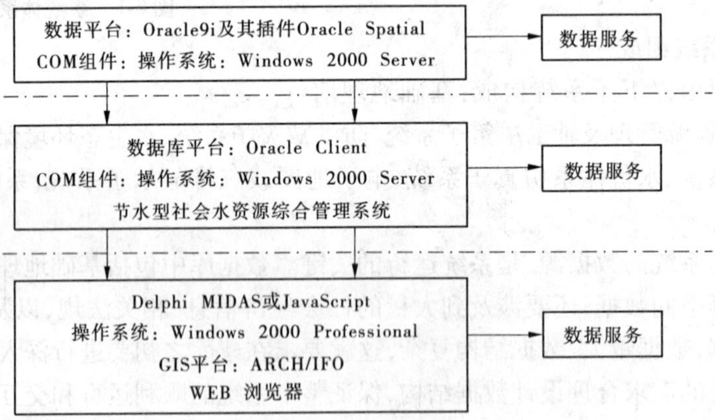

图6-3　软件结构体系

数据安全、有效和便于控制。

(3)客户端。安装节水型社会水资源综合管理系统，实现图形数据的显示和浏览、图形打印以及图形的编辑处理。客户端与上层采用TCP/IP联接，没有安装Oracle Client，减少系统的开销。

2. 网络拓扑结构

考虑到系统的应用范围、业务规模和区域的地理分布以及相关部门的业务特点，建议采用Client/Server和Browser/Server结合的方式，将系统建成资源共享、又可灵活拓展的实用的 GIS 系统,并为上级水资源管理部门以及其他相关部门的系统提供接口和服务支持,网络拓扑结构见图 6-4。

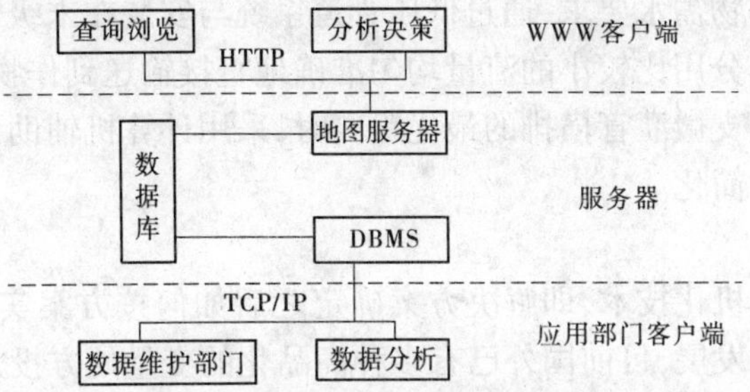

图 6-4　网络拓扑结构

(四)地理信息系统在节水灌溉中的应用

在节水灌溉技术体系中,GIS 主要用于建立农田土地管理、土壤自然条件、作物分布、作物农艺特性、农田基础条件、病虫害发生发展趋势、农业水文数据、作物需水量状况、农田土壤水分状况、灌溉系统的基本数据和运行数据、作物产量等空间信息数据库和进行空间信息的地理统计处理、图形转换与表达等,为分析差异性和实时调控提供决策方案。根据产量的空间差异性,分析原因并进行诊断,提供科学处方,落实到 GIS 支持下形成田间作物的灌溉用水处方图,分区指导灌溉调控操作。

1. 生长信息

(1)农田作物产量分布信息。获取农作物小区产量信息,以建立小区产量空间分布图。

(2)农田环境生物系统信息。主要包括农作物生理功能信息、农作物种植结构信息以及农作物病、虫、杂草等生物信息。以便对农田环境生物系统的功能、结构和环境特征进行了解,做出正确决策。

(3)农田土壤信息。包括相对稳定、时空变异性较小的土壤信息,如地形坡度、土壤类型结构、磷、钾、pH 及耕层深度等,以及时空变异性较大的农田土壤信息,如土壤含水率和含氮量等。信息主要用以分析产量图显示的产量空间分布差异性,以制定有关灌溉、施肥、改土、耕作和种植等分布式定位决策。

2. 系统仿真

系统仿真主要在决策支持系统(DSS)中运用。DSS 综合利用各种数据、信息、知识,特别是模型技术,辅助解决半结构化和非结构化问题。农田灌溉管理是一个典型的介于结构化和非结构化之间的半结构化问题,其决策自然也属于半结构化决策。农田灌溉管理计算机辅助决策支持系统(FIMDSS),应用计算机信息处理技术,综合现代农业灌溉科技成果,制定农田灌溉用水管理措施,实现灌溉调控操作。

完整的农田灌溉管理决策支持系统包括:模拟土壤、作物、大气系统水分过程的模型库;支持模型运算必需的各种静态和动态数据;反映不同地区自然生态条件等作物栽培和用水管理经验知识以及具有知识推理机制的专家知识库;反映具有空间数据特性的农田小区作物产量和各种相关因素在农田内空间分布的图形库;用于各子系统的管理、维护,为灌溉用水管理者参与制定决策、提供知识咨询的人机友好界面等。

3. 辅助设计

微灌技术根据作物需水要求,通过低压管道系统与安装在末级管道上的灌水器,将水和作物生长所需的养分用比较小的流量均匀准确地直接输送到作物根部附近的土壤表面或土层中。在确定两支微灌管横排的最优距离时,采用计算机辅助设计技术,使整个微灌系统的设计工作大大简化。

4. 自动控制

主要是指智能农机化技术,即解决方案确定之后如何按方案实施作业的问题。由于精确农业应用技术的发展,目前国外已有多种商品化的变量处方投入生产和应用,较为成功和效益较好的有灌溉、施肥、喷药以及播种设备等。在国外常把喷水和施肥、喷洒农药结合起来,根据地块和作物的要求,利用调整喷灌机械的行驶速度、喷嘴大小和工作压力等进行适时适量灌溉。这种自动化灌溉管理系统可提前几周根据作物生长期、土壤和地貌编写灌溉程序软件。灌溉机械可自动地按照程序指令,按规定时间、不同地块要求,提供不同的灌溉水量。该系统加上遥控装置后,能够储存数据,通过个人计算机和通讯网络,实现远程灌溉控制和管理。若在大型平移式灌溉机械上加设 DGPS 定位系统,则可利用存放在地理信息系统中的信息和数据,通过处方,实现灌溉水量的变量投入。

随着信息技术的不断发展,计算机软硬件技术的不断提高,以及人们的不断实践,信息技术在节水管理中的应用将会更加全面和深入,其发挥的作用也将越来越大。

思考与练习

1. 节水技术的主要保障措施是什么?
2. 何谓节水信息管理技术?主要包括哪几方面?
3. 试述节水综合管理信息系统的构成。
4. 节水型社会水资源综合管理子系统主要包括哪些内容?

附　录　中国节水技术政策大纲

为指导节水技术开发和推广应用，推动节水技术进步，提高用水效率和效益，促进水资源的可持续利用，制定《中国节水技术政策大纲》（以下简称《大纲》）。《大纲》以2010年前推行的节水技术、工艺和设备为主，相应考虑中长期的节水技术。

一、总论

（1）我国是一个水资源短缺的国家。人均水资源量约为2 200 m^3，约为世界平均水平的1/4。由于各地区处于不同的水文带及受季风气候影响，降水在时间和空间分布上极不均衡，水资源与土地、矿产资源分布和工农业用水结构不相适应。水污染严重，水质型缺水更加剧了水资源的短缺。

（2）水资源供需矛盾突出。全国正常年份缺水量约400亿 m^3，水危机严重制约我国经济社会的发展。由于水资源短缺，部分地区工业与城市生活、农业生产及生态环境争水矛盾突出。部分地区江河断流，地下水位持续下降，生态环境日益恶化。近年来城市缺水形势严峻，缺水性质从以工程型缺水为主向资源型缺水和水质型缺水为主转变。城市缺水有从地区性问题演化为全国性问题的趋势，一些城市由于缺水严重影响了城市的生活秩序，城市发展面临挑战。

（3）随着经济社会发展，用水量持续增长，用水结构不断调整。2003年农业用水（含林业、湿地等）占总用水量的比重已由1980年的88%下降到66%，工业用水由10%提高到22.1%，城镇生活用水由2%提高到11.9%。由于我国各地经济社会发展水平和水资源条件不同，用水结构差异显著。城乡生活及工业用水的增加，用水结构将进一步调整，对供水水质和保障率的要求更高。

（4）节约用水、高效用水是缓解水资源供需矛盾的根本途径。节约用水的核心是提高用水效率和效益。目前，我国万元工业增加值取水量是发达国家的5～10倍，我国灌溉水利用率仅为40%～45%，距世界先进水平还有较大差距，节水潜力很大。

（5）国家厉行节约用水。坚持科学的发展观，把节水放在更加突出的位置。国家鼓励节水新技术、新工艺和重大装备的研究、开发与应用。大力推行节约用水措施，发展节水型工业、农业和服务业，建设节水型城市、节水型社会。

（6）采取法律、经济、技术和工程等切实可行的综合措施，全面推进节水工作。节水工作要实现“三个结合”，即工程措施与非工程措施相结合，先进技术与常规技术相结合，强制节水与效益引导相结合。

（7）《大纲》重点阐明了我国节水技术的选择原则、实施途径、发展方向、推动手段和鼓励政策。《大纲》用于引导节水技术研究、产业发展和节水项目投资的重点技术方向，促进节水技术的推广应用，限制和淘汰落后的高用水技术、工艺和设备，为编制水资源和节水发展规划提供技术支持。

(8)《大纲》按照“实用性”原则,从我国实际情况出发,根据节水技术的成熟程度、适用的自然条件、社会经济发展水平、成本和节水潜力,采用“研究”、“开发”、“推广”、“限制”、“淘汰”、“禁止”等措施指导节水技术的发展。重点强调对那些用水效率高、效益好、影响面大的先进适用节水技术的研发与推广。

(9)《大纲》所称节水技术是指可提高水利用效率和效益、减少水损失、能替代常规水资源等的技术,包括直接节水技术和间接节水技术,有些也是节能技术、清洁生产技术和环保技术。

(10)《大纲》为实现节水目标提供技术政策支撑。通过《大纲》的引导,争取在2005～2010年实现工业取水量“微增长”,农业用水量“零增长”,城市人均综合用水量实现逐步下降。

二、农业节水

农业用水量的90%用于种植业灌溉,其余用于林业、牧业、渔业以及农村人畜饮水等。尽管农业用水所占比重近年来明显下降,但农业仍是我国第一用水大户,发展高效节水型农业是国家的基本战略。

(一)农业用水优化配置技术

农业用水水源包括降水、地表水、地下水、土壤水以及经过处理符合水质标准的回归水、微咸水、再生水等。通过工程措施与非工程措施,优化配置多种水源,是实现计划用水、节约用水和提高农业用水效率的基本要求。

(1)积极发展多水源联合调度技术。大力推广各种农业用水工程设施控制与调度方法,高效使用地表水,合理开采地下水,在时间和空间上合理分配与使用水资源,发展“长藤结瓜”灌溉系统及其灌溉水管理技术,实现“大、中、小,蓄、引、提”联合调度,提高灌区内的调蓄能力和反调节能力。

(2)逐步推行农业用水总量控制与定额管理。加快制定各地区不同降水年农业用水总量指标和不同灌水方法条件下不同作物灌溉用水定额,合理调整农、林、牧、副、渔各业用水比例。

(3)建立与水资源条件相适应的节水高效农作制度。提倡发展和应用适水种植技术。根据当地水、土、光、热资源条件,以高效、节水为原则,以水定作物,合理安排作物的种植结构以及灌溉规模。限制和压缩高耗水、低产出作物的种植面积。

(4)发展井渠结合灌溉技术。推广和应用地表水、地下水联合调控技术;提倡井渠双灌、渠水补源、井水保丰;重视地下水采补平衡技术研究。

(5)发展土壤墒情、旱情监测预测技术。加强大尺度土壤水分时空变异规律研究和土壤墒情与旱情指标体系研究;积极研究和开发土壤墒情、旱情监测仪器设备。

(二)高效输配水技术

农业用水输配水过程中的水量损失所占比重很大,提高输水效率是农业节水的主要内容。

(1)因地制宜应用渠道防渗技术。对输水损失大、输水效率低的支渠及其以上渠道优先防渗;提倡井灌区无回灌补源任务的固定渠道全部防渗;提水灌区推广渠道防渗。

(2)发展管道输水技术。改造较小流量渠道时优先采用低压管道输配水技术;在高扬程提水灌区和有发展自压管道输水条件的灌区,优先发展自压式管道输水系统。

(3)推广采用经济适用的防渗材料。提倡使用灰土、水泥土、砌石等当地材料;推广使用混凝土和沥青混凝土、塑料薄膜等成熟的渠道防渗工程常用材料;鼓励在试验研究的基础上,使用复合土工膜、改性沥青防水卷材等土工膜料以及聚合物纤维混凝土、土壤固化剂和土工合成材料膨润土垫等防渗材料;加强不同气候和土质条件下渠道防渗新材料、新工艺、新施工设备的研究;加强渠道防渗防冻胀技术的研究和产品开发。

(4)发展防渗渠道断面尺寸和结构优化设计技术。大、中型防渗渠道宜采用坡脚或底面为弧形的非标准形断面,小型渠道宜采用U形断面;中小型渠道采用混凝土防渗衬砌石,提倡采用标准化设计、工厂化预制、现场装配技术。

(5)积极发展渠系动态配水技术。发展和应用实时灌溉预报技术;加强灌区用水管理技术的研究与应用,提倡动态计划用水管理。

(6)加快发展灌区量测水技术。鼓励研究、开发与推广精度高、造价低、适用性强、操作简便、便于管理和维护的小型量水设备。

(7)发展输水建筑物老化防治技术。积极研究输水建筑物老化防治技术、病害诊断技术和防腐蚀、修复、堵漏技术;加快发展输水建筑物加固技术和产品的开发。

(三)田间灌水技术

田间灌水既是提高灌溉水利用率的最后环节,又是引水、输水和配水的基础,改进田间灌水技术是农业节水的重点。

(1)改进地面灌水技术。推广小畦灌溉、细流沟灌、波涌灌溉;合理确定沟畦规格和地面自然坡降,缩小地块;推广高精度平整土地技术,鼓励使用激光平整土地;科学控制入畦(沟)流量、水头、灌水定额、改水成数等灌水要素;淘汰无畦漫灌。

(2)大力推广以稻田干湿交替灌溉技术为主的水管理技术。提倡水稻灌区格田化和采用水稻浅湿控制灌溉技术;推广水稻泡田与耕作结合技术;发展水稻"三旱"耕作与旱育稀植抛秧技术;淘汰水稻长期淹灌技术;杜绝稻田串灌串排技术;积极研究稻田适宜水层标准、土壤水分控制指标、晒田技术及相应的灌溉制度。

(3)因地制宜发展和应用喷灌技术。积极鼓励在经济作物种植区、城郊农业区、集中连片规模经营的地区应用喷灌技术;优先推广轻小型成套喷灌技术与设备;在山丘区或有自压条件的地区,鼓励发展自压喷灌技术;积极研究和开发低成本、低能耗、使用方便的喷灌设备。

(4)鼓励发展微灌技术。在果树种植、设施农业、高效农业、创汇农业中大力推广微喷灌与滴灌技术;提倡微灌技术与地膜覆盖、水肥同步供给等农艺技术有机结合;鼓励在山丘区利用地面自然坡降发展自压微喷灌、滴灌、小管出流等微灌技术;鼓励结合雨水集蓄利用工程,发展和应用低水头重力式微灌技术;积极研究和开发低成本、低能耗、多用途的微灌设备。

(5)在春旱严重、后期天然降水基本可满足作物生长需要的地区,大力推广坐水种技术。鼓励研究和开发造价低、性能好、效率高的复式联合补水种植机具。

(6)鼓励应用精准控制灌溉技术。提倡适时适量灌溉;加强农作物水分生理特性和需水规律研究；积极研究作物生长与土壤水分、土壤养分、空气湿度、大气温度等环境因素的关系。

（7）缺水地区大力发展各种非充分灌溉技术。提倡在作物需水临界期及重要生长发育时期灌“关键水”技术；鼓励试验研究作物水分生产函数；研究作物的经济灌溉定额和最优灌溉制度；加强非充分灌溉和调亏灌溉节水增产机理研究；研究和运用控制性分根交替灌溉技术。

（四）生物节水与农艺节水技术

生物措施和农艺措施可提高水分利用率和水分生产率，节约灌溉用水量，是农业主要节水措施。

（1）鼓励研究和应用水肥耦合技术。提倡灌溉与施肥在时间、数量和使用方式上合理配合，以水调肥、水肥共济，提高水分和肥料利用率。

（2）提倡深耕、深松等蓄水保墒技术和生物养地技术。改善土壤结构，提高土壤的蓄水、保水、供水能力，增加自然降水的利用率，降低灌溉用水量。重视深耕机具的研究、开发和产业化。

（3）在土质较轻、地面坡度较大或降水量较少的地区，积极推广保护性耕作技术。加强保护性耕作技术中秸秆残茬覆盖处理、机械化生物耕作、化学除草剂施用三个关键技术的研究；加强适用于不同地区的保护性耕作机具的研制与产业化。

（4）推广田间增水技术。发展覆膜和沟播技术；加强低成本、完全可降解地膜研究；加强土壤表面保墒增温剂的研究与开发。

（5）发展和应用蒸腾蒸发抑制技术。提倡在作物需水高峰期对作物叶面喷施抗旱剂；鼓励具有代谢、成膜和反射作用的抗旱节水技术产品的研究和产业化。

（6）推广抗（耐）旱、高产、优质农作物品种。加快发展抗（耐）旱节水农作物品种选育的分子生物学技术，选育抗旱、耐旱、水分高效利用型新品种。

（7）鼓励使用种衣剂和保水剂进行拌种。加强低成本、多功能保水拌种剂、经济作物和草场专用保水剂产品和设备的研究与开发。

（五）降水和回归水利用技术

提高降水利用率和回归水重复利用率可直接减少灌溉用水量，是农业节水的最基本内容。

（1）推广降水滞蓄利用技术。积极发展不同作物、不同降水条件下田间水管理技术，推广协调作物耗水和天然降水的灌溉制度与灌水技术；在旱作农业区，推广以滞蓄天然降水为主要目的的土地平整技术和改进耕作技术；在水稻种植区，积极推广水稻浅灌深蓄技术；在干旱半干旱地区以及保水能力差的山丘区，推广鱼鳞坑、水平沟等集雨保水技术。

（2）推广灌溉回归水利用技术。积极发展灌排统一管理技术；在无盐碱威胁地区，杜绝无效退泄和低效排水的灌溉水管理技术；在灌溉回归水水质不符合灌溉水质要求的地区，积极发展“咸淡混浇”等简单易行的灌溉回归水安全利用技术。

（3）大力发展雨水集蓄利用技术。推广设施农业和庭院集雨技术；推广工程设施标准化；研究和应用雨水集蓄利用中水质保护技术；积极开发环保型、高效低价雨水汇集、保存、防渗新材料。

(六)非常规水利用技术

在研究试验的基础上,安全使用部分再生水、微咸水和淡化后的海水等非常规水以及通过人工增雨技术等非常规手段增加农业水资源。

(1)发展非常规水资源化技术。发展一水多用和分质用水技术;发展非常规水与淡水混合使用或交替使用技术;建立污水灌溉量化指标体系和咸水灌溉控制指标体系;发展非常规水利用时地下水质、地表水质、农作物产量与品质、土壤理化性状等影响监测与评价技术;加强生活污水、微咸水等排泄与处理技术的研究;积极研究与开发经济有效的非常规水处理设备与水质监测仪器。

(2)重视发展人工增雨技术。人工增雨应坚持政府领导,统筹规划,合理分配。在层状冷云及对流云人工增雨潜力区,采用人工增雨催化作业技术;建立人工增雨综合决策技术系统。

(3)适度发展海水利用技术。鼓励在养殖业或其他农副业中合理利用海水资源;加强天然淡水稀释海水浇灌耐盐作物的技术研究。

(七)养殖业节水技术

发展养殖业节水技术,提高牧草灌溉、畜禽饮水、畜禽养殖场舍冲洗、畜禽降温、水产养殖等养殖业用水效率,是农业节水的一个重要方面。

(1)加快发展抗(耐)旱节水优良牧草品种选育技术。选育适合当地自然条件的野生牧草或驯化栽培的人工牧草优良品种;选育深根系、直立小面积叶片、对干旱缺水的环境具有较强适应性和抵抗能力的优质耐旱牧草。

(2)发展和推广适合天然草地和旱作人工草地的节水抗旱型优良牧草栽培技术。建立与光照资源、水资源特别是降水资源相适应的种植结构和种植制度;合理搭配豆科、禾本科等不同牧草种类,发展和推广禾本科—豆科、牧草—饲料立体种植或草田轮作技术。

(3)大力推广人工草场的节水灌溉技术。推广草地节水灌溉制度;因地制宜发展草地灌溉渠道防渗衬砌和管道输水灌溉技术;鼓励在适宜条件下发展草地喷灌技术;改进草地地面灌水技术;发展草地灌溉用水管理技术;加强牧草需水规律、灌溉制度和灌水方法与技术试验研究;淘汰草地无畦漫灌技术。

(4)发展草原节水耕作技术。提倡应用草原免耕直播技术;发展人工补播和人工种植技术;重视增强草地土壤蓄水保肥能力;大力发展牧区灌溉饲草料基地。

(5)发展集约化节水型养殖技术。提倡家畜集中供水与综合利用;推广“新型”环保畜禽舍、节水型降温技术和饮水设备;科学设置牲畜饮水点,有效保护水源地或给水点;对水源缺乏、饮水极度困难的草原区,可通过铺设供水管道供水;推广具有防渗和净化效果的混凝土结构、砖石结构等集雨技术设施;鼓励研制节水型、多种动力、构造简单、使用方便、供水保证率高的自动给水设备;促进节水、高效的工厂化水产养殖设施的研究和推广使用;逐步淘汰水槽长流供水技术。

(6)推广养殖废水处理及重复利用技术。推广养殖废水厌氧处理后的再利用技术及深度处理和消毒后用于圈舍冲洗的循环利用技术;提倡分质供水和多级利用;改变传统水冲清粪和水泡粪为干清粪方式;研究和开发低耗、高效的养殖废水处理设施。

(7)发展畜产品、水产品加工节水技术。鼓励研究和开发多功能、低成本、节水、环保型加工工艺和技术装备。

(八)村镇节水技术

针对村镇居民用水分散、农产品加工工艺简单、村镇用水效率低、村镇供水设施简陋、安全饮用水源不足等特点,发展村镇节水技术。

(1)发展和推广村镇集中供水技术。积极推行计划用水,发展饮用水源开发利用与保护技术。开采地下水应封闭不良含水层,防控苦咸水、污废水等劣质水侵入水源;鼓励水源保护林草地建设。推行集中供水,积极发展村镇供水管网优化设计技术。

(2)鼓励研究开发并推广村镇家用水表和节水型用水设施,缺水地区要逐步开展村镇家庭用水分户计量。

(3)发展村镇饮用水处理与水质监测技术。水质不达标地区提倡饮用水源集中处理;建立水质检测制度;鼓励开发并推广适宜村镇管理条件的简易监测设备和便携式监测设备。

三、工业节水

工业用水主要包括冷却用水、热力和工艺用水、洗涤用水。其中工业冷却水用量占工业用水总量的80%左右,取水量占工业取水总量的30% ~40%。火力发电、钢铁、石油、石化、化工、造纸、纺织、有色金属、食品与发酵等八个行业取水量约占全国工业总取水量的60%(含火力发电直流冷却用水)。

(一)工业用水重复利用技术

大力发展和推广工业用水重复利用技术,提高水的重复利用率是工业节水的首要途径。

(1)大力发展循环用水系统、串联用水系统和回用水系统。推进企业用水网络集成技术的开发与应用,优化企业用水网络系统。鼓励在新建、扩建和改建项目中采用水网络集成技术。

(2)发展和推广蒸汽冷凝水回收再利用技术。优化企业蒸汽冷凝水回收网络,发展闭式回收系统。推广使用蒸汽冷凝水的回收设备和装置,推广漏汽率小、背压度大的节水型疏水器。优化蒸汽冷凝水除铁、除油技术。

(3)发展外排废水回用和"零排放"技术。鼓励和支持企业外排废(污)水处理后回用,大力推广外排废(污)水处理后回用于循环冷却水系统的技术。在缺水以及生态环境要求高的地区,鼓励企业应用废水"零排放"技术。

(二)冷却节水技术

发展高效冷却节水技术是工业节水的重点。

(1)发展高效换热技术和设备。推广物料换热节水技术,优化换热流程和换热器组合,发展新型高效换热器。

(2)鼓励发展高效环保节水型冷却塔和其他冷却构筑物。优化循环冷却水系统,加快淘汰冷却效率低、用水量大的冷却池、喷水池等冷却构筑物。推广高效新型旁滤器,淘汰低效反冲洗水量大的旁滤设施。

(3)发展高效循环冷却水处理技术。在敞开式循环间接冷却水系统,推广浓缩倍数大于4的水处理运行技术;逐步淘汰浓缩倍数小于3的水处理运行技术;限制使用高磷锌水处理技术;开发应用环保型水处理药剂和配方。

(4)发展空气冷却技术。在缺水以及气候条件适宜的地区推广空气冷却技术。鼓励研究开发运行高效、经济合理的空气冷却技术和设备。

(5)在加热炉等高温设备推广应用汽化冷却技术。应充分利用汽、水分离后的汽。

(三)热力和工艺系统节水技术

工业生产的热力和工艺系统用水分为锅炉给水、蒸汽、热水、纯水、软化水、脱盐水、去离子水等,其用水量居工业用水量的第二位,仅次于冷却用水。节约热力和工艺系统用水是工业节水的重要组成部分。

(1)推广生产工艺(装置内、装置间、工序内、工序间)的热联合技术。

(2)推广中压产汽设备的给水使用除盐水、低压产汽设备的给水使用软化水。推广使用封闭式循环水汽取样装置。研究开发能够实现"零排放"的热水锅炉和蒸汽锅炉水处理技术、锅炉气力排灰渣技术和"零排放"无堵塞湿法脱硫技术。

(3)发展干式蒸馏、干式汽提、无蒸汽除氧等少用或不用蒸汽的技术。优化蒸汽自动调节系统。

(4)优化锅炉给水、工艺用水的制备工艺。鼓励采用逆流再生、双层床、清洗水回收等技术降低自用水量。研究开发锅炉给水、工艺用水制备新技术、新设备,逐步推广电去离子净水技术。

(四)洗涤节水技术

在工业生产过程中洗涤用水分为产品洗涤、装备清洗和环境洗涤用水。

(1)推广逆流漂洗、喷淋洗涤、汽水冲洗、气雾喷洗、高压水洗、振荡水洗、高效转盘等节水技术和设备。

(2)发展装备节水清洗技术。推广可再循环再利用的清洗剂或多步合一的清洗剂及清洗技术;推广干冰清洗、微生物清洗、喷淋清洗、水汽脉冲清洗、不停车在线清洗等技术。

(3)发展环境节水洗涤技术。推广使用再生水和具有光催化或空气催化的自清洁涂膜技术。

(4)推广可以减少用水的各类水洗济剂和相关化学品。开发各类高效环保型清洗剂、微生物清洗剂和高效水洗机。开发研究环保型溶剂、干洗机、离子清洗等无水洗涤技术和设备。

(五)工业给水和废水处理节水技术

(1)推广使用新型滤料高精度过滤技术、汽水反冲洗技术等降低反洗用水量技术。推广回收利用反洗排水和沉淀池排泥水的技术。

(2)鼓励在废水处理中应用臭氧、紫外线等无二次污染消毒技术。开发和推广超临界水处理、光化学处理、新型生物法、活性炭吸附法、膜法等技术在工业废水处理中的应用。

(六)非常规水资源利用技术

(1)发展海水直接利用技术。在沿海地区工业企业大力推广海水直流冷却和海水循环冷却技术。

(2)积极发展海水和苦咸水淡化处理技术。实施以海水淡化为主,兼顾卤水制盐以及提取其他有用成分相结合的产业链技术,提高海水淡化综合效益。通过扩大海水淡化装置规模、实施能量回收等技术降低海水淡化成本。发展海水淡化设备的成套化、系列化、标准化制造技术。

(3)发展采煤、采油、采矿等矿井水的资源化利用技术。推广矿井水作为矿区工业用水和生活用水、农田用水等替代水源应用技术。

(七)工业输用水管网、设备防漏和快速堵漏修复技术

降低输水管网、用水管网、用水设备(器具)的漏损率,是工业节水的一个重要途径。

(1)发展新型输水管材。限制并逐步淘汰传统的铸铁管和镀锌管,加速发展机械强度高、刚性好、安装方便的水管。发展不泄漏、便于操作和监控、寿命长的阀门和管件。

(2)优化工业供水压力、液面、水量控制技术。发展便捷、实用的工业水管网和设备(器具)的检漏设备、仪器和技术。

(3)研究开发管网和设备(器具)的快速堵漏修复技术。

(八)工业用水计量管理技术

工业用水的计量、控制是用水统计、管理和节水技术进步的基础工作。

(1)重点用水系统和设备应配置计量水表和控制仪表。完善和修订有关的各类设计规范,明确水计量和监控仪表的设计安装及精度要求。重点用水系统和设备应逐步完善计算机和自动监控系统。

(2)鼓励和推广企业建立用水和节水计算机管理系统和数据库。

(3)鼓励开发生产新型工业水量计量仪表、限量水表和限时控制、水压控制、水位控制、水位传感控制等控制仪表。

(九)重点节水工艺

节水工艺是指通过改变生产原料、工艺和设备或用水方式,实现少用水或不用水。它是更高层次(节水、节能、提高产品质量等)的源头节水技术。

(1)大力发展和推广火力发电、钢铁、电石等工业干式除灰与干式输灰(渣)、高浓度灰渣输送、冲灰水回收利用等节水技术和设备以及冶炼厂干法收尘净化技术。

(2)推广燃气—蒸汽联合循环发电、洁净煤燃烧发电技术。研究开发使用天然气等石化燃料发电等少用水的发电工艺和技术。

(3)推广钢铁工业融熔还原等非高炉炼铁工艺,开发薄带连铸工艺。推广炼焦生产中的干熄焦或低水分熄焦工艺。

(4)鼓励加氢精制工艺,淘汰油品精制中的酸碱洗涤工艺。

(5)发展合成氨生产节水工艺。采用低能耗的脱碳工艺替代水洗脱除二氧化碳、低热耗苯菲尔工艺和MDEA脱碳工艺;推广全低变工艺、NHD脱硫、脱碳的气体净化工艺;发展以天然气为原料制氨;推广醇烃化精制及低压低能耗氨合成系统;以重油为原料生产合成氨,采用干法回收炭黑。

(6)发展尿素生产节水工艺。在新建装置推广采用CO_2和NH_3汽提工艺。推广水溶液全循环尿素节能节水增产工艺。中、小型尿素装置推广尿素废液深度水解解吸工艺。

(7)推广甲醇生产低压合成工艺。

(8)发展烧碱生产节水工艺。推广离子膜法烧碱,采用三效逆流蒸发改造传统的顺流蒸发。推广万吨级三效逆流蒸发装置和高效自然强制循环蒸发器。

(9)发展纯碱生产节水工艺。氨碱法工厂推广真空蒸馏、干法加灰技术。

(10)发展硫酸生产酸洗净化节水工艺和新型换热设备,逐步淘汰水洗净化工艺和传统的铸铁冷却排水管。

(11)发展纺织生产节水工艺。推广使用高效节水型制剂;推广使用生物酶处理技术、高效短流程前处理工艺、冷轧堆一步法前处理工艺、染色一浴法新工艺、低水位逆流漂洗工艺和高温高压小浴比液流染色工艺及设备;研究开发高温高压气流染色、微悬浮体染整、低温等离子体加工工艺及设备。

鼓励纺织印染加工企业采用天然彩棉等节水型生产原料,推广天然彩棉新型制造技术。

(12)发展造纸工业化学制浆节水工艺。推广纤维原料洗涤水循环使用工艺系统;推广低卡伯值蒸煮、漂前氧脱木素处理、封闭式洗筛系统;发展无元素氯或全无氯漂白,研究开发适合草浆特点的低氯漂白和全无氯漂白,合理组织漂白洗浆滤液的回流使用;推广中浓技术和过程智能化控制技术;发展提高碱回收黑液多效蒸发站二次蒸汽冷凝水回用率的工艺。发展机械浆、二次纤维浆的制浆水循环使用工艺系统;推广高效沉淀过滤设备白水回收技术,加强白水封闭循环工艺研究;开发白水回收和中段废水二级生化处理后回用技术和装备。

(13)发展食品与发酵工业节水工艺。根据不同产品和不同生产工艺,开发干法、半湿法和湿法制备淀粉取水闭环流程工艺。推广脱胚玉米粉生产酒精、淀粉生产味精和柠檬酸等发酵产品的取水闭环流程工艺。推广高浓糖化醪发酵(酒精、啤酒、味精、酵母、柠檬酸等)和高浓母液(味精等)提取工艺。推广采用双效以上蒸发器的浓缩工艺。淘汰淀粉质原料高温蒸煮糊化、低浓度糖液发酵、低浓度母液提取等工艺。研究开发啤酒麦汁一段冷却、酒精差压蒸馏装置等。

(14)发展油田节水工艺。推广优化注水技术,减少无效注水量。对特高含水期油田,采取细分层注水,细分层堵水、调配等技术措施,控制注入水量。推广先进适用的油田产出水处理回注工艺。对特低渗透油田的采出水,推广精细处理工艺。注蒸汽开采的稠油油田,推广稠油污水深度处理回用注汽锅炉技术。研发三次采油采出水处理回用工艺技术。推广油气田施工和井下作业节水工艺。

(15)发展煤炭生产节水工艺。推广煤炭采掘过程的有效保水措施,防止矿坑漏水或突水。开发和应用对围岩破坏小、水流失少的先进采掘工艺和设备。开发和应用动筛跳汰机等节水选煤设备。开发和应用干法选煤工艺和设备。研究开发大型先进的脱水和煤泥水处理设备。

(16)推广水泥窑外分解新型干法生产新工艺,逐步淘汰湿法生产工艺。

四、城市生活节水

城市生活用水包括:城市居民、商贸、机关、院校、旅游、社会服务、园林景观等用水。目前,城市生活用水已占城市用水量的55%左右,随着城市的发展还将进一步增加;城市生活用水与人民群众日常生活密切相关，目前人均生活用水量为212升/日（其中设市城市为228升/日）。城市生活节水对于促进节水型城市的建设具有重要意义。

（一）节水型器具

节水型用水器具的推广应用，是生活节水的重要技术保障。

（1）推广节水型水龙头。推广非接触自动控制式、延时自闭、停水自闭、脚踏式、陶瓷磨片密封式等节水型水龙头。淘汰建筑内铸铁螺旋升降式水龙头、铸铁螺旋升降式截止阀。

（2）推广节水型便器系统。推广使用两挡式便器，新建住宅便器小于6升。公共建筑和公共场所使用6升的两挡式便器，小便器推广非接触式控制开关装置。淘汰进水口低于水面的卫生洁具水箱配件、上导向直落式便器水箱配件和冲洗水量大于9升的便器及水箱。

（3）推广节水型淋浴设施。集中浴室普及使用冷热水混合淋浴装置，推广使用卡式智能、非接触自动控制、延时自闭、脚踏式等淋浴装置；宾馆、饭店、医院等用水量较大的公共建筑推广采用淋浴器的限流装置。

（4）研究生产新型节水器具。研究开发高智能化的用水器具、具有最佳用水量的用水器具和按家庭使用功能分类的水龙头。

（二）城市再生水利用技术

城市再生水利用技术包括城市污水处理再生利用技术、建筑中水处理再生利用技术和居住小区生活污水处理再生利用技术。

（1）建立和完善城市再生水利用技术体系。城市污水再生利用，宜根据城市污水来源与规模，尽可能按照就地处理就地回用的原则合理采用相应的再生水处理技术和输配技术；鼓励研究和制定城市水系统规划、再生水利用规划和技术标准，逐步优化城市供水系统与配水管网，建立与城市水系统相协调的城市再生水利用的管网系统和集中处理厂出水、单体建筑中水、居民小区中水相结合的再生水利用体系；制定和完善污水再生利用标准。

（2）发展污水集中处理再生利用技术。鼓励缺水城市污水集中处理厂采用再生水利用技术，再生水用于农业、工业、城市绿化、河湖景观、城市杂用、洗车、地下水补给以及城市污水集中处理回用管网覆盖范围内的公共建筑生活杂用水。

（3）推广应用城市居住小区再生水利用技术。缺水地区城市建设居住小区，达到一定建筑规模、居住人口或用水量的，应积极采用居住小区再生水利用技术，再生水用于冲厕、保洁、洗车、绿化、环境和生态用水等。

（4）推广应用建筑中水处理回用技术。缺水地区城市污水集中处理回用管网覆盖范围外，具有一定规模或用水量的建筑，应积极采用建筑中水处理回用技术，中水用于建筑的生活杂用水。

（5）积极研究开发高效低耗的污水处理和再生利用技术。鼓励研究开发占地面积小、自动化程度高、操作维护方便、能耗低的新处理技术和再生利用技术。

（三）城区雨水、海水、苦咸水利用技术

（1）推广城区雨水的直接利用技术。在城市绿地系统和生活小区，推广城市绿地草坪滞蓄直接利用技术,雨水直接用于绿地草坪浇灌;缺水地区推广道路集雨直接利用技术,道路集雨系统收集的雨水主要用于城市杂用水;鼓励干旱地区城市因地制宜采用微型水利工程技术,对强度小但面积广泛分布的雨水资源加以开发利用,如房屋屋顶雨水收集技术等。

(2)推广城区雨水的环境生态利用技术。把雨水利用与天然洼地、公园的河湖等湿地保护和湿地恢复相结合。

(3)推广城区雨水集蓄回灌技术。在缺水地区优先推广城市雨洪水地下回灌系统技术。通过城市绿地、城市水系、交通道路网的透水路面、道路两侧专门用于集雨的透水排水沟、生活小区雨水集蓄利用系统、公共建筑集水入渗回补利用系统等充分利用雨洪水和上游水库的汛期弃水进行地下水回灌。完善城市排水体系,建立雨水径流收集系统和水质监测系统。鼓励缺水地区在建设雨污分流排水体制的基础上采用城区雨水处理回灌技术。研究开发城区雨水水质监测技术。

(4)推广海水利用技术。东北、华北、华东地区沿海缺水城市,积极发展海水淡化和输配技术;加快发展低成本海水淡化技术。鼓励沿海城市发展海水直接利用技术;积极开发含盐生活污水的处理技术,发展含盐生活污水排海(洋)处置技术。

(5)推广苦咸水利用技术。在华北、西北和沿海地区缺水城市,推广苦咸水的电渗析处理技术和反渗透处理技术,主要用于城市杂用水、生活杂用水和部分饮用水。

(四)城市供水管网的检漏和防渗技术

目前,城市供水管网水漏损比较严重,已成为当前城市供水中的突出问题。积极采用城市供水管网的检漏和防渗技术,不仅是节约城市水资源的重要技术措施,而且对于提高城市供水服务水平、保障供水水质安全等也具有重要意义。

(1)推广预定位检漏技术和精确定点检漏技术。推广应用预定位检漏技术和精确定点检漏技术,并根据供水管网的不同铺设条件,优化检漏方法。埋在泥土中的供水管网,应当以被动检漏法为主,主动检漏法为辅;上覆城市道路的供水管网,应以主动检漏法为主,被动检漏法为辅。鼓励在建立供水管网 GIS、GPS 系统基础上,采用区域泄漏普查系统技术和智能精定点检漏技术。

(2)推广应用新型管材。大口径管材(DN >1 200)优先考虑预应力钢筋混凝土管;中等口径管材(DN =300 ~1 200)优先采用塑料管和球墨铸铁管,逐步淘汰灰口铸铁管;小口径管材(DN <300)优先采用塑料管,逐步淘汰镀锌铁管。

(3)推广应用供水管道连接、防腐等方面的先进施工技术。一般情况下,承插接口应采用橡胶圈密封的柔性接口技术,金属管内壁采用涂水泥砂浆或树脂的防腐技术;焊接、粘接的管道应考虑胀缩性问题,采用相应的施工技术,如适当距离安装柔性接口、伸缩器或 U 形弯管。

(4)鼓励开发和应用管网查漏检修决策支持信息化技术。鼓励在建设管网 GIS 系统的基础上,配套建设具有关阀搜索、状态仿真、事故分析、决策调度等功能的决策支持系统,为管网查漏检修提供决策支持。

(五)公共供水企业自用水节水技术

城市公共供水企业节水主要是反冲洗水回用,反冲洗水回用兼具城市节水和水环境保护的双重效能。

(1)以地表水为原水的新建和扩建供水工程项目,应推广反冲洗水回用技术,选择截污能力强的新型滤池技术,配套建设反冲洗水回用沉淀水池,采用反冲洗效果好、反冲水量低的气水反冲洗技术。

(2)改建供水工程项目,应积极采用先进的反冲洗技术,通过改造和加强反冲洗系统的结构组织,采用适宜的反冲洗方式,改进滤池反冲洗再生功能。2008 年前淘汰高强度水定时反冲洗的工艺技术。

(六)公共建筑节水技术

随着城镇化和服务业的快速发展,公共建筑用水需求将呈增长趋势,空调系统应作为公共建筑节水的重点之一。

(1)普及公共建筑空调的循环冷却技术。公共建筑空调应采用循环冷却水系统,冷却水循环率应达到98%以上,敞开式系统冷却水浓缩倍数不低于3;循环冷却水系统可以根据具体情况使用敞开式或密闭式循环冷却水系统。

(2)推广应用空调循环冷却水系统的防腐、阻垢、防微生物处理技术。

(3)鼓励采用空气冷却技术。

(4)推广应用锅炉蒸汽冷凝水回用技术。推广采用密闭式凝结水回收系统、热泵式凝结水回收系统、压缩机回收废蒸汽系统、恒温压力回水器等;间接利用蒸汽的蒸汽冷凝水的回收率不得低于85%;发展回收设备防腐处理和水质监测技术。

(七)市政环境节水技术

市政环境用水在城市用水中所占比例有逐步增大的趋势。鼓励工程节水技术与生物节水技术、节水管理相结合的综合技术,促进市政环境节水。

(1)发展绿化节水技术。发展生物节水技术,提倡种植耐旱性植物,并应采用非充分灌溉方式进行灌溉作业;绿化用水应优先使用再生水;使用非再生水的,应采用喷灌、微喷、滴灌等节水灌溉技术,灌溉设备可选用地埋升降式喷灌设备、滴灌管、微喷头、滴灌带等。

(2)发展景观用水循环利用技术。

(3)推广游泳池用水循环利用技术。

(4)发展机动车洗车节水技术。推广洗车用水循环利用技术;推广采用高压喷枪冲车、电脑控制洗车和微水洗车等节水作业技术。研究开发环保型无水洗车技术。

(5)大力发展免冲洗环保公厕设施和其他节水型公厕技术。

(八)城市节水信息技术

节水信息技术,可以实现节水信息资源共享、提高节水决策科学化,对于加强节水管理具有重要意义。

(1)发展地理信息系统应用技术。鼓励研究以 GIS 技术为平台的节水信息系统建设,为实现城市节水的信息化管理提供基础保障。

(2)发展节水信息采集传输及专业数据库技术。开发节水信息网络基础平台、节水信息管理系统和专业数据库技术,用以加强和规范节水管理和指导城市节水技术发展工作。

五、发展节水技术的保障措施

完善法律法规，建立激励和约束机制，健全技术服务体系，推动节水技术发展与应用。

（一）加强节水法制建设和行政管理

（1）依据《中华人民共和国水法》和《中华人民共和国清洁生产法》等法律，研究制定有关促进节水技术发展的法规和标准。

（2）国家和地方在编制"十一五"发展规划和专项规划中，把节水技术进步放在重要位置。

（3）重点节水技术的研究和开发，应列入国家中长期科学和技术发展规划纲要及相关国家科技开发计划。

（4）国家定期发布"淘汰落后的高耗水工艺和设备（产品）目录"和"鼓励使用的节水工艺和设备（产品）目录"。

（二）建立发展节水技术的激励机制和约束机制

（1）国家和地方政府要重视节水关键技术开发、示范和推广工作，并给予必要的资金支持。

（2）对于以废水（液）为原料生产的产品，符合《资源综合利用目录（2003 年修订）》的，按国家有关规定享受减免所得税的政策。

（3）鼓励发展污水再生利用、海水与微咸水利用等非常规水资源利用产业。再生水生产企业和利用海水生产淡水的企业，享受国家有关优惠政策。

（4）对列入国家鼓励发展的节水技术、设备目录的设备，按国家有关规定给予税收优惠。

（5）国家、地方政府、企业组织实施的节水工程，应优先选择《大纲》推荐的节水工艺、技术和设备。对一些重大项目，国家和地方政府应给予资金补助支持。

（6）引导社会投资节水项目，特别是引导金融机构对重点节水项目给予贷款支持。鼓励多渠道融资，加大对节水技术创新和节水工程的投入。

（7）建立充分体现我国水资源紧缺状况，以节水和合理配置水资源、提高用水效率、促进水资源可持续利用为核心的水价机制。扩大水资源费征收范围并适当提高征收标准。逐步提高水利工程供水价格，优先提高城市污水处理费征收标准，合理确定再生水价格。大力推行阶梯式水价、超计划超定额取水加价等科学合理的水价制度。

（8）新建、扩建和改建项目在实行"三同时、四到位"制度（即节水设施必须与主体工程同时设计、同时施工、同时投入运行。用水单位要做到用水计划到位、节水目标到位、节水措施到位、管水制度到位）过程中，应积极采用《大纲》推荐的节水技术。

（9）建立和完善用水总量控制和定额管理制度。结合行业、地区特点，建立以取水定额为核心的考核、评价、管理体系。

（10）加强对重点用水单位取水定额执行情况、节水新技术、新产品推广使用情况和国家命令淘汰的高耗水的落后工艺、技术和设备的淘汰情况的监督检查。新建用水工程（项目），不得采用本《大纲》和国家命令淘汰的落后工艺、技术和设备。

（11）建立节水产品认证制度，规范节水产品市场。

(三)建立健全节水技术的研究开发和推广服务体系

(1)加强节水技术创新体系建设。建立节水重点实验室和工程技术中心,加快节水技术的研究开发。

(2)加强节水技术推广服务体系建设。组织开展技术交流、技术推广、技术咨询、信息发布、宣传培训等活动。

(3)加强节水标准体系建设。建立和完善取水定额标准体系,完善节水基础标准、节水考核标准、节水设施和产品标准、节水技术规范。

(4)积极推动节水技术国际交流与合作,引进和消化吸收国外先进的节水技术,加快发展具有自主知识产权的节水技术和产品。

(5)开展节水宣传教育活动。采取各种有效形式,开展节水技术科普宣传,加快节水技术的推广。

参 考 文 献

[1] 水利部水资源司. 全国节水规划纲要[M]. 北京:中国水利水电出版社,2001.
[2] 秦为耀,等. 节水灌溉技术[M]. 北京:中国水利水电出版社,2000.
[3] 雷声隆,等. 灌溉工程新技术[M]. 1 版. 北京:中国地质大学出版社,1993.
[4] 樊惠芳. 农田水利学[M]. 郑州:黄河水利出版社,2003.
[5] 崔玉川. 城市与工业节约用水手册[M]. 北京:化学工业出版社,2002.
[6] 纪芳田,包义华. 循环冷却水处理基本知识[M]. 北京:化学工业出版社,1986.
[7] 齐冬予. 敞开式循环冷却水系统的化学处理[M]. 北京:化学工业出版社,2001.
[8] 董辅祥,董欣东. 城市与工业节约用水理论[M]. 北京:中国建筑工业出版社,2000.
[9] 崔玉川,袁果. 水处理工艺设计计算[M]. 北京:水利电力出版社,1988.
[10] 华东建筑设计院. 给水排水设计手册:第 4 册 工业给水处理[M]. 北京:中国建筑工业出版社,1986.
[11] 汪光焘. 城市节水技术与管理[M]. 北京:中国建筑工业出版社,1994.
[12] 严煦世,范瑾初. 给水工程[M]. 3 版. 北京:中国建筑工业出版社,1995.
[13] 陈耀宗,姜文源,等. 建筑给水排水设计手册[M]. 北京:中国建筑工业出版社,1992.
[14] 曹型荣. 城市水资源的调查利用和预测[M]. 北京:中国环境科学出版社,1998.
[15] 石振华,李传尧. 城市地下水工程与管理手册[M]. 北京:中国建筑工业出版社,1993.
[16] 侯捷. 中国城市节水 2010 年技术进步发展规划[M]. 上海:文汇出版社,1998.
[17] 吴式瑜,岳胜天. 选煤基本知识[M]. 北京:煤矿工业出版社,1989.
[18] 颜振元,王占锷. 城市节水技术[M]. 济南:济南出版社,1995.
[19] 王占锷,李东祥. 城市用水管理[M]. 济南:济南出版社,1992.
[20] 高明远,等. 室内给水排水工程[M]. 北京:中国建筑工业出版社,1986.
[21] 常明旺,侯继文. 工业用水管理技术[M]. 太原:山西科学教育出版社,1991.
[22] 高明远. 建筑中水工程[M]. 北京:中国建筑工业出版社,1992.
[23] 肖正辉,高明远. 建筑卫生技术设备[M]. 北京:中国建筑工业出版社,1989.
[24] 王增长. 建筑给水排水工程[M]. 4 版. 北京:中国建筑工业出版社,1998.
[25] 赵义. 中水道技术[M]. 太原:山西高校联合出版社,1991.
[26] 沈光范. 中水道技术[M]. 北京:中国环境科学出版社,1992.
[27] 唐鹣,等. 国外城市节水技术与管理[M]. 北京:中国建筑工业出版社,1997.
[28] 葛世纶,代逸生. 企业管理信息系统开发的理论和方法[M]. 北京:清华大学出版社,1998.
[29] 吴迪. 企业管理信息系统(MIS)基础[M]. 北京:清华大学出版社,1998.
[30] 汪成为,等. 面向对象分析设计及应用[M]. 北京:国防工业出版社,1992.
[31] 董辅祥,董欣东. 节约用水原理及方法指南[M]. 北京:中国建筑工业出版社,1995.
[32] 李智慧,等. 水平衡测试技术[M]. 太原:山西科学技术出版社,1998.